国家级一流本科专业建设配套教材

微型
无机化学实验 （第三版）

吴茂英　郝志峰　主编

Microscale
Inorganic
Chemistry
Experiment

化学工业出版社
·北京·

内容简介

为建立一个更为完善的教学内容和教学技术体系以适应无机化学实验教学的新需要，编者对本书第二版进行了修订，扩充了应用无机化学实验，录制了实验操作视频。

《微型无机化学实验》（第三版）主要内容包括：绪论、实验室常识、实验基础知识、实验内容和附录。其中，实验内容分上、下篇，上篇为基础无机化学实验，包括基本操作训练实验 6 个，基本理论及常数测定实验 8 个，元素及其化合物性质实验 7 个，提纯、提取和制备实验 6 个，综合性实验 6 个，设计性实验 5 个；下篇为应用无机化学实验，包括在材料中的应用实验 5 个，在日用化学品中的应用实验 3 个，在环境治理和资源回收中的应用实验 4 个，在食品中的应用实验 2 个，在医药和卫生中的应用实验 3 个，在生物工程中的应用实验 1 个。

本书可作为高等院校化学、化工、材料、环境、食品、制药、生物等专业的无机化学实验教材或教学参考书。

图书在版编目（CIP）数据

微型无机化学实验 / 吴茂英，郝志峰主编.
—3 版. —北京：化学工业出版社，2021.8（2024.8 重印）
ISBN 978-7-122-39390-6

Ⅰ.①微…　Ⅱ.①吴…　②郝…　Ⅲ.①无机
化学-化学实验-高等学校-教材　Ⅳ.①O61-33

中国版本图书馆 CIP 数据核字（2021）第 120556 号

责任编辑：徐雅妮　马泽林　　　　　　　　　　装帧设计：李子姮
责任校对：刘　颖

出版发行：化学工业出版社（北京市东城区青年湖南街 13 号　邮政编码 100011）
印　　装：北京科印技术咨询服务有限公司数码印刷分部
787mm×1092mm　1/16　印张 16¼　彩插 1　字数 390 千字　2024 年 8 月北京第 3 版第 4 次印刷

购书咨询：010-64518888　　　　　　　　　　售后服务：010-64518899
网　　址：http://www.cip.com.cn
凡购买本书，如有缺损质量问题，本社销售中心负责调换。

前言

《微型无机化学实验》第一版、第二版先后于 2006 年、2012 年出版，已被不少兄弟院校选用。为建立一个更为完善的教学内容和教学技术体系以适应无机化学实验教学的新需要，编者对本书第二版进行了修订。修订工作主要包括扩充完善了应用无机化学实验，并录制了实验操作视频。

本书第三版延续了前两版的特点，同时具有以下新的特色：

（1）经扩充的应用无机化学实验涵盖了材料、日用化学品、环境治理和资源回收、食品、医药和卫生、生物工程等重要化学化工相关学科领域，在大学第一门基础化学实验课——无机化学实验中开设这些应用性实验，有利于激发学生的学习兴趣，启蒙学生的专业意识。

（2）精心录制了无机化学实验基本操作视频，读者可扫码观看，有助于提升实验预习效果、提高实验学习质量。

参加本书第三版编写工作的有吴茂英、郝志峰、杨红梅、温红丽、陈相、潘春阳、赵丰华、周俊丽、刘源、罗冬和李旭。全书由吴茂英修改、统稿并审定。在本书第三版的编写过程中，傅明辉教授、赵肃清教授给予了大力的支持和帮助，在此致以衷心感谢。本书原主编之一肖楚民老师因退休未能参加第三版修订工作，但是肖老师一直热心关注新版的工作进展，在此致以诚挚敬意。

在本书的编写过程中，参考了国内外有关文献著作和教材，并从中引用了一些内容，编者在此特致谢意。

限于编者水平，书中疏漏之处在所难免，敬请读者批评指正。

编　者
2021 年 4 月

第一版前言

20 世纪 80 年代中期，美国的一些高等院校为解决实验污染和安全问题，首先研究并尝试开设微型有机化学实验获得成功。进一步的研究和应用实践表明，微型化学实验不但可有效解决实验污染和安全问题，而且有利于节约实验费用，并提高实验教学质量。广东工业大学无机化学教研室于 20 世纪 90 年代中期开始探索无机化学实验的微型化，经多年教学实践逐步完善，建立起了独具特色且教学应用效果显著的微型无机化学实验体系。本书是依据这一研究成果整理编写而成的。

本书在选材上既注意实验内容的系统性（包括基本操作训练实验、基本理论及常数测定实验、元素及其化合物性质实验、无机化合物的提纯和制备实验等），又注意实验形式的多样性（包括综合与设计实验），并适当加强了现代仪器使用方法方面的实验内容，力求满足不同专业和层次的教学要求。

本书的主要特点在于，在保留常规无机化学实验的主要操作规范和确保实验现象明显、实验结果可靠的情况下，使实验试剂用量平均减少到常规用量的 1/10 左右，因此明显地降低了实验费用，减少了实验污染。与此同时，由于实验精度要求提高，十分有利于强化学生的动手能力和培养认真细致的科学作风。通过采用本书推荐的仪器装置系统，无机化学实验用的主要试剂、材料可一次性上架，既大大减少了实验准备工作量，又显著提高了实验安排的灵活性和实验室的利用率，有利于实行开放式实验教学。书中的实验主要使用微型规格的通用仪器，基本保留了常规实验的操作规范，既便于应用实施，又不影响学生在今后实际工作中对常规化学实验或化工生产体系的适应。

本书由吴茂英、肖楚民主编，李大光、张永祺、韩峭峰、张环华、冯晓之、谭帼馨、郝志峰参加编写。全书由吴茂英统稿，李大光教授审定。在我们进行无机化学实验微型化研究和本书的编写过程中，崔英德教授、黄慧民教授给予了大力支持和热情帮助，在此致以衷心感谢！

在本书的编写过程中，参阅了国内外有关书刊和兄弟院校的教材，并从中汲取了某些内容，在此特致谢意。

限于编者的水平，书中难免有不妥之处，恳请读者批评指正。

编　者
2006 年 5 月

第二版前言

本书第一版于 2006 年出版，由于其实验体系既具有微型实验的一般优点，同时又便于应用实施，并可显著提高实验安排的灵活性和实验室的利用率，特别适用于扩招条件下的教学应用，已被不少兄弟院校采用，现已重印多次。然而，编者在近年的教学实践中逐渐意识到，该书的实验内容偏传统，虽有利于锤炼学生的基本功，但不利于引导培养学生的创新意识和能力。为弥补这一不足，建立一个更为科学的内容体系，编者对本书第一版进行了修订，修订工作包括修改完善原有内容和扩充提升综合与设计性实验两个方面，在此基础上编成了第二版。

本书第二版延续了第一版微型实验体系的特点，同时具有以下新的特色：

（1）新编的综合与设计性实验是以"既反映学科进展，又可微型化、可实施"为基本原则，同时兼顾实用性、趣味性，从新近报道的研究成果筛选凝练而成，内容涵盖了新材料、新特性、新方法、新技术及新应用，如纳米管、稀土发光、室温固相反应、低热固相合成、微波反应、超声化学、无机环保阻燃剂、无磷洗涤助剂等；

（2）为便于学生能更充分地了解相关背景和更好地理解实验原理、方法，并引导学生学会查阅资料、跟踪进展，新编实验的指导书中附有基本参考文献；

（3）为了拓展学生专业视野，新编实验的指导书中还附有旨在简介相关前沿性研究领域或技术方法的"阅读材料"。

编者希望，通过这样的传承和提升，本书第二版将更适合于创新时代无机化学实验的教学。

参加本书第二版编写工作的有吴茂英、肖楚民、陈世荣、阎雁、杨红梅、郝志峰和李永峰。全书由吴茂英修改、统稿并审定。本书的编写获得了广东工业大学轻工化工学院质量工程培育项目经费支持，并得到学院领导的关心和支持，在此致以衷心感谢。

在本书的编写中，参考了国内外有关文献著作和教材，并从中吸取了某些内容，在此特致谢意。

限于编者水平，书中不妥之处在所难免，敬请读者批评指正。

编　者

2012 年 2 月

目录

实验内容

上篇　基础无机化学实验

下篇　应用无机化学实验

基本操作视频目录

手机扫码
观看视频

基本操作视频

1. 试管及其使用

2. 烧杯及其使用

3. 量筒和量杯及其使用

4. 液体试剂的取用

5. 固体试剂的取用

6. 表面皿及其使用

7. 试纸及其使用

8. 普通加热装置及其使用

9. 蒸发皿及其使用

10. 常压过滤装置及其使用

11. 减压过滤装置及其使用

12. 离心机及其使用

13. 电子台秤及其使用

14. 电子天平及其使用

15. pH 计及其使用

16. 分光光度计及其使用

绪　论

一、本教材实验体系的特点与教学应用效果

资源的有效利用和环境保护是当前两大世界战略性课题。美国的一些大学在 20 世纪 80 年代率先从这一高度审视了常规化学实验的合理性，掀起了化学实验微型化改造的热潮。本教材编者于 20 世纪 90 年代中期开始探索无机化学实验的微型化，逐步建立起了独具特色且教学应用效果显著的微型无机化学实验体系。至今的教学应用实践充分表明，该微型无机化学实验体系在减少实验试剂消耗、降低实验费用、减轻实验污染、提高实验安排的灵活性和实验室的利用率以及强化学生动手能力和培养认真细致的科学作风等方面均具有非常显著的效果。与此同时，由于其仪器系统主要由微小规格的通用仪器构成，基本保留了常规实验的操作规范，既便于应用实施，又不影响学生在今后实际工作中对常规化学实验或化工生产体系的适应。下面就本教材实验体系的特点与教学应用效果做简要介绍。

1. 特点

（1）试剂用量

化学实验微型化改造的最基本内容是确定试剂的可能最小用量。从节省试剂、减少废物和污染考虑，试剂用量越少越好。但实际上，无机化学实验试剂用量所能减少的程度是有限的，受到以下因素的制约。

① 用液体取用仪器（如滴管等）取用试剂，其可控制加液量不能少于 1 滴。

② 测量物理量时，由于仪器规格的限制，要求有一定的试剂用量才能有效进行。例如，用酸度计测量溶液 pH 值时，盛放溶液的容器的口径必须足以放入电极，溶液的高度至少要能浸过玻璃电极的玻璃球。

③ 用于称量质量和测量体积的仪器（台秤、天平、量筒、移液管等）的精度是有限的，为使实验结果达到要求的精确性，所用试剂必须达到一定数量。例如，用置换法测定摩尔气体常数（R），实验原理为

$$Mg + H_2SO_4 === MgSO_4 + H_2 \uparrow$$

$$R = \frac{V(H_2)p(H_2)}{n(H_2)T} = \frac{[p - p(H_2O)]V(H_2)M(Mg)}{m(Mg)T}$$

采用改进的测量装置（见实验 2），并以 1mL 吸量管作量气管，Mg 的用量可减少到约 0.0003g，H_2 体积的测量仍可达到 3 位有效数字的精度。但是，用普通分析天平称量 Mg 条，精度只有

1 位有效数字，这导致 R 的计算结果也只有 1 位有效数字的精度，这样的结果显然是缺乏可信度的。也就是说，在仪器精度一定的情况下，试剂用量减少，实验结果精度降低。这是化学实验微型化改造必须正确处理的一个基本矛盾。

④ 制备实验中，难以避免的操作损失（如仪器沾附等）也限制了试剂用量所能减少的程度。通常试剂用量减少，操作损失比重增大，产率降低。因此，为获得合理的产率，试剂用量还需达到适当的水平。

尽管存在如上所述的一些制约因素，但根据试验，常规无机化学实验仍有相当大的微型化余地。表 1 比较了几个典型无机化学实验主要试剂的常规和微型用量。

表 1　几个典型无机化学实验主要试剂的常规和微型用量

实验	主要试剂	常规用量	微型用量
NH_3 和 NH_4^+ 的鉴定	$0.1mol \cdot L^{-1}NH_4Cl$	10 滴	1 滴
	$2mol \cdot L^{-1}NaOH$	10 滴	1 滴
难溶硫化物的生成与溶解	$0.1mol \cdot L^{-1}M(II)SO_4$	5 滴	1 滴
气体常数的测定	Mg 条	0.03～0.035g	0.003～0.0035g
	$3mol \cdot L^{-1}H_2SO_4$	3～5mL	10～15 滴
反应速率、级数的测定	$0.2mol \cdot L^{-1}KI$、$(NH_4)_2S_2O_8$ 等	共 42mL	共 11 滴
硫酸亚铁铵的制备	铁屑（粉）	2g	0.5g
粗食盐的提纯	粗食盐	15g	2g

大多数无机化学实验的试剂用量可减少到常规量的 $\frac{1}{10} \sim \frac{1}{5}$ 或更少，而仍可使实验现象明显、实验结果具有合理的精确性。

（2）仪器配置

一些微型化学实验教材推荐用高分子材料制作的井穴板和多用滴管作为微型无机化学实验的基本仪器，井穴板用于代替烧杯、试管、点滴板，而多用滴管用于代替滴管和滴瓶等传统玻璃仪器。本书的编者曾试图借鉴该体系开设微型无机化学实验，因此对井穴板和多用滴管的应用进行了认真细致的试验。结果表明，此两种仪器具有多功能、便于携带、不易破损以及价格较低等优点。但由试验可以清楚看到，它们也存在明显的缺点。井穴板的主要缺点有：

① 由于制作材料的关系，不适用于加热实验，也不适用于使用 CCl_4、$(CH_3)_2CO$ 等有机溶剂的实验；

② 由于井穴深度不够，不利于观察气体的生成；

③ 对 $KMnO_4$ 等试剂有明显的吸附作用，并且难以清洗干净；

④ 不便于进行转移操作；

⑤ 难以进行摇荡混合操作，每一实验均需用玻棒搅拌混合，玻棒又需及时清洗，这不但不方便而且浪费实验时间。

多用滴管的主要缺点包括：

① 由于不配带盖子，用于储液无法久置，而仅用于滴液不如普通滴管方便；

② 不适用于储存或取用与制作材料会发生作用或会被吸附的试剂；

③ 清洗不便。

考虑到井穴板和多用滴管存在上述明显的缺点，而它们的操作规范又与常规仪器存在较大的差别，我们不得不放弃采用此两种仪器。经对国内仪器市场进行调查并对各种仪器进行系统的试验研究，我们发现，在绝大多数情况下，采用微小规格的通用仪器即能实现无机化学实验的微型化。而显然，这样的微型仪器系统既便于应用实施，又不影响学生在今后实际工作中对常规化学实验或化工生产体系的适应，因为它保留了常规实验的操作规范。表 2 列出了本书实验体系所采用的主要微型仪器及其规格。

表 2　主要微型仪器及其规格

仪器	规格	仪器	规格
试管	(10×75)mm	具支试管	(18×150)mm
烧杯	15mL	圆底烧瓶	25mL
量筒	5mL	玻璃滴瓶	30mL
吸滤瓶①	10mL	塑料滴瓶③	10mL
布氏漏斗②	φ20mm	塑料注射器④	5mL

①磨砂口；②玻璃质，磨砂口；③眼药水瓶，主要用于盛装强碱性溶液和氢氟酸；④主要用于代替恒压滴液漏斗。

在本书的实验体系中，常规实验体系中所用的许多仪器（如滴管、酒精灯、漏斗、漏斗架等）可以留用，因此，用本书的微型实验体系改造常规实验体系，只需少量初期投入，而这少量的初期投入可很快由随后节省的实验费用补偿。

2. 教学应用效果

虽然本教材的微型实验主要只在试剂用量减少和仪器规格缩小两方面不同于常规实验，但其教学应用效果是显著的。

① 大大降低实验费用。微型实验的试剂用量平均减少为常规实验的 1/10 左右，这就大大节省了试剂费用。另一方面，从教学应用中可以注意到，学生在进行微型实验时，由于仪器微小，操作务必十分小心细致，加上微型仪器本身厚质比较大、脆性较小，仪器破损明显减少，而微型仪器的单价又比相应常规仪器低得多，因此，采用微型实验还可明显地节省仪器费用。

② 显著减轻实验污染。微型实验的试剂用量减少，产生的实验废物相应减少，环境污染减轻。根据编者的实践，在有适当的通风条件下，原来在常规实验中"令人头痛"的 H_2S、Cl_2、NO_x 等污染空气问题，在微型实验中已基本解决。可以说，通过微型化改进，无机化学实验室基本实现了无味化。

③ 非常有利于强化培养学生动手能力和认真细致的科学作风。正如前面所提到的，由于微型实验仪器规格小，学生在进行实验时务必小心认真细致操作。实际上，迫使学生不得不小心认真操作的还有试剂用量上的原因。例如，$Zn(OH)_2$ 的生成和酸碱性实验，常规实验一般取 10 滴 $0.1mol \cdot L^{-1}ZnSO_4$ 溶液于试管中，逐滴加入 $2mol \cdot L^{-1}NaOH$ 溶液，观察沉淀的生成和溶解。在实验中，加入 1～8 滴 NaOH 溶液时均可观察到 $Zn(OH)_2$ 白色沉淀生成。而在微型实验中，$ZnSO_4$ 溶液的用量为 2 滴，滴加 1 滴 NaOH 溶液时可观察到白色沉淀生成，再滴加 1 滴 NaOH 溶液沉淀溶解。这就是说，与常规实验相比，微型实验要求更精确控制试剂加入量才能观察到正确的实验现象。在无机合成实验中，微型实验比常规实验更易因操作

问题（如沾附过多、蒸发不足或过分等）而导致产率偏低或杂质含量偏高。因此，微型实验明显有利于强化培养学生动手能力和认真细致的科学作风。

④ 大大减轻实验准备工作量。无机化学实验的一个主要特点是试剂品种多，有的实验需用试剂多达 60 多种，全部实验需用试剂超过 120 种。在常规实验中，大多数试剂需用 125mL试剂瓶盛装，平时存放于试剂柜中，每一实验前将所用试剂搬出摆放到试剂架上，实验后需及时将其搬回试剂柜中以便安排下一实验，实验准备工作量非常大。微型实验试剂用量大大减少，所用试剂可以 30mL 或更小的试剂瓶盛装，通过配用一种两人共用的阶梯式试剂架（见图 1），无机化学实验用主要试剂可一次性上架，大大减轻了实验准备工作量。根据我们的实践，原采用常规实验体系时，10 个班的无机化学实验需两位实验员才能完成，而采用微型实验体系，40 个班的实验只需一位实验员即能应付自如。

⑤ 明显提高了实验安排的灵活性、有利于深化实验教学改革。进行常规实验时，由于试剂必须在实验前搬出并在实验后搬回以便安排下一实验，因此每一实验必须统一集中安排进行，这就限制了实验安排的灵活性和实验室的利用，并且导致实际上无法安排补做或插做实验。采用微型实验，试剂一次性上架，学生可随时到实验室做不同内容的实验，大大提高了实验安排的灵活性和实验室的利用率，有效地解决了补做、插做实验的问题，并为实行开放式实验教学、深化实验教学改革创造了基本条件。

⑥ 有利于强化实验管理，培养学生良好的工作习惯。常规实验的仪器规格较大，只能成套固定存放在学生实验台柜筒中，实验时由学生自行取出所需仪器，实验后自行放回。这一管理方式存在一个实际上难以克服的弊端，那就是总有部分不自觉的学生不按要求洗涤仪器或随意将仪器放回到其他位置的柜筒中，损坏仪器也不予汇报、赔补，结果给下一批实验带来很大的不便。微型实验仪器规格微小，可实行实验前分发、实验后点收的强化管理方法，有利于监督学生规范使用仪器，养成良好的工作习惯。

⑦ 有利于充实实验内容，提高教学质量。与常规实验相比，微型实验费用降低，而完成大多数实验所需的时间明显缩短，因此，在原有的学时和经费条件下，可适当增加实验内容，或引进一些试剂较贵的较前沿实验（如稀土元素化学和金属有机化学方面的实验），从而有利于提高教学质量。

图 1　阶梯式试剂架

二、无机化学实验的学习要求

1. 明确实验目的

化学是实验性很强的一门科学。实验教学是化学教学过程的重要环节，无机化学实验又是化学化工类专业一年级的必修课程，可见其在化学中具有极其重要的地位。

无机化学实验的主要目的是：使学生通过观察实验现象，了解和认识化学反应的事实，加深对无机化学基本概念和基本理论的理解；掌握无机化学实验的基本操作和技能，以及无机化合物的一般制备和提纯方法；学会正确使用基本仪器测量实验数据，正确处理数据和表达实验结果；培养学生独立思考、独立解决问题的能力和良好的实验素质，为学习后继课程、参加实际工作和开展科学研究打下良好基础。

2. 掌握正确的学习方法

无机化学实验的学习，除了需要有明确的学习目的和严格遵守实验守则外，还需要掌握学习无机化学实验的方法，现将学习无机化学实验的方法简介如下。

（1）认真预习

为使实验能够获得良好的结果和较大的收获，必须进行实验前的预习。

① 认真阅读实验教材及其指定的教科书和参考资料。

② 明确实验目的，回答教材中的预习思考题，理解实验原理。

③ 熟悉实验内容，了解基本操作和仪器的使用，以及必须注意的事项。

④ 写出预习报告（内容包括简要的原理、步骤，做好实验的关键，应注意的安全问题等）。

（2）做好实验

实验过程要做到：

① 严守纪律，保持肃静，认真按照实验内容（步骤）和操作规程进行实验，仔细观察现象，真实地做好详细记录。

② 遇到问题，要善于分析，力争自己解决问题。如果观察到的实验现象与理论不相符合，先要尊重实验事实，然后加以分析，必要时重复实验进行核对，直到从中取得正确的结论。疑难问题可以与教师讨论。若实验失败，应找出原因，经教师同意，重做实验。

（3）写好实验报告

实验结束后要及时写好实验报告，报告内容大致如下。

① 实验目的、原理和内容。

② 实验记录，包括实验现象、原始数据。

③ 实验结果，包括对实验现象进行分析和解释；对元素及其化合物性质的变化规律进行归纳总结；对原始数据进行处理，以及对实验结果进行讨论；对每个小实验以及全部实验分别得出结论；对实验内容和实验方法提出改进意见等。

不同的实验可采用不同的格式书写实验报告，但务必注意字迹端正、工整清晰，并学会使用既简单明了又确切具体的表达方式。

⋙ 附：实验报告格式示例

Ⅰ. 测定实验

班级＿＿＿＿＿＿　学号＿＿＿＿＿＿　姓名＿＿＿＿＿＿　合作者＿＿＿＿＿＿

实验时间＿＿＿＿年＿＿月＿＿日　教师签名＿＿＿＿＿＿　成绩＿＿＿＿＿＿

【实验题目】　实验 11　醋酸电离常数的测定

一、实验目的（全述）

二、实验原理（简述）

三、预习思考题

四、实验步骤（文字叙述）

五、数据记录及计算结果

表 1　pH 法测定 $K^{\ominus}$（HAc）的实验数据和计算结果

烧杯编号	V（HAc）/mL	c（HAc）/mol·L^{-1}	pH	c（H$^+$）/mol·L^{-1}	$K^{\ominus}$（HAc）	α（HAc）/%
1	1.00	9.00				
2	2.00	8.00				
3	5.00	5.00				
4	8.00	2.00				
5	10.00	0.00				

测定温度＿＿＿＿＿，标准 HAc 溶液浓度＿＿＿＿＿，$K^{\ominus}$（HAc）＿＿＿＿＿。

六、分析讨论

1. HAc 浓度对 HAc 电离度的影响及其原因。

2. 实验结果的相对误差及其产生的原因。

七、谈完成本实验的收获、体会和意见。

Ⅱ. 性质实验

班级＿＿＿＿＿＿　学号＿＿＿＿＿＿　姓名＿＿＿＿＿＿　合作者＿＿＿＿＿＿

实验时间＿＿＿＿年＿＿月＿＿日　教师签名＿＿＿＿＿＿　成绩＿＿＿＿＿＿

【实验题目】　实验 9　单、多相离子平衡

一、实验目的（全述）

二、实验原理（简述）

三、预习思考题

四、实验内容与结果

实验步骤	预期结果	理论依据	实际结果	异常结果分析
1. 酸碱解离平衡及同离子效应 ① pH 试纸检测溶液 pH 值 $0.10\,mol \cdot L^{-1}$ HCl $0.10\,mol \cdot L^{-1}$ HAc $0.10\,mol \cdot L^{-1}$ NaOH $0.10\,mol \cdot L^{-1}$ $NH_3 \cdot H_2O$ ② 2 滴 $0.10\,mol \cdot L^{-1}$ HAc +1 滴甲基橙指示剂 +少许 NaAc 晶体 ③ …	1.0 2.9 13.0 11.1 无色溶液 溶液变红 溶液变橙红 …	强酸，pH$=-lgc$(HCl) 弱酸，pH$=-lg\sqrt{K_b^{\ominus}(HAc) \cdot c(HAc)}$ 强碱，pH$=14-lgc$(NaOH) 弱碱， pH$=14+lg\sqrt{K_b^{\ominus}(NH_3 \cdot H_2O) \cdot c(NH_3 \cdot H_2O)}$ HAc 无色 溶液 pH$=2.9$，甲基橙呈红色 Ac^-同离子效应，溶液 pH 值提高，甲基橙向黄色过度 …		
2. …				
3. 盐类水解平衡及其移动 … 少许 $FeCl_3$+1mL 蒸馏水，摇匀，分 3 份实验： A 比较份 B+1 滴 $2.0\,mol \cdot L^{-1}$ HCl C 小火加热 …	溶液呈棕黄色 溶液颜色偏黄 溶液颜色偏红	$[Fe(H_2O)_6]^{3+}+(1\sim2)H_2O \underset{\triangle}{\overset{}{\rightleftharpoons}}$ $[Fe(OH)_{1\sim2}(H_2O)_{5\sim4}]^{(2\sim1)^+}+(1\sim2)H_3^+O$ H^+抑制水解 加热促进水解		
⋮				

注：①横向画表；②实验步骤要分解为单元操作，并一一对应表述预期结果、理论依据、实际结果及异常结果分析。

五、谈学习本实验的收获、体会和意见。

Ⅲ．制备实验

班级_____　学号_____　姓名_____　合作者_____

实验时间_____年____月____日　教师签名_____　成绩_____

【实验题目】　实验 5　硫酸亚铁铵的制备

一、实验目的（全述）

二、实验原理（简述）

三、预习思考题

四、制备工艺流程图

1. 硫酸亚铁铵的制备（工艺流程图）

2．Fe^{3+}的痕量分析（简述）

五、实验现象及解释（按性质实验报告格式）

六、实验数据及结果

实验室温度：_____℃

Fe 粉（屑）质量：_____g

$(NH_4)_2SO_4$ 质量：_____g

产品颜色：_____

实际产量：_____g

理论产量：_____g

产率：_____%

产品纯度级别：_____级

七、谈学习本实验的收获、体会和意见。

实验室常识

一、学生实验守则

1. 实验前应认真预习，写好实验预习报告，上课时交指导教师检查和签字。

2. 遵守纪律，文明礼貌，保持肃静，集中思想，认真操作，积极思考，细致观察，及时如实记录。

3. 爱护各种仪器、设备，节约水电和药品。实验过程中如有仪器破损应填写仪器破损单，经指导教师签字后及时领取补齐，破损仪器酌情赔偿。

4. 实验后，废纸、火柴梗和废液废渣应倒入指定的回收容器中，严禁倒入水槽，以防水槽腐蚀和堵塞。废玻璃应放入废玻璃箱中。

5. 使用试剂应注意下列几点。

① 试剂应按教材规定用量使用，如无规定用量，应适量取用，注意节约。

② 公用试剂瓶或试剂架上的试剂瓶用过后，应立即盖上原来的瓶盖，并放回原处。公用试剂不得拿走为己所用。试剂架上的试剂应保持洁净，放置有序。

③ 取用固体试剂时，注意勿使其洒落在实验台上。

④ 试剂从瓶中取出后，不应倒回原瓶中。滴管未经洗净时，不准在试剂瓶中吸取溶液，以免带入杂质使瓶中试剂变质。

⑤ 实验后要回收的药品都应倒入指定的回收瓶内。

6. 使用精密仪器时，必须严格按操作规程操作，细心谨慎，避免粗枝大叶而损坏仪器。发现仪器有故障时，应立即停止使用，报告指导教师，及时排除故障。

7. 注意安全操作，遵守实验室安全守则。

8. 实验后应将仪器洗净，放回原处，清理实验台面。

9. 值日生应按规定做好整理、清洁实验室等各项工作。

附：值日生职责

1. 进实验室后，打开窗户通风；光线不足时，打开电灯照明。

2. 待（全班同学）实验结束，整理并清洁实验室。

① 擦净黑板。

② 整理并清洁公用仪器、药品，归类摆齐各试剂架上的试剂。

③ 清洗水池，不能留有纸屑及其他杂物。

④ 清洁实验、公共台面，通风柜和窗台。

⑤ 打扫并拖洗地板，及时将垃圾倒到指定的垃圾桶中。

⑥ 关好水龙头、窗户和电灯。

3．请指导教师检查，经同意后方可离开实验室。

二、无机化学实验中的安全操作和事故处理

在无机化学实验中，常常会用到一些易燃、易爆、腐蚀性和有毒的化学药品，所以必须十分重视安全问题，绝不能麻痹大意。在实验前应充分了解每次实验中的安全问题和注意事项。在实验过程中要集中精力，严格遵守操作规程和安全守则，这样，才能避免事故的发生。万一发生了事故，要立即紧急处理。

（一）安全守则

1．一切易燃、易爆物质的操作都要在离火源较远的地方进行。

2．有毒、有刺激性的气体的操作都要在通风橱内进行。当需要借助于嗅觉判别少量的气体时，绝不能用鼻子直接对着瓶口或试管口嗅闻气体，而应当用手轻轻扇动少量气体进行嗅闻。

3．加热、浓缩液体的操作要十分小心，不能俯视正在加热的液体，试管在加热操作中管口不能对着自己或别人。浓缩溶液时，特别是有晶体出现之后，要不停地搅拌，不能离开工作岗位，应尽可能戴上防护眼镜。

4．绝对禁止在实验室饮、食、抽烟。有毒的药品（如铬盐、钡盐、铅盐、砷的化合物、汞及汞的化合物、氰化物等）要严格防止进入口内或接触伤口。剩余的药品或废液不许倒入下水道，应回收集中处理。

5．使用具有强腐蚀性的浓酸、浓碱、洗液时，应避免接触皮肤或溅在衣服上，更要注意保护眼睛，必要时可戴上防护眼镜。

6．水、电、煤（燃）气使用完毕应立即关闭。

7．每次实验结束后，应将手洗干净后才能离开实验室。

（二）意外事故的紧急处理

如果在实验过程中发生了意外事故，可采取以下救护措施。

1．割伤　伤口内若有异物，需先挑出，然后涂上碘酒或贴上"创可贴"，包扎，必要时送医院治疗。

2．烫伤　切勿用水冲洗。可在烫伤处涂上烫伤膏或万金油。

3．酸或碱腐蚀伤害皮肤时，先用干净的干布或吸水纸揩干，再用大量水冲洗。受酸腐蚀至伤，可用饱和碳酸氢钠或稀氨水冲洗；受碱腐蚀至伤，可用3%～5%醋酸或3%硼酸溶液冲洗，最后再用水冲洗，必要时送医院治疗。

4．酸（或碱）溅入眼内，应立即用大量水冲洗，再用3%～5%碳酸氢钠溶液或3%硼酸溶液冲洗，然后立即送医院治疗。

5．在吸入刺激性或有毒气体如氯、氯化氢气体时，可吸入少量酒精和乙醚的混合蒸气解毒。因吸入硫化氢气体而感到不适（头晕、胸闷、欲吐）时，立即到室外吸收新鲜空气。

6．万一毒物入口，可内服一杯含有 $5\sim10cm^3$ 稀硫酸铜溶液的温水，再将手指伸入咽喉部，促使呕吐，然后立即送医院治疗。

7．不慎触电时，立即切断电源。必要时进行人工呼吸，找医生抢救。

8．起火　要立即灭火，并采取措施防止火势扩展蔓延（如切断电源，移走易燃药品等）。灭火时可根据起火的原因选择合适的方法。

① 一般起火时，小心用湿布、沙子覆盖燃烧物即可灭火；大火可用水、泡沫灭火器灭火。

② 活泼金属如 Na、K、Mg、Al 等引起的着火，不能用水、泡沫灭火器、二氧化碳灭火器灭火，只能用沙土、干粉等灭火；有机溶剂着火，切勿使用水、泡沫灭火器灭火，而应该用二氧化碳灭火器、专用防火布、砂土、干粉等灭火。

③ 电器着火时，首先关闭电源，再用防火布、干粉、沙土等灭火，不要用水、泡沫灭火器灭火，以免触电。

④ 当身上衣服着火时，切勿惊慌乱跑，应赶快脱下衣服或用专用防火布覆盖着火处，或就地卧倒打滚，也可以起到灭火的作用。

三、化学试剂的规格

实验室常用化学试剂的规格主要有下述三类。

一级：优级纯（保证试剂），符号 G.R.（Guaranted Reagent），瓶签颜色为绿色。

二级：分析纯试剂，符号为 A.R.（Analytical Reagent），瓶签颜色为红色。

三级：化学纯试剂，符号为 C.P.（Chemicai Pure），瓶签颜色为蓝色。

此外，还有其他类型的试剂，以满足不同的要求。

固体试剂装在广口瓶内，液体试剂装在细口瓶中，见光易分解的试剂（如硝酸银、高锰酸钾）装在棕色瓶内。每个试剂瓶上都贴有标签，以表明试剂的名称和规格（液体试剂还注明浓度）。

实验基础知识

一、常用仪器介绍

仪器	规格	作用	注意事项
普通试管 test-tube　离心试管 centrifugal test-tube	玻璃质。分硬质试管，软质试管；普通试管，离心试管。 无刻度的普通试管以管口外径（mm）×管长（mm）表示。离心试管以容量（mL）表示	普通试管用作少量试剂的反应容器，便于操作和观察。也可用于少量气体的收集。 离心试管主要用于沉淀分离	普通试管可直接用火加热。硬质试管可加热至高温。加热时应用试管夹夹持。加热后不能骤冷。 离心试管只能用水浴加热
试管架 test-tube rack	有木质、铝质和塑料质等。 有大小不同、形状不一的各种规格	盛放试管	加热后的试管应以试管夹夹好悬放架上
试管夹 test-tube clamp	由木料或粗金属丝、塑料制成。形状各有不同	夹持试管	防止烧损和锈蚀
毛刷 hair brush	以大小和用途表示，如试管刷等	洗刷玻璃器皿	使用前检查顶部竖毛是否完整，避免顶端铁丝戳破玻璃仪器
烧杯 breaker	玻璃质。分普通型，高型；有刻度，无刻度。 规格以容量（mL）表示	用作较大量反应物的反应容器，反应物易混合均匀。 也用作配制溶液时的容器或简易水浴的盛水器	加热时应置于石棉网上，使受热均匀。 刚加热后不能直接置于桌面上，应垫以石棉网

仪器	规格	作用	注意事项
锥形瓶 conical flask	玻璃质。规格以容量（mL）表示	反应容器，振荡方便，适用于滴定操作	同烧杯
普通圆底烧瓶 round flask 磨口圆底烧瓶 ground-in round flask	玻璃质。有普通型和标准磨口型。规格以容量（mL）表示。 磨口的还以磨口标号表示其口径大小，如10、14、19等	反应物较多，且需长时间加热时常用它作反应容器	加热时应放置在石棉网上。 竖放桌面上时应垫以合适器具，以防滚动而打破
蒸馏烧瓶 distilling flask	玻璃质。规格以容量（mL）表示	用于液体蒸馏，也可用作少量气体的发生装置	同圆底烧瓶
量筒 measureing cylinder	玻璃质。规格以刻度所能量度的最大容积（mL）表示。 上口大、下部小的称作量杯	用于量度一定体积的液体	不能加热。 不能量热的液体。 不能用作反应容器
移液管　吸量管 pipette	玻璃质。移液管为单刻度，吸量管有分刻度。 规格以刻度最大标度（mL）表示	用于精确移取一定体积的液体	不能加热。 用后应洗净，置于吸管架（板）上，以免沾污

仪器	规格	作用	注意事项
酸式滴定管　碱式滴定管 acidic buret　basic buret	玻璃质。分酸式和碱式两种；管身为无色或棕色。规格以刻度最大标度（mL）表示	用于滴定，或量取较准确体积的液体	不能加热或量取热的液体。不能用毛刷洗涤内管壁。酸、碱管不能互换使用。酸管的玻璃活塞不能互换使用
容量瓶 volumetric flask	玻璃质。规格以刻度以下的容积（mL）表示。有的配以塑料瓶塞	用于配制准确浓度的溶液	不能加热。不能用毛刷洗刷。瓶和磨口瓶塞配套使用，不能互换
称量瓶 wieghing bottle	玻璃质。分高型和矮型。规格以外径（mm）×瓶高（mm）表示	用于准确称取固体样品	不能直接用火加热。盖与瓶配套，不能互换
干燥器 desiccator	玻璃质。分普通干燥器和真空干燥器。规格以上口内径（mm）表示	内放干燥剂，用作样品的干燥和保存	小心盖子滑动而打破。灼烧过的样品应稍冷后才能放入，在冷却过程要每隔一定时间开一开盖子，以调节器内压力
坩埚钳 crucible tongs	金属（铁、铜）制品。有长短不一的各种规格。习惯上以长度（cm）表示	夹持坩埚加热。或往热源（煤气灯、电炉、马福炉等）中取、放坩埚	使用前钳尖应预热；用后钳尖应向上放在桌面或石棉网上
药匙 spatula	由牛角或塑料制成，有长短各种规格	取固体药品用。视所取药品量的多少选用药匙两端的大小	不能用于取用灼热的药品。用后洗净、擦干备用

仪器	规格	作用	注意事项
滴瓶　细口瓶　广口瓶 reagent bottle	玻璃质。带磨口塞或滴管，有无色和棕色。 规格以容量（mL）表示	滴瓶、细口瓶用于盛放液体药品。广口瓶用于盛放固体药品	不能直接加热。瓶塞不能互换。盛放碱液时要用橡皮塞，防止瓶塞被腐蚀粘牢
集气瓶 gas-jar	玻璃质。无塞、瓶口面磨砂，并配毛玻璃盖片。 规格以容量（mL）表示	用于气体收集或气体燃烧实验	进行固-气燃烧实验时，瓶底应放少量沙子或水
表面皿 watch glass	玻璃质。 规格以口径（mm）表示	盖在烧杯上，防止液体溅出，或作其他用途	不能用火直接加热
漏斗 funnel	玻璃质或搪瓷质。分长颈、短颈。 以斗径（mm）表示	用于过滤操作以及倾注液体。长颈漏斗特别适用于定量分析中的过滤操作	不能用火直接加热
吸滤瓶和布氏漏斗 filter flask and buchner funnel	布氏漏斗为瓷质，规格以容量（mL）或斗径（cm）表示。 吸滤瓶为玻璃质，规格以容量（mL）表示	两者配套，用于无机制备晶体或粗颗粒沉淀的减压过滤	不能用火直接加热
砂芯漏斗 glass sand funnel	又称烧结漏斗、细菌漏斗。 漏斗为玻璃质。砂芯滤板为烧结陶瓷。 其规格以砂芯板孔的平均孔径（μm）和漏斗容积（mL）表示	用作细颗粒沉淀以及细菌的分离。也可用于气体洗涤和扩散实验	不能用含氢氟酸、浓碱液及活性炭等物质体系的分离，避免腐蚀而造成微孔堵塞或沾污。 不能用火直接加热。 用后应及时洗涤，以防滤渣堵塞滤板孔
分液漏斗 separating funnel	玻璃质。 规格以容量（mL）和形状（球形、梨形、筒形、锥形）表示	用于互不相溶的液-液分离。也可用于少量气体发生器装置中加液	不能用火直接加热。玻璃活塞、磨口漏斗塞子与漏斗配套使用，不能互换

仪器	规格	作用	注意事项
蒸发皿 evaporating basin	瓷质，也有用玻璃、石英或金属制成的。 规格以口径（mm）或容量（mL）表示	蒸发浓缩液体用。随液体性质不同可选用不同质地的蒸发皿	能耐高温但不宜骤冷。蒸发溶液时一般放在石棉网上。也可直接用火加热
坩埚 crucible	有瓷、石英、铁、镍、铂和玛瑙等。 规格以容积（mL）表示	灼烧固体用。随样品性质不同而选用	可直接灼烧至高温。灼热的坩埚应置于石棉网上
泥三角 wire triangle	用铁丝弯成，套以瓷管。 有大小之分	灼热坩埚时放置坩埚用	铁丝已断裂的不能使用。灼热的泥三角不能直接置于桌面上
石棉网 asbestors center gauze	由铁丝编成，中间涂有石棉。 规格以铁网边长（cm）表示，如16×16、23×23等	加热时垫在受热仪器与热源之间，能使受热物体均匀受热	用前检查石棉是否完好，石棉脱落的不能使用。不能与水接触或卷折
铁夹（烧瓶夹） flask clamp 铁架（台） ring stand	铁制品。烧瓶夹也有铝或铜制的	用于固定或放置反应容器。 铁环还可代替漏斗架使用	使用前检查各旋钮是否可旋动。 使用时仪器的重心应处于铁架底盘中部
三脚架 tripod	铁制品。 有大小高低之分	放置较大或较重的加热容器，作仪器的支承物	
研钵 mortar	用瓷、玻璃、玛瑙或金属制成。 规格以口径（mm）表示	用于研磨固体物质及固体物质的混合。按固体物质的性质和硬度选用	不能用火直接加热。 研磨时，不能捣碎只能碾压。 不能研磨易爆物质

仪器	规格	作用	注意事项
燃烧匙 combustion spoon	铁或铜制品	检查物质可燃性，进行固体燃烧实验	用后应立即洗净，擦干匙勺
水浴锅 water bath	铜或铝制品	用于间接加热。也可用作粗略控温实验	加热时防止锅内水烧干，损坏锅体。 用后应将水倒出，洗净擦干锅体，将其免受腐蚀
点滴板 spot plate	透明玻璃质、瓷质。分黑釉和白釉两种。 按凹穴的多少分为四穴、六穴、十二穴等	用作同时进行多个不需分离的少量沉淀反应的容器；根据生成的沉淀以及反应溶液的颜色选用黑、白或透明点滴板	不能加热。 不能用于含氢氟酸溶液或浓碱液的反应
碘量瓶 iodine flask	玻璃质。瓶塞、瓶颈部为磨砂玻璃。 规格以容量（mL）表示	主要用作碘的定量反应的容器	瓶塞与瓶配套使用

二、基本操作技术

1. 玻璃仪器的洗涤

洗涤方法概括起来有下面几种。

（1）用水刷洗

可以洗去可溶性物质，又可使附着在仪器上的尘土等洗脱下来。

（2）用去污粉或合成洗涤剂刷洗

能除去仪器上的油污。

（3）用浓盐酸洗

可以洗去附着在器壁上的氧化剂，如二氧化锰。

（4）铬酸洗液

将 8g 研细的工业 $K_2Cr_2O_7$ 加入到 100mL 浓 H_2SO_4 中小火加热，切勿加热到冒白烟。边加热边搅动，冷却后储存于细口瓶中。洗涤方法如下：

① 先将玻璃器皿用水或洗衣粉洗刷一遍；

② 尽量把器皿内的水去掉，以免冲稀洗液；

③ 用毕将洗液倒回原瓶内，以便重复使用。

洗液有强腐蚀性，切勿溅在衣物、皮肤上。铬酸洗液有强酸性和强氧化性，去污能力强，适用于洗涤油污及有机物。当洗液颜色变绿时，洗涤效能下降（为什么？），应重新配制。

（5）含 KMnO$_4$ 的 NaOH 水溶液

将 10gKMnO$_4$ 溶于少量水中，向该溶液中注入 100mL 10%NaOH 溶液即成。该溶液适用于洗涤油污及有机物。洗后在玻璃器皿上留下 MnO$_2$ 沉淀，可用浓 HCl 或 Na$_2$SO$_3$ 溶液将其洗掉。

（6）盐酸-酒精（1∶2）洗涤液

适用于洗涤被有机物染色的比色皿。比色皿应避免使用毛刷和铬酸洗液。

洗净的仪器器壁应能被水润湿，无水珠附着在上面。

用以上方法洗涤后的仪器，经自来水冲洗后，还残留有 Ca^{2+}、Mg^{2+}等离子，如需除掉这些离子，还应用去离子水洗 2～3 次，每次用水量一般为所洗涤仪器体积的 1/4～1/3。

2. 化学试剂的取用

（1）固体试剂的取用

固体试剂一般都用药匙取用。药匙的两端为大小两个匙，分别取用大量固体和少量固体。试剂一旦取出，就不能再倒回瓶内，可将多余的试剂放入指定容器。

（2）液态试剂的取用

① 量筒量取　量筒有 5mL、10mL、100mL 和 1000mL 等规格。取液时，先取下瓶塞并将它倒放在桌上，一手拿试剂瓶（注意要让瓶子的标签朝上），然后倒出所需量取的试剂，如图 1 所示。最后让瓶口在量筒上刮靠一下，再使试剂瓶竖直，以免留在瓶口的液滴流到瓶子外壁。

② 滴管吸取　先用手指紧捏滴管上部的橡皮乳头，赶走其内的空气，然后松开手指，吸入试液，如图 2 所示。将试液滴入试管等容器时，不得将滴管插入容器内。滴管只能专用，用完后放回原处。一般的滴管一次可取 1mL，约 20 滴试液。

图 1　用量筒取液　　　　　　(a) 正确　　　(b) 不正确

图 2　用滴管加试液

如果需要更准确地量取液态试剂，可用后面介绍的仪器——滴定管和移液管等。

3. 加热方法

（1）煤气灯

煤气灯的式样虽多，但构造原理基本相同。最常用的煤气灯的构造如图 3 所示，它由灯座和金属灯管两部分组成。金属灯管下部有螺旋，可与灯座相连，灯管下部还有几个圆孔，为空气的入口。旋转金属灯管可改变圆孔大小，以调节空气的进入量。灯座侧面有煤气的入口，可用橡皮管把它和煤气阀门相连，使煤气导入灯内。另一侧面有螺旋针，用于调节煤气的进入量。松开螺旋针，灯座内进入煤气的孔道放大，煤气的进入量即增加，反之则减少。

图 3　煤气灯的构造
1—灯管；2—空气入口；3—煤气出口；
4—螺旋针；5—煤气入口；6—灯座

使用煤气灯时，先旋转金属灯管，关闭空气入口，擦燃火柴，将燃着的火柴移近灯口时，再打开煤气阀门，把煤气点着。然后调节煤气阀门或灯座上的螺旋针，使火焰保持适当的高度。这时煤气燃烧不完全，并且部分分解产生碳粒，火焰呈黄色（系碳粒发光所产生的颜色），温度不高，旋转金属灯管，调节空气的进入量，使煤气燃烧完全，火焰由黄色变为蓝色，这时的火焰，称为正常火焰（见图4）。正常火焰分为 3 层：

焰心（内层）——煤气与空气混合物并未完全燃烧，温度低，约 300℃ 左右。

还原焰（中层）——煤气不完全燃烧，仅燃烧成 CO，这部分火焰具有还原性，故称为"还原焰"，火焰呈淡蓝色，温度较高。

氧化焰（外层）——煤气完全燃烧，过剩的空气使这部分火焰具有氧化性，称"氧化焰"，温度高。最高温度处在还原焰顶端上部的氧化焰中，可达 800～900℃，火焰呈淡紫色。实验时，一般都用氧化焰来加热。

空气和煤气的进入量不合适，会产生不正常的火焰（图5）。当煤气和空气的进入量都很大时，火焰临空燃烧，称"临空火焰"。这种火焰不稳定，易熄灭。当煤气量很少而空气量很大时，煤气会在灯管内燃烧，而不是在灯管口燃烧，这时还能听到特殊的嘶嘶声和看到一根细长的火焰，这种火焰叫做"侵入火焰"。它将燃烧灯管，一不小心就会烫伤手指。有时在煤气灯使用过程中，煤气量突然因某原因而减少，这时就会产生侵入火焰。

图 4　正常火焰的各部分
1—氧化焰；2—还原焰；3—焰心；4—最高温度点

(a) 正常火焰　　(b) 临空火焰　　(c) 侵入火焰
图 5　各种火焰

无论遇到哪种不正常情况都应立即关闭煤气阀门，待灯管冷却后再重新点燃和调节。

（2）酒精灯

酒精灯的加热温度为 400～500℃，适用于一般性的、温度不太高的实验。

酒精灯为玻璃制品，是由灯帽、灯芯和盛有酒精的灯壶组成。灯的颈口与灯头（带灯芯的瓷质套管）连接是活动的。使用酒精灯时应注意以下几点。

① 灯内酒精不可装得太满，一般不应超过酒精灯容积的 2/3，以免移动时洒出或点燃时受热膨胀而溢出。

② 点燃酒精灯之前，先将灯头提起，用嘴轻轻向灯内吹一下，以赶去其中聚焦的酒精

蒸气。

③ 点燃酒精灯时，要用火柴引燃（图 6）。切不能用另一个燃着的酒精灯来引燃，避免灯内的酒精洒在外面，着火而引起事故。

④ 熄灭酒精灯时要用灯帽盖熄火焰，绝不允许用嘴去吹灭。待火焰熄灭片刻，还需将灯帽打开一次，通一通气再罩好，以免下次使用时打不开帽子。

⑤ 添加酒精时，应把火焰熄灭，然后借助于漏斗把酒精加入灯内（图 7）。灯外不得沾洒酒精。

图 6　点燃酒精灯　　　　　　　　　图 7　往酒精灯内添加酒精

（3）酒精喷灯

酒精喷灯是用酒精作燃料的加热器。使用时先将酒精汽化后与空气混合，点燃混合气体，故其火焰温度高，约 900℃。常用于需要温度高的实验。

酒精喷灯有挂式和座式两种（图 8 和图 9）。

图 8　挂式酒精喷灯的构造　　　　　　图 9　座式酒精喷灯的构造
1—灯管；2—空气调节器；3—预热盘；　　1—灯管；2—空气调节器；3—预热盘；
4—酒精储罐；5—开关；6—盖子　　　　4—铜帽；5—酒精壶

这里着重介绍挂式酒精喷灯（图 8）。其喷灯部分是金属制成的。除灯座外还有预热盆和灯管，灯管处有蒸气开关，预热盆下方有一支管为酒精入口，支管经过橡皮管与酒精储罐相连。使用时，先将储罐悬挂在高处，打开储罐下的开关，在预热盆中注入酒精并点燃，以预热灯管。待盆内酒精将近燃完时，开启蒸气开关，由于灯管已被灼热，进入灯管的酒精即行汽化，酒精蒸气与气孔进来的空气混合，即可在管口点燃。调节灯管处的蒸气开关可控制火焰的大小。使用完毕，关上蒸气开关及储罐下的酒精开关，火焰即自行熄灭。

使用时应注意以下几点。

① 在点燃喷灯前灯管必须充分灼烧，否则酒精在管内不能完全汽化，会导致液态酒精从管口喷出，形成"火雨"，四处洒落酿成危险。这时应立即关闭蒸气开关，重新预热。

② 酒精蒸气喷出口，应经常用特制的金属针穿通，以防阻塞。

③ 不得将储罐内酒精耗尽，当剩余 50mL 左右时应停止使用。如继续使用应添加酒精。不用时，必须将储罐口用盖子盖紧，管好储罐的酒精开关，以免酒精漏失造成后患。

（4）水浴

当要求被加热的物质受热均匀，而温度不超过 100℃时，先把水浴中的水煮沸，用水蒸气来加热，水浴上可放置大小不同的铜圈，以承受各种器皿（图 10）。

图 10　水浴加热

使用水浴时应注意以下几点。

① 水浴内盛水的量不得超过其容量的 2/3。水量不足时用少量的热水补充，绝对不能把水烧干。

② 应尽量保持水浴的严密，同时尽可能增大器皿的受热面积。

③ 在水浴上受热的蒸发皿不能浸入水里。烧杯或锥形瓶可直接浸入水浴中，但不能触及锅底，以防因受热不均匀而破裂。

在用水浴加热试管、离心管中的液体时，常用的水浴是一定容积的烧杯。内盛蒸馏水（或去离子水），将水加热至沸。

（5）油浴和沙浴

当要求被加热的物质受热均匀，温度又需高于 100℃时，可使用油浴或沙浴。用油代替水浴中的水，即是油浴。沙浴是一个铺有一层均匀细沙的铁盘。先加热铁盘，被加热的器皿放在沙上。若要测量沙浴的温度，可把温度计插入沙中。

（6）电加热

在实验室中还常用电炉（图 11）、电加热套（图 12）、管式炉（图 13）和马弗炉（图 14）等电器加热。加热温度的高低可通过调节外电阻来控制。管式炉和马弗炉都可加热到 1000℃左右。

图 11　电炉

图 12　电加热套

图 13　管式炉

图 14　马弗炉

4. 玻璃加工操作

（1）玻璃管（棒）的截断、熔光和缘口

简单的玻璃加工通常是指玻璃管（棒）的截断、熔光、缘口、弯曲、拉伸和塞子钻孔。截断玻璃管（或棒）一般分三步进行。

① 锉痕　操作要点是将要截断的玻璃管（或棒）平放在实验台上，用三角锉的棱（或锉磁片的断口）在要截断部位用力向前锉出一条短痕（长度约为玻璃管周长的 1/6），注意不

能往复锉动，如图 15 所示。如划痕不明显，可在原划痕处再向前划锉一次。注意划出的凹痕应与玻璃管垂直，这样才能使截断后的玻璃管的截面平整。

② 截断　双手持已有划痕的玻璃管（或棒），划痕向外，两手拇指齐放在划痕的背面向前推折，同时两食指分别向外拉，将玻璃管（棒）折断，如图 16 所示。

图 15　切割玻璃管　　　　　　　　　　　　　图 16　折断玻璃管

切断粗玻璃管（棒）时，可将锉刀沿管轴转动而切断，截断时应将玻璃管（棒）用布包住，以免划伤手指。

③ 熔光和缘口　新截断的玻璃管（棒）截面很锋利，容易划伤皮肤，且难以插入塞子的圆孔内，所以必须将玻璃管（棒）熔烧（熔光）。方法是将断面插入煤气灯（或酒精喷灯）的氧化焰中缓慢地转动，将断面熔烧至圆滑为止，如图 17 所示。熔光时注意防止烧的时间过长，以免玻璃管口径缩小甚至封死。薄壁的玻璃管可直接熔烧，厚壁的玻璃管要先预热后熔烧。熔烧后的玻璃管应放在石棉网上冷却，不能放在桌上。

管口需套胶皮乳头（如滴管帽）等时，需将管口壁加厚，称为缘口。方法是将玻璃管中插入镊子（应先预热）在火焰上转动，使管口略为扩大。待管口稍向外翻时，迅速将玻璃管放在石棉网上轻轻压平，这样就能得到比较整齐厚实的缘口，如图 18 所示。

（2）玻璃管的弯曲

弯曲玻璃管的操作方法是，先用抹布将玻璃管外壁擦净，内壁用棉球擦净（把棉球塞进管口，不要太紧，用铁丝把棉球从另一端拉出）。然后双手持玻璃管，把要弯曲的部位插入氧化焰内（先用小火预热），如图 19 所示。两手用力要均匀，并缓慢均匀地转动玻璃管，以免玻璃管在火焰中扭曲。当玻璃管烧成黄色并且足够软时，移开火焰，稍等 1～2s 待温度均匀后，再准确地把它弯成一定的角度。

图 17　熔光玻璃管　　　　　图 18　玻璃管缘口　　　　　图 19　加热玻璃管

弯管时应按"V"形手法正确操作，即两手在上方，玻璃管的弯曲部分在两手中间的下方，如图 20 所示。

120°以上的角度一次弯成。较小的角度，可分几次弯成，先弯成 120°左右的角度，待玻璃管稍冷后，再弯成较小的角度（如 90°）。但玻璃管第二次受热的位置应较第一次受热位置略偏左或偏右一些。需要弯成更小的角度（如 60°、45°）时，应进行第三次加热和弯曲操作。弯管好坏的比较和分析如图 21 所示。

图 20　玻璃管的弯曲

图 21　弯管好坏比较

（3）玻璃管（棒）的拉伸

拉伸玻璃管（棒）一般也分为三步。

① 烧管　拉伸时加热玻璃管（棒）的方法与弯玻璃管相同，只是加热得更软一些。

② 拉管　待玻璃管均匀软化后（即玻璃管烧成红黄色时）将玻璃管轻缓地向内压缩，减短它的长度，使管壁增厚，再移开火焰，顺着水平方向缓缓地拉伸玻璃管至所需的细度（图 22）。注意不可拉断，拉断的管壁常嫌太薄。拉伸后，右手持玻璃管，将玻璃管下垂片刻。使拉成的毛细管的轴与原玻璃管轴在同一直线上，然后放在石棉网上。在拉伸操作中，应注意使玻璃管受热均匀且受热部位要足够大。如果受热部位不够大，拉得又很快时，得到的是既细又薄的尖管，不合要求。

③ 熔光和缘口　冷却后按所需长度要求在拉细的部位折断玻璃管（棒），断口熔光即成两个尖嘴。如需制备滴管还需要缘口。

（4）塞子的种类和钻孔

① 塞子的种类　化学实验室常用的塞子有软木塞、橡皮塞和玻璃磨口塞三种。

软木塞不易和有机物作用，但其严密性差，易被酸、碱侵蚀，因此一般只适用于盖无侵蚀性物质的瓶子。

橡皮塞的严密性好，且能耐强碱物质的侵蚀，但它易被强酸和某些有机物质（如汽油、氯仿、苯、丙酮、二硫化碳等）侵蚀。因此装碱液或固体碱的瓶子用橡皮塞最好。

玻璃磨口塞是试剂瓶和某些玻璃仪器的配套塞子，严密性很好，但它易被碱和氢氟酸侵蚀，因此带磨口玻璃塞的瓶子不适用于装碱性物质和氢氟酸等。除标准磨口塞外，一般不同瓶子的磨口塞不能任意调换，否则不能很好密合。

对不同类塞子的选用主要取决于试剂或实验的性质。选择的塞子大小应与装配的试剂瓶或仪器的口径相吻合，以塞进试剂瓶或仪器口的部分稍超过塞子高度的 1/2 为好。

② 塞子的钻孔　装置仪器时常要将软木塞或橡皮塞钻孔。工具是钻孔器（也称打孔器，图 23）。它是一组直径不同的金属管，管的一端有柄，另一端管口很锋利。另外，每套钻孔器还有一个带柄的捅条，用来捅出进入钻孔器的橡皮或软木。

a. 钻孔器的选择　根据塞子的种类和塞子上所要插入的玻璃棒或温度计等的直径大小，选择合适的钻孔器。若是橡皮塞钻孔，选择一个比要插入玻璃管或温度计直径略粗（不要太粗）的钻孔器，因为橡皮塞有弹性，孔道钻成后略有收缩而使孔径略为变小。若是软木塞钻孔，因其质软而疏松，钻孔器的口径（外径）应比所要插入软木塞的玻璃管口径略细一些。

b. **钻孔** 钻孔时在钻孔器前端涂少许润滑剂（如肥皂水、甘油或水等），以减小金属管与塞子间的摩擦。然后把塞子平放在桌面上的一块木板上（避免钻坏桌子），左手按紧塞子，右手持钻孔器的柄，以顺时针方向，边压边钻，如图24所示。塞子的钻孔应先由塞子的小端钻入，当钻到塞子的厚度一半时，按逆时针方向旋出钻孔器，并用捅条捅出钻孔器中的橡皮或软木，再用同法从塞子大头的一端钻孔。注意要对准小头一端的孔位，直到两端的圆孔贯穿为止（也可以从小的一端一次钻通）。钻孔时要注意使钻孔器与塞子的平面垂直，以免把孔钻斜。最后用水把已钻好的塞子洗净，并把钻孔器擦拭干净。

图22 拉尖嘴操作　　　　图23 钻孔器　　　　图24 钻孔
1—捅条；2—单个钻孔器；3—整套钻孔器

软木塞的钻孔法与胶皮塞相似。不同的是软木塞钻孔前应先用压塞机（图25）把软木塞压紧压实一些，以免钻孔时钻裂。

c. **玻璃导管与塞子的连接** 将玻璃导管插入已钻孔的塞子，要求导管与塞孔严密套接。如果塞孔太小，可以用圆锉把孔锉大一些至大小合适为止。如果玻璃导管可以毫不费力地插入塞孔，表示塞孔太大，不合要求。

往塞孔内插入玻璃管时，可用少许水湿润管口，然后手握玻璃管的前半部，把玻璃管慢慢旋入塞孔至合适位置。为了安全，初学者操作时最好垫布。整个操作要注意把塞子拿牢，柔力旋入，切不可用力过猛或手离塞子太远，以免折断玻璃管划破手指（图26）。

(a) 正确　　　　(b) 不正确

图25 压塞机　　　　图26 玻璃管与塞子连接

5. 气体的发生、净化、干燥和收集

（1）气体的发生

实验室中常用启普发生器来制备 H_2、CO_2 和 H_2S 等气体。

$$Zn+2HCl=\!=\!=ZnCl_2+H_2\uparrow$$

$$CaCO_3+2HCl=\!=\!=CaCl_2+H_2O+CO_2\uparrow$$

$$FeS+H_2SO_4=\!=\!=FeSO_4+H_2S\uparrow$$

启普发生器由一个葫芦状的玻璃容器、球形漏斗和导气管活塞三部分组成（图27）。固

体药品放在中间圆球内（可通过中间球体的侧口或上口加入，加入固体的量以不超过球体容积的 1/3 为宜），放固体前，可在固体下面放些玻璃丝或有孔橡皮块来承受固体，以免固体掉至下部球内。酸液从球形漏斗加入，加酸时应先打开导气管活塞，待加入的酸一旦与固体接触，立即关闭导气管活塞，继续加酸至球形漏斗上部球体的 1/4～1/3 处。使用时只要打开导气管活塞，由于压力差，酸液自动下降而进入中间球内，与固体接触而产生气体。要停止反应时，只要关闭活塞，继续发生的气体会把酸液压入下球及球形漏斗内，使酸液与固体不再接触而停止反应。下次使用时，只要重新打开活塞，又会产生气体，使用十分方便。

当启普发生器内的固体即将用完或酸液浓度降低，产生的气体量不够时，应补充固体或更换酸液。补充固体时，应关闭导气管活塞，使球内酸液压至球形漏斗中，使之与固体脱离接触，然后用橡皮塞塞紧漏斗的上口，拔下导气管上的塞子，从侧口加入固体。更换酸液时，可先关闭导气管活塞，使废液压入球形漏斗中，用移液管把废液吸出，或从下球的侧口放出废液（若从下口放出废液，应先用橡皮塞塞紧球形漏斗口，把发生器仰放在废液缸上，使下口塞附近无酸液，再拔下塞子，使发生器下倾，让废液慢慢流出）。当废液流完后，可从球形漏斗加入新的酸液（更换酸液时，戴上橡皮手套）。

启普发生器不能加热，装入的固体反应物又必须是较大的块粒，不适用于小颗粒或是粉末的固体反应物。所以制备 HCl、Cl_2、SO_2 等气体时就不能使用启普发生器，而改用如图 28 所示的气体发生装置。

图 27　启普发生器

图 28　加热气体发生装置

$$MnO_2+4HCl（浓）\xrightarrow{\triangle} MnCl_2+2H_2O+Cl_2\uparrow$$

$$NaCl+H_2SO_4（浓）\xrightarrow{\triangle} NaHSO_4+HCl\uparrow$$

$$Na_2SO_3+2H_2SO_4（浓）\xrightarrow{\triangle} 2NaHSO_4+H_2O+SO_2\uparrow$$

把固体加在蒸馏瓶内，酸液装在分液漏斗中。使用时，打开分液漏斗下面的活塞，使酸液均匀地滴加在固体上，就产生气体。当反应缓慢或不发生气体时，可以微微加热。如加热后仍不起反应，则需更换试剂。

（2）气体的净化和干燥

实验室制得的气体常常都带有酸雾和水汽，使用时要进行净化和干燥。酸雾可用水或玻璃棉除去；水汽可用浓硫酸、无水氯化钙或硅胶吸收。一般情况下使用洗气瓶（图 29）、干燥塔（图 30）或 U 形管（图 31）等仪器装置进行净化。液体（如水、浓硫酸）装在洗气瓶内，无水氯化钙和硅胶装在干燥塔或U形管内；玻璃棉装在U形管内。气体中如还有其他杂质，则应根据具体情况分别用不同的洗涤液或固体吸收。具有还原性或碱性的气体如硫化氢、氨气等，不能用浓硫酸来干燥，可分别用氯化钙（对硫化氢）或氢氧化钠（对氨气）进行干燥。注意：氨气不能用无水氯化钙来干燥。

图29　洗气瓶　　　　图30　干燥塔　　　　图31　U形管

（3）气体的收集

① 在水中溶解度很小的气体（如氢气、氧气），可用排水集气法（图32）收集。

② 易溶于水而比空气轻的气体（如氨）可按图33（a）所示的排气集气法收集。

③ 易溶于水而比空气重的气体（如氯气和二氧化碳）可按图33（b）所示的排气集气法收集。

图32　排水集气法　　　　（a）收集轻的气体　　（b）收集重的气体
　　　　　　　　　　　　　　　图33　排气集气法

6. 蒸发浓缩与重结晶

蒸发浓缩一般在水浴上进行。若溶液太稀，也可先放在石棉网上直接加热蒸发。常用的蒸发器是蒸发皿。皿内盛放液体的量不应超过其容量的2/3。

重结晶是提纯固体物质的一种方法。把待提纯的物质溶解在适当的溶剂中，经除去杂质离子，滤去不溶物后，进行蒸发浓缩到一定程度，经冷却就会析出溶质的晶体。晶体颗粒大小，取决于溶质溶解度和结晶条件，如果溶液浓度较高、溶质的溶解度小，冷却较快，并不断搅拌溶液，所得晶体较小；如果溶液浓度不高，缓慢冷却，就能得到较大的晶体，这种晶体夹带杂质少，易于洗涤，但母液中剩余的溶质较多，损失较大。

若结晶一次所得物质的纯度不合要求，可加入少量溶剂溶解晶体，经蒸发再进行一次结晶。

7. 溶液与沉淀的分离

溶液与沉淀的分离方法有 3 种：倾析法、过滤法和离心分离法。

（1）倾析法

当沉淀的密度较大或结晶的颗粒较大，静置后能沉降至容器底部时，可用倾析法进行沉淀的分离和洗涤。

具体做法是把沉淀上部的溶液倾入另一容器内，然后往盛着沉淀的容器内加入少量洗涤液，充分搅拌后，沉降，倾去洗涤液。如此重复操作 3 遍以上，即可把沉淀洗净，使沉淀与溶液分离。

（2）过滤法

分离溶液与沉淀最常用的方法是过滤法。过滤时沉淀留在过滤器上，溶液通过过滤器而进入容器中，所得溶液叫做滤液。过滤方法共有 3 种：常压过滤、减压过滤和热过滤。

① 常压过滤　此法最为简便和常用，使用玻璃漏斗和滤纸进行过滤。

按照孔隙的大小，滤纸可分为快速、中速和慢速 3 种。快速滤纸孔隙最大。

过滤时，先按图 34 所示，把圆形滤纸或四方滤纸折叠成 4 层（方滤纸折叠后还要剪成扇形）。然后将滤纸撕去一角，放在漏斗中（为保证滤纸与漏斗密合，第二次对折时先不要折死，把滤纸展开成锥形，用食指把滤纸按在玻璃漏斗的内壁上，稍微改变滤纸的折叠程度，直到滤纸与漏斗密合为止，此时可把第二次折边折死），滤纸的边缘应略低于漏斗的边缘（图34）。用水润湿滤纸，并使它紧贴在玻璃漏斗的内壁上。这时如果滤纸和漏斗壁之间仍有气泡，应该用手指轻压滤纸，把气泡赶掉，然后向漏斗中加蒸馏水至几乎达到滤纸边。这时漏斗颈应全部被水充满，而且当滤纸上的水已全部流尽后，漏斗颈中的水柱仍能保留。如形不成水柱，可以用手指堵住漏斗下口，稍稍掀起滤纸的一边，向滤纸和漏斗间加水，直到漏斗颈及锥体的大部分全被水充满，并且颈内气泡完全排出。然后把纸边按紧，再放开下面堵住出口的手指，此时水柱即可形成。在整个过滤过程中，漏斗颈必须一直被液体所充满，这样过滤才能快速。

装置如图 35 所示。过滤时应注意以下几点：调整漏斗架的高度，使漏斗末端紧靠接收器内壁。先倾倒溶液，后转移沉淀，转移时应使用搅棒。倾倒溶液时，应使搅棒指向 3 层滤纸处。漏斗中的液面高度应低于滤纸高度的 2/3。

图 34　滤纸的折叠方法与安放

图 35　常压过滤装置

如果沉淀需要洗涤，应待溶液转移完毕，将少量洗涤剂倒入沉淀中，然后用搅棒充分搅动，静止放置一段时间，待沉淀下沉后，将上方清液倒入漏斗，如此重复洗涤两三遍，最后把沉淀转移到滤纸上。

② 减压过滤（抽滤）　此法可加速过滤，并使沉淀抽吸得较干燥，但不宜过滤胶状沉淀和颗粒太小的沉淀，因为胶状沉淀在快速过滤时易穿透滤纸，颗粒太小的沉淀易在滤纸上形成一层密实的沉淀，使溶液不易透过，反而达不到加速过滤的目的。

减压过滤装置如图 36 所示，循环水真空泵使吸滤瓶内减压，由于瓶内与布氏漏斗液面上形成压力差，因而加快了过滤速度。安装时应注意使漏斗的斜口与吸滤瓶的支管相对。

布氏漏斗上有许多小孔，滤纸应剪成比漏斗的内径略小，但又能把瓷孔全部盖没的大小。用少量水润湿滤纸，开泵，减压使滤纸与漏斗贴紧，然后开始过滤。

当停止吸滤时，需先拔掉连接吸滤瓶和泵的橡皮管，再关泵，以防倒吸。为了防止倒吸现象，一般在吸滤瓶和泵之间装上一个安全瓶。

洗涤沉淀的方法与常用过滤相同。

③ 热过滤　某些物质在溶液温度降低时，易成结晶析出，为了滤除这类溶液中所含的其他难溶性杂质，通常使用热滤漏斗过滤（图 37），防止溶质结晶析出。过滤时，把玻璃漏斗放在铜质的热滤漏斗内，热滤漏斗内装有热水，用煤气灯或酒精灯加热热滤漏斗，以维持溶液的温度。

（3）离心分离法

当被分离的沉淀的量很少时，可把沉淀和溶液放在离心管内，放入电动离心机（图 38）中进行离心分离。使用离心机时，将盛有沉淀的离心试管放入离心机的试管套内，在与之相对称的另一试管套内也放入相等体积水的离心试管，然后缓慢启动离心机，逐渐加速。停止离心时，应让离心机自然停下，切勿用手强制其停下。

图 36　减压过滤的装置　　　　图 37　热过滤用漏斗　　　图 38　电动离心机

通过离心作用，沉淀紧密地积聚于离心试管的底部，上方得到澄清的溶液。用滴管小心地吸取上方清液，方法是用左手斜持离心试管，右手拿滴管，用手指捏紧滴管的橡皮胶帽以排除其中的空气，然后轻轻地插入清液中（不可使滴管末端接触沉淀），吸取清液。如果沉淀需要洗涤，可以加入少量洗涤液，用尖头搅棒充分搅拌，再进行离心分离，如此反复洗涤 2～3 次。洗涤沉淀的洗涤液约等于沉淀体积的 2～3 倍即可。

8．移液管、容量瓶和滴定管

（1）移液管（见一、常用仪器介绍）

移液管用来准确地量取一定体积的溶液。它是中间有一膨大部分（称为球部）的玻璃管，管颈上部刻有一标线，此标线是按放出的体积来刻度的。常见的有 5mL、10mL、25mL、50mL

等数种，最常用的是 25mL 的移液管。

另一种移液管带有刻度，叫做吸量管（见一、常用仪器介绍），可量取吸量管以内的试液体积。

移液管的吸液步骤（图 39）：

① 拇指及中指握住移液管标线以上部位；

② 将移液管下端适当伸入液面，太深或太浅会使外壁沾上过多的试液或容易吸空；

③ 将洗耳球对准移液管上端管口，吸入试液至标线以上约 2cm，迅速用食指代替洗耳球堵住管口；

④ 取出移液管并靠在盛液容器内壁，然后缓慢转动移液管，使标线以上的试液刚好流至标线刻度；

⑤ 将移液管迅速放入接受容器中。

移液管的放液步骤（图 40）：

① 使接受容器倾斜而移液管直立，移液管的出口尖端与容器内壁要接触，放开食指，使试液沿容器壁自由流出；

② 待移液管内液体全部流尽后，稍停片刻（约 15s），再取出移液管。

因移液管容量只计算自由流出的液体，故留在管内的最后一滴液体不可吹出。只要固定使用一支移液管，其系统误差比较一致，实验结果不会受到影响。

图 39　移液管吸液

图 40　移液管放液

（2）容量瓶

容量瓶是一个细颈梨形的平底瓶，带有磨口塞。颈上有标线表明在所指温度下（一般为20℃），当液体充满到标线时，瓶内液体体积恰好与瓶上所注明的体积相等。

容量瓶是为配制准确浓度的溶液用的，常和移液管配合使用。以把某种物质分为若干等份。通常有 25mL、50mL、100mL、250mL、500mL、1000mL 等数种规格。

在使用容量瓶之前，要先进行以下两项检查：

① 容量瓶容积与所要求的是否一致；

② 检查瓶塞是否严密，不漏水。在瓶中放水到标线附近，塞紧瓶塞，使其倒立 2min，用干滤纸片沿瓶口缝处检查，看有无水珠渗出。如果不漏，再把塞子旋转 180°，塞紧，倒置，

试验这个方向有无渗漏。这样做两次检查是必要的，因为有时瓶塞与瓶口不是在任何位置都是密合的。

　　合用的瓶塞必须妥为保护，最好用绳线把它系在瓶颈上，以防跌碎、沾污或与其他容量瓶搞混。

　　用容量瓶配制标准溶液时，先将精确称量的试样放在小烧杯中，加入少量溶剂，搅拌使其溶解（若难溶，可盖上表面皿，稍加热，但必须放冷后才能转移）。沿搅棒用转移沉淀的操作将溶液定量地移入洗净的容量瓶中（图41），然后用洗瓶吹洗烧杯壁5～6次，按同法转入容量瓶中。当溶液加到容量瓶中2/3处以后，将容量瓶水平方向摇转几周（勿倒转），使溶液大体混匀。然后把容量瓶平放在桌子上，慢慢加水到距标线1cm左右，等待1～2min，使沾附在瓶颈内壁的溶液流下，用滴管伸入瓶颈接近液面处，眼睛平视标线，加水至弯月面下部与标线相切。立即盖好瓶塞，用一只手的食指按住瓶塞，另一只手的手指托住瓶底（图42），注意不要用手掌握住瓶身，以免体温使液体膨胀，影响容积的准确（对于容积小于100mL的容量瓶，不必托住瓶底）。随后将容量瓶倒转，使气泡上升到顶，此时可将瓶振荡数次。再倒转过来，任使气泡上升到顶。如此反复10次以上，才能混合均匀。

图41　转移溶液到容量瓶中　　　　　图42　容量瓶的拿法

　　容量瓶不能久储溶液，尤其是碱性溶液会侵蚀瓶壁，并使瓶塞粘住，无法打开。注意容量瓶不能加热。

　　（3）滴定管（见一、常用仪器介绍）

　　滴定管是用来准确放出不确定量液体的容量仪器。它是用细长而均匀的玻璃管制成的，管上有刻度，下端是一尖嘴，中间有节门用来控制滴定的速度。

　　滴定管分酸式和碱式两种，前者用于量取对橡皮管有腐蚀作用的液态试剂；后者用于量取对玻璃有腐蚀作用的液体。滴定管容量一般为50mL，刻度的每一大格为1mL，每一大格又分为10小格，故每一小格为0.1mL。

　　酸式滴定管的下端为一玻璃活塞，开启活塞，液体自管内流出。使用前，先取下活塞，洗净后用滤纸将水吸干或吹干，然后在活塞的两头涂一层很薄的凡士林油（切勿堵住塞孔）。装上活塞并按同一方向旋转，使活塞与塞槽接触处呈透明状态，最后装水试验是否漏液。

　　碱式滴定管的下端用橡皮管连接一支带有尖嘴的小玻璃管。橡皮管内装有一个玻璃圆球（图43）。用左手拇指和食指轻轻地往一边挤压玻璃球外面的橡皮管，使管内形成缝隙，液体即从滴管滴出。挤压时，手要放在玻璃球的稍上部。如果放在球的下部，则松手后，会在尖端玻璃管中出现气泡。

必须注意，滴定管下端不能有气泡。快速放液，可赶走酸式滴定管中的气泡；轻轻抬起尖嘴玻璃管，并用手指挤压玻璃球，可赶走碱式滴定管中的气泡（图44）。

图43　碱式滴定管的下端　　　　　图44　碱式滴定管排气泡法

酸式滴定管不得用于装碱性溶液，因为玻璃的磨口部分易被碱性溶液侵蚀，使塞子无法转动。碱式滴定管不适宜装对橡皮管有侵蚀性的溶液，如碘、高锰酸钾和硝酸银等。

（4）仪器洗涤

移液管、容量瓶、滴定管要求容积精确，一般不用刷子机械地刷洗，其内壁的油污最好用浓硫酸-重铬酸钾洗液来清洗，现分别介绍如下。

① 移液管　在上口套上一段橡皮管，用洗耳球将洗液吸入管中超过刻线部分，用夹子夹住，直立浸泡一定时间（也可用洗耳球将洗液吸入管中，用手指堵住上口，平握移液管，不断转动，直到洗液浸润全部内壁），再将洗液放回原瓶。

② 容量瓶　小容量瓶可装满洗液浸泡一定时间。容量大的容量瓶则不必装满，注入约1/3 体积洗液，塞紧瓶塞，摇动片刻，使洗液能够完全润湿内壁，隔一段时间再摇动几次即可洗净。

③ 滴定管　可注入 10mL 左右洗液，两手平握滴定管不断转动，直到洗液把全管内壁润湿，然后将洗液由上口或尖嘴倒回原储存瓶中。若此法不能洗净，需将洗液装满滴定管浸泡。

上述仪器用洗液浸泡后，都需要先用自来水冲洗掉洗液。此时应对着光亮检查一下是否油污已被洗净，内壁水膜是否均匀。如果发现仍有水珠，则应再用洗液浸泡并检查，直到彻底洗净为止。

最后用去离子水（或蒸馏水）洗去自来水。去离子水每次用量约为被洗仪器容量的 1/3 即可，一般洗 2～3 次。

（5）读数

下面以滴定管为例加以说明。在滴定管中的溶液由于附着力和内聚力的作用，形成一个弯月面，弯月面下常有一虚影，此虚影与读数无关。读数时，视线应在弯月面下缘最低处的同一水平位置上（图45），以避免视差。因为液面是球面，眼睛位置不同会得到不同的读数。对于常用的 50mL 滴定管，读数应到 0.01mL。

图45　正确的读数方法

颜色太深的溶液，如碘溶液、高锰酸钾溶液，弯月面很难看清楚，而液面最高点较清楚，所以常读取液面最高点，读时应调节眼睛的位置，使之与液面最高点前后在同一水平位置上。

对于移液管、容量瓶（还包括量筒等）的读数方法，可从滴定管读数方法类推，不再一一介绍。

9. 用试纸检试溶液及气体的性质

（1）用试纸检试溶液的性质

常用 pH 试纸检试水溶液的酸碱性。方法是将一小片试纸放在干净的点滴板上，用洗净的玻璃棒蘸取待试溶液滴在试纸上，观察其颜色的变化。用 pH 试纸检验溶液 pH 值时，将试纸所呈现的颜色与标准色板颜色比较，即可知溶液的 pH 值。注意不能把试纸投入被测试液中检试。

（2）用试纸检验气体的性质

常用石蕊试纸或 pH 试纸检验反应所产生气体的酸碱性，用 KI 淀粉试纸检试 Cl_2，用 $KMnO_4$ 试纸或 I_2-淀粉试纸检试 SO_2，用 $Pb(Ac)_2$ 或 $Pb(NO_3)_2$ 试纸检试 H_2S 气体。检验时，试纸用蒸馏水润湿并沾附在干净玻璃棒尖端，移至发生气体的试管口上方（不能接触试管）。观察试纸颜色的变化。在实验中可用碎滤纸片蘸上所需的试剂即可制得试纸。例如，用碎滤纸片蘸上 $Pb(Ac)_2$ 溶液或 $KMnO_4$ 和 H_2SO_4 溶液即制得 $Pb(Ac)_2$ 试纸或 $KMnO_4$ 试纸。

10. 试管的使用

（1）往试管中滴加溶液进行反应的方法

往试管中滴加溶液进行反应，溶液的用量根据具体反应而定，一般以 1～3mL 为宜。在滴加溶液时，需随时摇动试管，使加入的每滴溶液都能迅速地与全部溶液均匀混合。

（2）加热试管中的液体

用试管盛液体加热时，液量不能过多，一般以不超过试管容积的 1/3 为宜。试管夹应夹在距试管口 1～2cm 处，然后斜持试管，从液体的上部开始加热，并不断地摇动试管，以免由于局部过热使液体喷出或受热不匀使试管炸裂。加热时，应注意管口不能朝向别人或自己（图 46）。

（3）往试管中加入固体

往湿的或口径小的试管中加入固体试剂时，为了避免试剂沾在试管上，可用较硬的干净纸折成小三角，其大小以能放入试管为准，长度比试管稍长些。先用牛角匙将固体试剂放入三角纸内，然后将其送入试管底部，用手轻轻抽出纸条，使纸上试剂全部落入管底（图 47）。

如果容器的口径足够大，可用牛角匙把固体试剂直接加入容器中。加入块状固体时，应将试管倾斜，使固体沿管壁慢慢滑入试管内，以免撞破管底。

（4）烤干试管

用试管夹将洗净的试管夹住，使试管口略向下倾斜，移至火焰上方，用小火加热试管底部。当底部烤干后，再移动试管烤中部，并用碎滤纸把凝结在管口的水滴吸去，然后继续烤试管口，直到烤干为止（图 48）。最后将试管口朝上，再加热片刻，赶尽水汽。烤干后的试管应放在试管架的干燥处，管口向上，待冷却后使用。

（5）加热试管中的固体

试管可用试管夹夹住或固定在铁架台上加热。为避免凝结在管口上的水珠回流到灼热的管底使试管破裂，应将试管口稍向下倾斜（图49）。

图46　加热试管中的液体

图47　往试管中加入固体

图48　在灯焰上烤干试管

图49　加热试管中的固体

三、常用精密仪器及其使用方法

1. 实验室常用称量仪器

（1）台秤

台秤（图50）用于精度不高的称量，一般只能准确到0.1g。称量前，首先调节托盘下面的螺旋，让指针在刻度板中心附近等距离摆动，此谓调零点。称量时，左盘放称量物，右盘放砝码（10g或5g以下是通过移动游码添加的），增减砝码，使指针也在刻度板中心附近摆动。砝码的总质量就是称量物的质量。

称量时应注意：

① 不能称量热的物体；

② 称量物不能直接放在托盘上，依情况将其放在纸上、表面皿或容器内；

③ 称量完毕，一切复原。

（2）光电天平

光电天平叫光学天平，分为双盘和单盘两种。下述为双盘光电天平，它的最大载重量为200g，可以精确称量到0.1mg。

光电天平的构造（图51）

① 天平梁　是天平的主要部件之一，天平梁上有两个向上的玛瑙刀口，用来悬挂托盘。玛瑙刀口是天平很重要的部件，刀口的好坏直接影响到称量的精确程度。

图 50　台秤

1—横梁；2—称量盘；3—指针；4—刻度板；
5—游码标尺；6—游码；7—平衡调节螺丝

图 51　光电天平

1—天平梁；2—平衡螺丝；3—吊耳；4—指针；5—玛瑙刀口；
6—天平橱罩；7—环码；8—指数盘；9—支柱；10—托叶；
11—空气阻尼器；12—光幕；13—天平盘；14—盘托；
15—螺丝脚；16—垫脚；17—升降钮

② 指针　固定在天平梁的中央，天平梁摆动时，指针随着摆动，从光幕上可以读出指针摆动的位置。

③ 升降钮　是控制天平工作状态和休止状态的旋钮。

④ 光幕　通过光电系统使指针下端的标尺放大后，在光幕上可以清楚地读出标尺的刻度。标尺的刻度代表质量，每一大格代表 1mg，每一小格代表 0.1mg（10^{-4}g）。

⑤ 天平盘和天平橱罩　天平左右有两个托盘，左盘放称量物体，右盘放砝码。光电天平是比较精密的仪器，外界条件的变化如空气流动等容易影响天平的称量，为减少这些影响，称量时一定要把橱罩的门关好。

⑥ 砝码与环码　光电天平有砝码和环码。砝码装在盒内，最大质量为 100g，最小质量为 1g。在 1g 以下的是用金属丝做成的环码，安放在光电天平的右上角，加减的方法是用机械加码旋钮来控制，用它可以加 10～990mg 的质量。10mg 以下的质量可直接在光幕上读出。

光电天平使用规则

① 未休止的天平不允许进行任何操作，如加减砝码、环码和物体等。

② 切勿用手直接接触光电天平的部件，取砝码一定要用镊子夹取。使用机械加码旋钮时，一定要轻轻地逐格扭动，以免损坏机械加码装置和使环码掉落！

③ 不能在天平上称量热的或具有腐蚀性的物品。不能在金属托盘上直接称量药品。

④ 称量时，不可超过天平所允许的最大载重量（200g）。

⑤ 每次称量结束后，认真检查天平是否休止，砝码是否齐全地放入盒内，机械加码旋钮是否恢复到零的位置。全部称量完毕后关好天平橱罩，切断电源，把凳子放回天平桌子下面，把天平室整理好。

⑥ 不得任意移动天平位置。如发现天平有不正常情况或在称量过程中发生了故障，要报告教师。

光电天平的使用方法

① 直接称量法　使用天平要认真、仔细，否则容易出错，使称量不准确，或者损坏天平。

称量前应先检查天平，如环码是否跳落，机械加码旋钮是否在零的位置等。

零点的测定　接通电源，轻轻转动升降钮，启动天平，此时灯泡发亮，光幕上可以看到标尺的投影在移动，当投影稳定后，若刻线和标尺上的零恰好重合，此时零点等于零，零点即天平不载重时的平衡点。若空载时天平的平衡点不在零，可以通过调屏拉杆，移动光屏的位置，使刻线与标尺的零线重合。也可以记下读数，此读数也是天平零点，如图 52 中所指示的+0.4 即为零点的位置（此时零点不在零）。

图 52　标尺刻度

测得零点后，把升降钮降下，使天平休止。

停点的测定　在称量物体前，可先在台秤上粗称一下物体的质量，以便称量时加放合适的砝码。

把物体放在天平左盘中心（为防止托盘晃动，应该尽可能把物体或砝码放在托盘中心）。在右盘上加放合适的砝码，随后轻轻转动升降钮，观察光幕中标尺移动的方向。若标尺迅速往负数方向移动（即刻线所指数值减小），则表示砝码太重，要减砝码；当标尺往正数方向移动，要加砝码。

当所要加的砝码在 1g 以下时，关紧天平侧门，用同样方法加减环码，直到刻线与标尺上某一读数相重合为止（此读数最好在-5～+5 之间）。记下读数，即停点，亦即天平载重时的平衡点。

称量后，使天平休止，记下砝码和环码质量。

使用光电天平称量物体时一般均称量两次，操作方法如下。

零点测量　第一次测量休止后，再起动，测量，此为第二次，称量两次误差应小于 0.2mg，即$|e'_0-e''_0|<0.2$。

停点测量　同上。

数据记录和计算　零点用 e_0 表示。第一次 $e'_0=$_____，第二次 $e''_0=$_____，平均值 $e_0=$_____。

停点用 e_1 表示。第一次 $e'_1=$_____，第二次 $e''_1=$_____，平均值 $e_1=$_____。

物体质量（g）=砝码质量+环码质量+（停点 e_1-零点 e_0）/1000。

称量计算举例　零点、停点及环码读数均见图53。

天平零点 $e_0=+0.7$mg

天平停点 $e_1=-1.8$mg

砝码质量 10g+2g+1g=13g

环码质量 810mg=0.810g

物体质量=13g+0.810g+（-0.0018-0.0007）g=13.8075g

② 减量法　此法用于称固体粉末状物质。将适量试样装入称量瓶（图 54）中。称量瓶

是带有磨口塞的小玻璃瓶，它的优点在于质量较小，可直接在天平上称量，并有磨口玻璃塞，以防止试样吸收空气中的水分等。

　　称量步骤如下：先准确称出称量瓶和试样的总量 W_1，然后取出称量瓶（用纸条裹着），如图 55 所示，在容器的上方将称量瓶倾斜，用称量瓶盖轻敲瓶口上部，使试样慢慢落入容器中，当倾出的试样已接近所需要的质量时将瓶竖起，再用称量瓶盖轻敲瓶口上部，使沾在瓶口的试样落下，然后盖好瓶盖。将称量瓶放回天平盘上，称质量为 W_2。两次质量之差（W_1-W_2）就是试样的质量，这种称量方法叫做减量法。按此法依次进行，可称取多份试样。若从称量瓶中倒出的药品太多，不能再倒回称量瓶中，要重新称量。

图 53　环码读数及 e_0、e_1 读数

图 54　称量瓶

图 55　用称量瓶倒物体的方法

　　（3）电子分析天平

　　电子分析天平为较先进的称量仪器，外观如图 56 所示，此类天平操作简便，将天平开启，调零后，可将被称物放于天平称量盘上，其质量从天平面板的屏幕上显示出来。这类天平还可与计算机相连接进行数据处理，可方便地获得高精度的称量结果。

　　2. 25 型酸度计

　　（1）测定 pH 值

　　25 型酸度计（图 57）是用电位法测定溶液 pH 值的一种仪器，与其配套使用的指示电极是玻璃电极（图 58），参比电极是甘汞电极（图 59）。

图 56　电子分析天平

1—按键；2—质量显示屏；3—盘托；4—秤盘；
5—天平侧门；6—电源插线

图 57　25 型酸度计

1—电源开关；2—指示灯；3—定位调节器；4—温度
补偿器；5—pH-mV 开关；6—量程选择开关；
7—零点调节器；8—电流计；9—参比电极接线柱；
10—玻璃电极插孔；11—电表机械调节螺丝；
12—读数开关

图 58　玻璃电极　　　　图 59　甘汞电极

酸度计的操作步骤

① 未接电源前，用电表机械调节螺丝 11 调节电流计指针，使其指在零点（pH=7）。

② 打开电源开关 1，预热 20min 左右。

③ 校正仪器：

a. 将温度补偿器 4 放在测定的温度值上；

b. 将 pH-mV 开关 5 转至 pH 挡；

c. 将量程选择开关 6 拨到待测溶液的 pH 值范围（7～0 或 7～14）；

d. 过 1～2min 后，调节零点调节器 7，使指针仍指在 pH 值范围（7～0 或 7～14）；

e. 将两电极插入已知 pH 值的标准缓冲溶液，掀下读数开关 12，调节定位调节器 3，使指针指在该溶液的 pH 值处。

重复 d.、e.操作几次，使指针的指示值稳定。仪器校正后，定位调节器不能再动。

④ 取出电极，用去离子水冲洗后，以擦镜纸或滤纸轻轻吸干残余水，然后插入待测溶液中。掀下读数开关，读出溶液的 pH 值。

⑤ 测量完毕，松开读数开关 12，洗净电极。

玻璃电极的使用与维护

① 玻璃电极的主要部分是下端的玻璃球泡，它由一层较薄的特种玻璃制成，所以切勿与硬物接触。

② 初次使用时，应先将球泡在去离子水中浸 24h 以上；暂不使用时，也要浸在去离子水中。

③ 电极插头上的有机玻璃具有良好的绝缘性能，切勿接触化学试剂或油污。

④ 若玻璃膜上沾有油污，应先浸在酒精中，再放入乙醚或四氯化碳中，然后再移到酒精中，最后用水冲洗干净。

⑤ 在测强碱性溶液时，应快速操作。测完后立刻用水洗净，以免碱液腐蚀玻璃。

⑥ 凡是含氟离子的酸性溶液，不能用玻璃电极测量（为什么?）。

（2）测量电动势

① 把开关 6 指在"0"处，调整电表上的胶木螺丝，使指针指在 pH=7 处。然后打开电源开关，仪器预热 5min。接入电极，电极浸入被测溶液中。

② 把开关 6 指在"7～0"处，开关 5 指在"+mV"或"−mV"处，开关 12 放在放开的位置。

③ 调节 7 使电表指针在 0mV 处，按下读数开关 12，即指示被测电池的电动势。

④ 测完后，冲洗电极，关掉电源。

3. pHX-3C 型酸度计

（1）准备工作

① 仪器插入 220V 交流电源，按下电源开关，LED 显示屏显示 000。

② 将已配制的标准缓冲溶液（pH4、pH7、pH9 三种溶液）分别倒入烧杯中，并准备蒸馏水和滤纸片少许。

③ 甘汞电极上下端橡皮塞套应拔去。注意电极内氯化钾溶液中不能有气泡，溶液不能过少，以防断路。并且，溶液中应存有氯化钾晶体，以确保溶液饱和。

④ 将温度电极和甘汞电极以及预先经蒸馏水浸泡的玻璃电极稳妥地装置在电极夹具上，甘汞电极应比玻璃电极下放 2～3mm 以保护球泡，防止破碎。

⑤ 将甘汞电极引线旋紧在参比接线柱上。当需要插入玻璃电极插头时，可将插座外套向前按住，同时插入插头，然后放开外套。必需使插座中的弹子卡住插头末端（带有槽口的插头则卡住槽口），保证接触良好。取出插头时只要向前按动插座外套，插头即能自动弹出。

（2）室温或被测溶液温度的测定

① 将温度电极插头插入温度输入插座，按下 ℃ 挡按键，把温度电极插入被测溶液中，待显示屏读数稳定后，显示的数值即是被测溶液的温度，可以为测量 pH 值提供精确的温度参数。

② 按①所述，温度电极不插入被测溶液中，此时显示的数值即为实验室的室温。

（3）用标准缓冲溶液标定仪器

① 按下 ℃ 键，用温度电极测出缓冲溶液的温度，然后松开此挡按键。根据缓冲溶液温度，按下 pH 挡按键，将温度补偿钮置于相应位置。旋钮为十进制，每转动一圈为 10℃。

② 将电极插头插入插座。电极浸入蒸馏水中轻轻摇动清洗，然后提起电极用滤纸吸去水滴，将电极插入 pH4 缓冲溶液，待显示值稳定后（约 20s～3min），调节标定钮使显示值为 4.00（20℃时）。

③ 将电极用蒸馏水清洗吸干后浸入 pH9 缓冲溶液。待读数稳定后，调节斜率补偿使仪器读数为 9.23（20℃）。

④ 重复③、④两步操作，直至两次均相符合。一般来说先用 pH4 定位能迅速完成标定。

⑤ 电极在充分平衡后，才能得到稳定读数，当电极插入溶液后，要得到稳定读数，总有一段滞后时间，平衡时间因电极的性能而异，溶液稳定高，平衡较快，反之平衡较慢。为加快测定时间，也可选用磁力搅拌。

（4）未知溶液 pH 值的测定方法

① 经过标定的仪器即可用来测定未知溶液的 pH 值。测定时需将稳定补偿钮调到被测溶液温度的相应位置。

② 用蒸馏水清洗电极并用滤纸吸干水滴。然后将电极插入被测溶液，仪器所显示的稳定读数即为该溶液的 pH 值。

4．DDS-11A 型电导率仪

电导率仪是测定溶液电导率的仪器，其面板结构如图 60 所示。

电导率仪的使用方法如下。

① 按电导率仪使用说明书的规定选用电极，放在盛有待测溶液的烧杯中数分钟。

② 未打开电源开关前，观察表头指针是否指零。不指零，可调整表头螺丝使指针指零。

③ 将"校正、测量"开关扳在"校正"位置。

④ 打开电源开关，预热 5min，调节"调正"旋钮使表针满度指示。

⑤ 将"高周、低周"开关扳向低周位置。

⑥ "量程"扳到最大挡，"校正、测量"开关扳到"测量"位置，选择量程由大至小，至可读出数值。

⑦ 将电极夹夹紧电极胶木帽，固定在电极杆上。选取电极后，调节与之对应的电极常数。

⑧ 将电极插头插入电极插口内，紧固螺丝，将电极插入待测液中。

⑨ 再调节"调正"调节器旋钮使指针满刻度，然后将"校正、测量"开关扳至"测量"位置。读取表针指示数，再乘以量程选择开关所指的倍率，即为被测溶液的实际电导率。将"校正、测量"开关再扳回"校正"位置，看指针是否满刻度。再扳回"测量"位置，重复测定一次，取其平均值。

⑩ 将"校正、测量"开关扳到"校正"位置，取出电极，用蒸馏水冲洗后，放回盒中。

⑪ 关闭电源，拔下插头。

5．721 型分光光度计

721 型分光光度计外形如图 61 所示。

图 60　DDS-11A 型电导率仪的面板结构

图 61　721 型分光光度计

1—电源开关；2—灵敏度旋钮；3—比色皿拉杆；4—透光率调节旋钮；5—零位旋钮；6—波长选择旋钮；7—波长刻度盘；8—读数表头；9—比色皿暗箱

（1）分光光度计的操作步骤

① 预热仪器　为使测定稳定，将电源开关打开，使仪器预热 20min，为了防止光电管疲劳，不要连续光照。预热仪器和不测定时应将比色皿暗箱盖打开，使电路切断。

② 选择波长　根据实验要求，转动波长调节器，使指针指示所需单色光波长。

③ 固定灵敏度挡　根据有色溶液对光的吸收情况，为使吸光度读数为 0.2~0.7，需选择合适的灵敏度。为此，旋动灵敏度挡，使其固定于某一挡，在实验过程中不再变动。一般测量固定在"1"挡。

④ 调节"0"点　轻轻旋动调"0"电位器，使读数表头指针恰好位于透光度为"0"处（此时，比色皿暗箱盖是打开的，光路被切断，光电管不受光照）。

⑤ 调节 T=100%　将盛蒸馏水（或空白溶液或纯溶剂）的比色皿放入比色皿座架中的第一格内，有色溶液放在其他格内，把比色皿暗箱盖子轻轻盖上，转动光量调节器，使透光度 T=100%，即表头指针恰好指在 T=100%处。

⑥ 测定　轻轻拉动比色皿座架拉杆，使有色溶液进入光路，此时表头指针所示为该有色溶液的吸光度 A。读数后，打开比色皿暗箱盖。

⑦ 关机　实验完毕，切断电源，将比色皿取出洗净，并将比色皿座架及暗箱用软纸擦净。

（2）注意事项

① 为了防止光电管疲劳，不测定时必须将比色皿暗箱盖打开，使光路切断，以延长光电管使用寿命。

② 比色皿的使用方法。

a．拿比色皿时，手指只能捏住比色皿的毛玻璃面，不要碰比色皿的透光面，以免沾污和磨损。

b．清洗比色皿时，一般先用水冲洗，再用蒸馏水洗净。若比色皿被有机物沾污，可用盐酸-乙醇混合洗涤液（1：2）浸泡片刻，再用水冲洗。不能用碱液或氧化性强的洗涤液洗比色皿，以免损坏。也不能用毛刷清洗比色皿，以免损坏它的透光面。每次做完实验，应立即洗净比色皿。

c．比色皿外壁的水用擦镜纸或细软的吸水纸吸干，以保护透光面。

d．测定有色溶液吸光度时，一定要用有色溶液洗比色皿内壁几次，以免改变有色溶液的浓度。另外，在测定一系列溶液的吸光度时，通常要按由稀到浓的顺序测定，以减小测定误差。

e．在实际分析工作中，通常根据溶液浓度的不同，选用液槽厚度不同的比色皿，使溶液的吸光度控制在 0.2~0.7。

6．阿贝折光仪

（1）工作原理

单色光从一种介质 A 进入另一种介质 B，即发生折射现象，在一定温度下入射角与折射角的关系服从折射定理

$$n_A \sin\alpha = n_B \sin\beta$$

式中，α 为入射角；β 为折射角；n_A、n_B 分别为 A、B 介质的折射率。

折射率是物质的特性常数，对一定波长的光，在一定温度和压力下，折射率为一确定的值。

若 $n_A < n_B$（A 为光疏介质，B 为光密介质），根据上式 α 必大于 β，这时光线由 A 介质进入 B 介质时，则折向法线。对于给定的 A、B 两介质而言，在一定温度下，n_A、n_B 均为常数，故当入射角 α 加大时，折射角 β 也相应增大，当 α 达到最大值为 90° 时，所得的光线折射角 β_c 称临界折射角。如图 62 所示，光线从法线左边 A 介质入射 B 介质后，折射线都只能落在临界折射角 β_c 之内。若在 M 处置一目镜，则见镜上半明半暗，从上式可知，当固定一种介质 B，即 n_B 一定，则临界折射角 β_c 的大小与 n_A 有简单函数关系。阿贝折光仪就是根据这一光学原理设计的。

图 62　折射原理图

阿贝折光仪的外形和光程如图 63 和图 64 所示。

图 63　阿贝折光仪的外形

1—测量目镜；2—消色散手柄；3—循环恒温水接头；
4—温度计；5—测量棱镜；6—闭合锁钮；7—辅助
棱镜；8—加液槽；9—平面反光镜；10—读数目镜；
11—转轴；12—刻度盘罩；13—棱镜锁紧扳手；14—底座

图 64　光程示意图

P₁—辅助棱镜；P₂—测量棱镜；A₁、A₂—阿密西棱镜；
F—聚焦透镜；L—试样液层；R—转动臂；S—标尺

仪器的核心部分是两块折射率为 1.75 的玻璃直角棱镜。下面一块是辅助棱镜 7（P_1），其斜面是磨砂的。上面一块是测量棱镜 5（P_2），其斜面是高度抛光的。两块棱镜之间留有微小缝隙（0.1～0.15mm），其内可以铺展一层待测液体试样。入射光线经平面反光镜 9 反射至辅助棱镜 7 后，在其磨砂斜面上发生漫射，以各种角度通过试样液层，在试样与测量棱镜的界面发生折射，所有折射光线的折射角都落在临界折射角 β_c 之内。具有临界折射角 β_c 的光线经过测量棱镜 P_2 折射后，通过阿密西（Amici）棱镜（A_1、A_2）消除色散，再经聚焦后射到目镜上，此时若目镜的位置适当，则在目镜中可看到半明半暗的图像，仪器中刻度盘与棱镜组是同轴的。测量时，转动读数手柄，调节棱镜组的角度，使明暗分界线正好落在目镜十字线的交叉点上，这时从读数标尺上就可读出试样的折射率。阿贝折光仪的标尺上除标有 1.300～

1.700 折射率的数值外，在标尺旁边还有对应不同折射率的 20℃糖溶液的质量分数的读数，因此可以直接测定糖溶液的浓度。

为了使用方便，阿贝折光仪的光源是自然光而不是单色光，自然光通过棱镜时，因其不同波长的光的折射率不同而产生色散，使目镜分界线不清晰。为此，在仪器的目镜下方设计一套消色散装置，它由两块相同的可以反向转动的阿密西棱镜组成，调节两棱镜的相对位置就可使色散消失，阿密西棱镜的特点是钠光 D 线通过后不改变方向，因此所测得的折射率和用钠光 D 线（589nm）所测得的折射率相同。

因为折射率与温度有关，故在仪器棱镜组外面装有恒温夹套，通以恒温水，以便测定物质在指定温度下的折射率，记作 n_D^t。压力对折射率的影响甚微，通常不予考虑。

（2）使用方法

① 使阿贝折光仪置于明亮处，但应避免阳光直接照射。将超级恒温槽中的恒温水通入棱镜夹套内，恒温水的温度以棱镜夹套内温度计的读数为准。

② 转动辅助棱镜上的闭合锁钮，向下打开辅助棱镜，用少量丙酮清洗镜面，并用擦镜纸把镜面擦拭干净。

③ 待恒温后，用滴管将数滴待测试样滴于辅助棱镜的磨砂镜面上，使其铺满整个镜面，迅速关闭棱镜，旋上锁钮。如果试样易挥发，可将试样由棱镜间加液槽滴入。

④ 调节反射镜的位置和角度，使入射光线达到最强，转动转轴手柄，使目镜中出现明暗分界线。

⑤ 由于光的色散，在明暗界线处会出现色散，转动消色散手柄，使彩色消失，出现清晰的明暗分界线。

⑥ 再次转动转轴手柄，使明暗分界线正好在十字线的交叉点上。若此时再出现轻微色散，可重调消色散手柄，消除色散。

⑦ 从读数望远镜中读出折射率，其数值应精确至小数点的第四位。

⑧ 测量完毕后，打开棱镜，用擦镜纸擦净镜面。

（3）注意事项

阿贝折光仪是一种精密的光学仪器，使用时应注意以下几点。

① 注意保护棱镜镜面，擦拭镜面时只能用专用的擦镜纸，不能用滤纸或其他纸张。

② 用滴管滴加样品时，滴管口不能与棱镜镜面接触，当用滴管从加液槽加入试样时，应防止管口破损，万一管口破损，应立即打开棱镜，用擦镜纸将玻璃碴轻轻擦去。

③ 阿贝折光仪的测量范围是 1.3000～1.7000。折射率不在此范围的液体，测定时看不到明暗分界线。

④ 测量时要使两棱镜啮紧，以免两棱镜所夹液层厚度不均匀，影响数据的重复性。若半明半暗出现奇形，是由于棱镜间未充满液体，需补加试液。

⑤ 酸性、碱性太强的液体及氟化物样品不能用此仪器测定，以免腐蚀棱镜。

（4）仪器校正

阿贝折光仪的刻度盘上标尺的零点有时会发生移动，需加以校正。校正方法是用已知折射率的标准玻璃块（仪器附件），将玻璃块的光面用一滴 α-溴代萘附着在测量棱镜上，无需合上辅助棱镜，但要打开测量棱镜的背面小窗，使光线从小窗射入。旋转读数手柄，使标尺读数等于玻璃块上注明的折射率，然后用小螺丝刀旋动目镜前凹槽中的调整螺丝，使明暗分界线正好与十字线的交点重合，即校正完毕。

7. 动槽式（福廷式）水银气压表

（1）气压表的构造

动槽式水银压力表（以下简称压力表），过去称福廷式水银压力表，其构造如图 65 所示。它由一根一端封闭的玻璃管，装满水银，开口的一端插入水银槽中所构成。其工作原理为：玻璃管内水银受重力作用下降，当作用在水银槽水银面上的大气压强与玻璃管内的水银柱压强相平衡时，水银柱的高度表示大气压。

气压表的主要构成部分如下。

① 感压部分：水银柱，水银槽。

② 基准面调零部分：象牙针，皮囊，皮囊托，槽部调节螺杆。

③ 测量读数部分：主标尺、游尺、齿轮、齿条、游尺调节手柄等。

④ 保护部分：金属外套管、玻璃套管、槽部护筒、附属温度表架等。

⑤ 附属温度表。

（2）气压表的使用

① 读取附属温度表的温度示值，准确到 0.1℃，先读小数，后读整数。

② 旋转槽部调节手柄，上升水银面至象牙针尖与其水银面中的倒影尖端刚好接触为止。若见到象牙针尖扎入水银面，使水银出现小坑状，则必须将水银面降下，重新向上调整水银，以达到上述要求。

③ 用手指轻敲气压表上的玻璃筒，使水银柱顶端形成良好的凸面。

④ 转动游尺调节手柄使游尺的底沿稍高于水银柱顶端，然后缓慢地调节，使游尺底沿正好与水银柱凸顶端面相切。

⑤ 读取靠近游尺零线以上的整数刻度值，再从游尺上找出与主标尺上某一刻线对齐的刻线值，则此刻线值为小数值（准确到小数两位），即为此次观测的气压值。

例如，游尺零刻线在主标尺刻线 1005 以上，而游尺所有刻线都未与主标尺上的刻线对齐，但零刻线以上的第 3、4 两条刻线在主标尺 1011 和 1013 刻线之间，则此时气压表的示值应为 1005.35kPa（图 66）。

⑥ 观察读数后，应使槽部水银面下降离开象牙针尖 2～3mm。

⑦ 读取的气压示值，经过仪器差修正（数据见产品出厂检定证），即为本地当时的气压值。

四、误差与数据处理

化学是一门实验的科学，要进行许多定量的测量，如常数的测定、物质组成的分析以及溶液浓度的分析等。这些测定，有的是直接进行的，有的是根据实验数据推演计算得出的。在处理实验数据以及研究这些测量与计算结果的准确性时，常会遇到误差等有关问题。因此，树立正确的误差和有效数字的概念、掌握分析和处理实验数据的科学方法是十分必要的。下面仅就有关问题介绍一些基础知识。

图 65　水银气压表

1—水银柱；2—标尺；3—水银面；4—游尺调节手柄；

5—水银面调节手柄；6—象牙针

图 66　气压表读数

1—水银柱；2—标尺

1. 测量中的误差

（1）准确度和误差

在定量的分析测定中，对于实验结果的准确度都有一定的要求。可是，绝对准确是不存在的。在实际过程中，即使是技术很熟练的人，用最好的测定方法和仪器，测定出的数值与真实值之间总会产生一定的差值。这种差值越小，实验结果的准确度就越高；反之，则准确度就越低。所以，准确度是表示实验结果与真实值接近的程度。

准确度的高低常用误差来表示。误差有绝对误差和相对误差两种。

绝对误差（Δ）是测量值与真实值之差。例如，称得某 3 个物体的质量分别为 2.3657g、1.5628g、0.2364g。而它们的真实质量分别为 2.3658g、1.5627g 和 0.2365g。则其绝对误差 Δ 分别为

$$\Delta_1=2.3657-2.3658=-0.0001(g)$$
$$\Delta_2=1.5628-1.5627=+0.0001(g)$$
$$\Delta_3=0.2364-0.2365=-0.0001(g)$$

由此可见，当测定值小于真实值时，绝对误差为负值，表示测定结果偏低；反之，若测定值大于真实值时，则绝对误差为正值，表示测定结果偏高。其中 1、3 两个物体的真实质量相差近 10 倍，而绝对误差却是一样为-0.0001g。可见绝对误差并没有表明测量误差在真实值中所占的比重。为此引入相对误差的概念。

相对误差（δ）表示绝对误差与真实值之比，即误差在真实值中所占的百分率。故上述 1、3 两次测量的相对误差为

$$\delta_1=\frac{-0.0001}{2.3658}\times100\%=-0.004\%$$

$$\delta_2 = \frac{-0.0001}{0.2365} \times 100\% = -0.04\%$$

由此看出，尽管测量的绝对误差相同，但由于被测量的量的大小不同，其相对误差也不同。被测量的量较大时，相对误差较小，测量的准确度较高。

（2）精密度和偏差

在实际工作中，由于真实值不知道，通常是在同一条件下进行多次正确测量，求出其算术平均值代替真实值，或者以公认的手册上的数据作为真实值。

在多次测量中，如果每次测量结果的数值比较接近，就说明测定结果的精密度比较高。可见精密度是表示各次测量结果相互接近的程度。

精密度的高低用偏差表示。偏差愈小，精密度愈高。偏差有不同的表示方法。

① 绝对偏差（d） 为测得值与平均值之差

$$d_i = x_i - \bar{x}$$

式中，x_i 为个别一次测得结果；d_i 为它的绝对偏差；$\bar{x}$ 为平均值。

② 相对偏差（$d\%$）

$$d_i\% = \frac{d_i}{\bar{x}} \times 100\%$$

式中，$d_i\%$ 为第 i 个测得结果中所包含的偏差占平均值的百分数。

由于我们所需要的是整组数据对平均值的离散度，所以常用平均偏差（$\bar{d}$）或平均相对偏差（$\bar{d}\%$）来表示

③ 平均偏差（$\bar{d}$）

$$\bar{d} = \frac{|d_1| + |d_2| + \cdots + |d_n|}{n}$$

式中，$|d_1|$、$|d_2|$、$\cdots$、$|d_n|$ 分别代表各次测定结果的绝对偏差的绝对值；n 代表测量的次数。

④ 平均相对偏差（$\bar{d}\%$）

$$\bar{d}\% = \frac{\bar{d}}{\bar{x}} \times 100\%$$

由于平均相对偏差代表一组结果偏离平均值程度在所得结果中的影响程度，所以常用以表示精密度。

【例1】

x	$|d|$
1.234	0.002
1.238	0.002
1.236	0
1.234	0.002
1.235	0.001
$\bar{x}=1.236$	$\bar{d}=0.001$

$$\bar{d}\% = \frac{0.001}{1.236} \times 100\% = 0.08\%$$

【例2】

x	$\lvert d \rvert$
1.226	0.010
1.234	0.002
1.245	0.009
1.239	0.003
1.236	0

$$\bar{x}=1.236 \qquad \bar{d}=0.005$$

$$\bar{d}\%=\frac{0.005}{1.236}\times100\%=0.40\%$$

由以上两例可见，虽然两组结果的平均值相同，但后一组的精密度不如前一组高。

精密度和准确度的概念不同。测量的精密度高，不一定其准确度也高；同样，测量的准确度高，也不一定其精密度也高。

精密度高是保证准确度高的前提。精密度低的测量，其准确度是不可信的。因为数据波动大，说明在每次测量过程中，引起误差的因素在起变化。或者说，测量条件并非完全一致。

例如，甲、乙、丙、丁4个人用同种方法测量同一样品中某物质的含量（设真实含量为50.37%），测量结果如下。

实验序号	甲	乙	丙	丁
1	50.20%	50.20%	50.40%	50.37%
2	50.20%	50.37%	50.30%	50.38%
3	50.18%	50.45%	50.25%	50.35%
4	50.17%	50.50%	50.17%	50.33%
平均值	50.19%	50.38%	50.28%	50.36%

由上表可见，甲测量的精密度很高，但平均值与真实值相差很大，说明准确度低；乙测量的准确度高，但不可信，因为精密度太差；丙测量的精密度和准确度都不高；只有丁的测量结果精密度和准确度都高。

必须说明的是误差和偏差的含义也不同。误差以真实值为基准，偏差以平均值为基准。但严格说来，任何量的真实值都是未知的。通常所说的"真实值"是采用各种方法进行多次平均测量所得到的相对可靠的平均值。因此，用这一平均值代替真实值计算误差，实际得到的也是一种偏差。故有时不严格区分误差和偏差。

（3）误差产生的原因

误差产生的原因很多，一般分为系统误差和偶然误差两大类。

① 系统误差　是测量过程中某种经常性的原因引起的。这些误差对测量结果的影响比较固定，会在同一条件下的多次测量中反复显示出来，使测量结果系统偏高或偏低。例如，用未经校正的砝码称量时，由于砝码的值不准确，故在多次测量中使误差重复出现且误差大小不变。另外，在观测条件改变时，误差按某一确定的规律变化，这种测量误差也称为系统误差，它对测量结果的影响并不是固定的。例如，标准溶液的浓度会因其体积随温度变化而改变，而且有确定的规律，因此，对于浓度的变化，可进行适当的校正。总之，对于系统误

差，不论是固定或不固定的，如能找到其来源，就可设法加以控制或消除。

系统误差主要来源于以下几个方面。

a. 方法误差　由测量方法引入的误差。例如，借助于从溶液中形成沉淀的方法确定某元素的含量时，由于沉淀物有一定的溶解度而造成的损失所带来的误差，就是方法误差。

b. 仪器误差　仪器本身的制造精度有限而产生的误差。

c. 试剂误差　由试剂或试液（包括常用溶剂——水）引入一些对测量有干扰的杂质所造成的误差。

d. 人员误差　由试验人员的生理缺陷和生理定势所引入的误差。例如，有的人对颜色的变化不甚敏感，在比色或光度的测量中引起的误差。测量者个人的习惯和偏向引起的误差。例如，有的人读数常偏高或偏低。

② 偶然误差　是由某些难以觉察的偶然原因所造成的误差。例如，外界条件（温度、湿度、振动和气压等）波动引起瞬间微小变化；或者实验仪器性能（灵敏度）的微小变化，以及实验者对各份试样处理的微小差别等。由于引起误差的原因是偶然性的，就单个误差值的出现情况而言是可变的，有时大，有时小，有时正，有时负，因此，既不可预料也没有确定的规律，它随具体的偶然因素的不同而不同。但是在相同条件下，对同一个量进行大量重复的测量而得到的一系列偶然误差来说，则显示出如下的统计分布规律：

a. 绝对值相等的正误差和负误差出现的机会相等；

b. 绝对值大的误差比绝对值小的误差出现的机会大；

c. 误差超出一定范围的机会很小。

根据上述特点可知，在同一测量条件下，随着测量次数的增加，偶然误差的算术平均值将趋近于零。也就是说，多次测量结果的算术平均值更接近于真实值。

从以上的分析可以看出，系统误差和偶然误差对测量结果所产生的影响是不同的。精密度是反映偶然误差大小的程度，而准确度是反映系统误差大小的程度。但在实际测量中，往往两类误差对测量结果都有影响。因此，采用一个新的概念来反映系统误差和偶然误差总和大小的程度，称为精确度。

此外，还由于实验人员粗心，不遵守操作规程，以致造成不应有的过失。例如，器皿未洗净、试液丢失、试剂误用、记录及运算错误等。如果已发现有错误的测量，应该取消，不能参与总测量结果的计算。因此，对于初学者来说，从一开始就必须严格遵守操作规程，养成一丝不苟的良好科学实验习惯。

（4）提高实验精确度的方法

虽然误差在定量实验中总是客观存在的，但必须设法尽量减少。减小误差的方法有以下几方面。

① 选择合适的测量方法　各种测量方法的相对误差和灵敏度是不同的（灵敏度是在测量的条件下所能测得的最小值）。例如，重量法和仪器测量法，前者相对误差比较小（一般为±0.2%），但灵敏度低；后者相对误差比较大（一般为±2%），但灵敏度高。因此，测量含量较高的元素可用重量法，而测量含量低的元素时，重量法的灵敏度一般达不到要求，应采用灵敏度高的仪器测量法。

② 减少测量误差　应根据不同的方法、不同的仪器和不同的要求确定待测量的最小实验量。在重量法中，主要操作是称量。由于一般分析天平称量的绝对误差为±0.0002g。如果

使测量时的相对误差在 0.1%以下，试样的质量就不能太小。因为

$$相对误差=\frac{绝对误差}{试样质量}\times100\%$$

$$试样质量=\frac{绝对误差}{相对误差}\times100\%$$

$$=\frac{0.0002g}{0.1\%}\times100\%=0.2g$$

此时要求试样必须在 0.2g 以上。

不同的测量任务要求的准确度不同。如用仪器测量法称取试样 0.5g，试样的称量误差不大于 0.5g×2%=0.01g 即可，不必要强调称准到 0.0001g。

③ 减小偶然误差　在系统误差很小的情况下，平行测量的次数越多，所得的平均值就越接近真实值。偶然误差对平均值的影响也就越小。通常要求平行测量 2～4 次以上，以获得较准确的测量结果。

④ 改进实验方法　为消除固定性的系统误差（即其数值和符号在测量时总是保持恒定的系统误差），常采用交换抵消法，即进行两次测量，在这两次测量中将某些测量条件（如被测物所处的位置等）相互交换，使产生系统误差的原因对两次测量的结果起相反的作用，从而使系统误差抵消。例如，通过交换被测物与砝码的位置，取两次称量结果的平均值作为被测物的质量，可以抵消等臂天平由于实际不等臂而引起的系统误差。

⑤ 对照实验　用标准件、标准样品做对照实验。校测后以修正值的方式加入测量值中，以消除系统误差。

也常用空白实验的方法，来减小系统误差。即从试样测量结果中扣除空白值，就得到比较可靠的结果。

此外，对于仪器不准所引起的系统误差，可通过校准仪器来减小其影响。例如，砝码、滴定管和移液管等的校正。

2．有效数字

在定量实验中，为了使结果可靠，要准确地测量，正确地读数、记录和计算数据。

（1）有效数字概念

在实验中，我们使用的仪器所标出的刻度的精确程度总是有限的。例如 50mL 量筒，最小刻度为 1mL，在两刻度间可再估计一位，所以，实际测量读数能读至 0.1mL，如 34.5mL 等。若为 50mL 滴定管，最小刻度为 0.1mL，再估计一位，可读至 0.01mL，如 24.78mL 等。总之，在 34.5mL 与 24.78mL 这两个数字中，最后一位是估计出来的，是不准确的。通常把只保留最后一位不准确数字，而其余数字均为准确数字的这种数字称为有效数字。也就是说，有效数字是实际上能测出的数字。

由上述可知，有效数字与数学上的数有着不同的含义。数学上的数只表示大小。有效数字则不仅表示量的大小而且反映了所用仪器的准确程度。例如，"取 NaCl 6.5g"，这不仅说明 NaCl 质量 6.5g，而且标明用感量 0.1g（或 0.5g）的托盘天平称就可以了。若是取 NaCl 6.5000g，则表明一定要在分析天平上称。

这样的有效数字还表明了称量误差。对感量 0.1g 的托盘天平，称 6.5gNaCl，绝对误差为 0.1g，相对误差为

$$\frac{0.1}{6.5}\times100\%=2\%$$

对感量为 0.0001g 的分析天平称 6.5000gNaCl，绝对误差为 0.0001g，相对误差为

$$\frac{0.0001}{6.5000}\times100\%=0.002\%$$

所以，记录测量数据时，不能随意取舍数字位数，因为这会夸大或缩小准确度。例如，用分析天平称 6.5000gNaCl 后，若记成 6.50g，则相对误差就由 0.002% 夸大到

$$\frac{0.01}{6.5000}\times100\%=0.2\%$$

因此，有效数字的位数与仪器的准确度有关。高于或低于仪器的准确度都是不恰当的。

"0" 的作用是值得注意的，"0" 在数字中起的作用是不同的，有时是有效数字，有时则不是，这与 "0" 在数字中的位置有关。

下面一组数据的有效数字如下

0.0275	2.0065	6.5000	0.0030	54000
三位	五位	五位	两位	不确定

"0" 在数字前，仅表示小数点的位置，不属于有效数字。小数点的位置与测量所用的单位有关。如测得某物质量 27.5g，如果换算为以 kg 为单位，则得 0.0275kg，单位的变换并不引起有效数字的增减。0.0275 仍为三位有效数字。

"0" 在数字中间是有效数字，故 2.0065 为五位有效数字。

"0" 在小数的数字后也是有效数字。如 6.5000 中 3 个 "0" 都是有效数字，而 0.0030 中 "3" 之前 3 个 "0" 不是有效数字，"3" 后面的 "0" 为有效数字，所以 6.5000 为五位有效数字，而 0.0030 只有 2 位有效数字。

以 "0" 结尾的正整数，有效数字的位数不定。如 54000 可能是两位、三位、四位、五位，这种数应根据有效数字情况改写为指数形式。如为两位，则写成 5.4×10^4；如为三位，则写成 5.40×10^{-4}，等等。

此外常数不算作有效数字。在计算过程中，常数所取的位数不应小于参加运算的各数据的最小位数。总之，要能正确判别与书写有效数字。

下面列出了一些数字，并指出了它们的有效数字位数。

6.5000	46009	五位有效数字
23.14	0.06010%	四位有效数字
0.0173	1.56×10^{-10}	三位有效数字
48	0.000050	两位有效数字
0.002	5×10^5	一位有效数字
54000	100	有效数字位数不定

（2）有效数字的运算规则

① 加法和减法　在计算几个数字相加或相减时，所得的和或差的有效数字位数，应以

小数点后位数最小的数为准。

例如，将 2.0113、31.25 及 0.357 三个数相加时，见下式（可疑数以?标出）

$$
\begin{array}{r}
2.0113 \\
? \\
31.25 \\
? \\
+\ 0.357 \\
? \\
\hline
33.6183\ \rightarrow\ 33.62 \\
???
\end{array}
$$

可见，小数点后位数最少的数 31.25 中的 5 已是可疑，相加后使得和 33.6183 中的 1 也可疑。所以再多保留几位已无意义，也不符合有效数字只保留一位可疑数字的原则，这样相加后，按"四舍六入五取双"的规则处理，结果应是 33.62。

为了看清加减法应保留的位数，上例采用了先运算后取舍的方法。但是，在一般情况下，也可先取舍后运算。即

$$
\begin{array}{r}
2.0113 \rightarrow 2.01 \\
31.25 \rightarrow 31.25 \\
+0.357 \rightarrow 0.36 \\
\hline
33.62
\end{array}
$$

② 乘法和除法　在计算几个数相乘或相除时，其积或商的有效数字位数应以有效数字位数最少的数为准。如 1.312 与 23 相乘时

$$
\begin{array}{r}
1.312 \\
? \\
23 \\
\times\ ? \\
\hline
3936 \\
???? \\
2624 \\
? \\
\hline
30.176 \\
?\ ???
\end{array}
$$

显然，由于 23 中的 3 是可疑的，就使得积 30.176 中的 0 也可疑。所以保留两位即可，其余按"四舍六入五取双"处理，结果就是 30。

同加减一样，也可先取舍后运算。即

$$
\begin{array}{r}
1.312 \rightarrow 1.3 \\
23 \rightarrow \times 23 \\
\hline
\end{array}
$$

$$39$$
$$26$$
—————————
$$29.9 \;\rightarrow\; 30$$

另外，对于第一位的数值等于或大于 8 的数，则有效数字的总位数可多算一位。例如，9.15 虽然只有三位数字，但第一位数大于 8，所以运算时可看作四位。

③ 对数　进行对数运算时，对数值的有效数字只由尾数部分的位数决定。首数部分为 10 的幂数，不是有效数字。

例如，2345 为四位有效数字，其对数 lg2345=3.3701，尾数部分仍保留四位，首数"3"不是有效数字。不能记成 lg2345=3.370，这只是三位有效数字，就与原数 2345 的有效数字位数不一致了。

在化学中对数运算很多，如 pH 值的计算，若$[H^+]=4.9\times10^{-11}$，这是两位有效数字，所以 pH=$-$lg$[H^+]$=10.31，有效数字仍只有两位。反过来，由 pH=10.31 计算$[H^+]$，也只能记作 $[H^+]=4.9\times10^{-11}$ 而不能记成 4.989×10^{-11}。

④ 使用计算器　进行运算时，虽然计算器能显示出许多位数，但在运算结果取数时，必须注意保留适当的有效数字的位数。这是因为测量结果数值计算的准确度不应该超过测量的准确度。

3. 化学实验中的数据表示与处理

为了表示实验结果和分析其中的规律，需要对实验数据进行归纳和处理。实验结果的表示和归纳方法主要有三种，即列表法、作图法和数学方程法。在无机化学实验中主要用前两种方法。

（1）列表法

在无机化学实验中，最常用的表为函数表，将自变量 x 和因变量 y 一一对应排列成表格，以表示二者的关系。列表时应注意以下几点。

① 表格名称　每一表格均有简明的名称。

② 行名和量纲　将表格分成若干行，每一变量应占表格中一行，每一行的第一列写上该行变量的名称及量纲。

③ 有效数字　每一行所记的数字，应注意其有效数字，并将小数点对齐，数值按大小有序排列。用指数表示数据时，为简便起见，可将指数放在行名旁。

④ 自变量的选择　自变量的选择有一定灵活性，通常选择较简单的变量作为自变量，如温度、时间和浓度等。自变量最好是均匀地增加。如果实际测定结果并不这样，可以先将测定数据作图，由图上读出均匀等间隔增加的一套自变量新数据，再作表。

列表法的优点是简单，但不能表示出各数值间连续变化的规律和实验数值范围内任意自变量和因变量的对应关系，故一般常与作图法配合使用。

（2）作图法

利用图形表达实验结果，能直观地表现出各变量之间的关系。例如数据中的极大、极小、转折点、周期性等。并能利用图形作进一步的处理，求得斜率、截距、内插值、外推值、切线等。另外，根据多次测试的数据所描绘的图像，一般只有"平均"的意义，从而也可以发现和消除一些偶然误差。所以图解法在数据处理上是一种重要的方法。

下面简单介绍作图的步骤和方法。

① 坐标纸、坐标轴的分度选择　最常用的坐标纸是直角坐标纸，有时根据需要也用对数坐标纸。坐标纸大小选择要合适。既不要太小，以致影响原数据的有效位数，又不要太大而超过原数据的精密度。习惯上以横坐标表示自变量，纵坐标表示因变量。

坐标轴的分度（即每条坐标线所代表的数值大小）要考虑以下几点。

a. 能表示出全部有效数字，图中读出的物理量的精密度应与测量的精密度一致。通常可采取读数的绝对误差在图纸上相当于 0.5～1 个小格（最小分度），即 0.5～1mm。例如，用分度为 1℃温度计测量温度时，读数可能有 0.1℃的误差，则选择的比例尺寸应使 0.1℃相当于 0.5～1 小格。

b. 坐标标度应取容易读数的分度，即每单位坐标格子应代表 1、2 或 5 的倍数，而不要采用 3、6、7、9 的倍数。而且应把数字标示在图纸逢五或逢十的粗线上。

c. 坐标的原点不一定要为变量的零点，要考虑图纸的充分利用。因此，常用低于最低值的某一整数作起点，而将高于最高值的某一整数作终点，使图形占满整张坐标纸。如果作直线或接近于直线的曲线，则应使直线与横坐标的夹角在 45°左右。

d. 分度确定后，画上坐标轴，在轴旁注明该轴变量的名称及单位，并在纵轴的左面和横轴的下面，每隔一定距离写明该处变量的值，以便于作图和读数。

② 根据数据作点　把对应于各组数据的点画到坐标纸上，每一个点不仅要表示出测出的数据，还要能表示该数据的误差范围。如果自变量和因变量的误差范围接近，习惯上就用圆点符号⊙表示，圆心表示测得的数据，圆的半径为误差范围。如果两者的误差范围相差较大，则可在点的周围用矩形框出它的误差范围。

如果在同一图中要画出几组不同的数据，则各组的点应该用不同的符号标出。代表某一读数的点可用"⊙○●×□■△▲"等不同符号表示。绝不可只点一小点"·"来表示。

③ 作曲线　根据坐标纸上各点的分布情况作曲线。作曲线时，不一定需要全部通过各个点，只要不在线上的点均匀地分布在线的两侧附近即可，作出的曲线应是光滑的，它不应具有含意不清的不连续点或奇异点（图 67）。

───── 正确　----- 不正确

图 67　曲线的作法

如果发现有个别点远离曲线，又不能判断被测物理量在此区域会发生突变，就要分析一下是否有偶然性的过失误差，如属这一情况时可不考虑这点。但不可毫无理由地随意把某些点丢弃不顾。

④ 求直线的斜率　求直线的斜率时，要从线上取点。对于直线 $y=mx+b$，其斜率 $m=\dfrac{y_2-y_1}{x_2-x_1}$。即将两个点（$x_1$，$y_1$）、（$x_2$，$y_2$）的坐标值代入即可算出。为了减少误差，所取两点不宜相隔太近。特别要注意的是，所取的点必须在线上，不能取实验中的两组数据代入计算（除非这两组数据代表的点恰在线上且相距足够远）。计算时应注意是两点坐标差之比，

不是纵横坐标线段长度之比，因为纵横坐标的比例尺可能不同，以线段长度之比求斜率，必然导出错误的结果。

直线的斜率与截距可用最小二乘法求出。此法计算虽然烦琐，但结果准确。对于直线 $y=mx+b$，其 m 和 b 可由下列公式算出

$$m=\frac{\sum x\sum y-n\sum xy}{(\sum x)^2-n\sum x^2} \qquad b=\frac{\sum xy\sum x-\sum y\sum x^2}{(\sum x)^2-n\sum x^2}$$

实　验　内　容

上篇　基础无机化学实验

观看视频 手机扫码
基本操作视频

第一部分　基本操作训练实验

第二部分　基本理论及常数测定实验

第三部分　元素及其化合物性质实验

第四部分　提纯、提取和制备实验

第五部分　综合性实验

第六部分　设计性实验

第一部分

基本操作训练实验

实验 1　酒精喷灯的使用、简单玻璃加工和洗瓶的安装

实验目的

1. 了解酒精喷灯的构造并掌握它的正确使用方法。
2. 学会截、弯、拉玻璃管（棒）的基本操作。
3. 练习塞子钻孔操作。
4. 学习安装洗瓶的方法。

实验原理

参见本书附录部分关于酒精喷灯使用、玻璃加工操作和塞子钻孔以及安全操作和事故处理等内容。

仪器、药品及材料

酒精喷灯，石棉网，三角锉刀（或小砂轮片），钻孔器，胶塞，橡皮吸头，塑料瓶，玻璃管（棒）等。

实验内容

1. 酒精喷灯的使用

① 了解酒精喷灯的基本构造；

② 学习使用酒精喷灯，包括预热、开启、关闭、调节火焰和注意事项等。

2. 玻璃加工操作和塞子钻孔

简单的玻璃加工通常是指玻璃管（棒）的截断、熔光、弯曲、拉伸和塞子钻孔。

（1）截断玻璃管（棒）

① 先用一些玻璃管（棒）反复练习截断的基本操作；

② 制作长 16cm、18cm 的玻璃棒各一根，要求断口熔烧至圆滑（不要烧过头）。

（2）拉细玻璃管（棒）

① 练习拉细玻璃管（棒）的基本操作；

② 制作小搅棒和滴管各一支，规格如图 1-1 所示。

注意：烧熔滴管小口一端要特别小心，不能久置于火焰中，以免管口收缩，甚至封死。粗口一端则应烧软，然后在石棉网上垂直加压（压力不能过大），使管口变厚略向外翻，便于套上橡皮吸头。制作的滴管规格要求是从滴管滴出 20～25 滴液体体积约等于 1cm³。

（3）弯曲玻璃管

① 练习玻璃管的弯曲，分别弯成 120°、90°、60°。

② 制作规格如图 1-2 所示的玻璃管一支，留作装配洗瓶用。

图 1-1　搅棒和滴管　　　　　　　　　图 1-2　制洗瓶的弯管

（4）塞子钻孔

① 按塑料瓶口直径的大小选取一合适的胶塞，塞子应能塞入瓶口 1/3～1/2 为宜；

② 按玻璃管直径选用一个钻孔器，在所选胶塞中间钻出一孔。

注意：钻孔时，切记左手按紧胶塞，以防旋压钻孔器时，塞子移动、打滑，损伤手指。

3. 装配洗瓶

① 把制作好的弯管按图 1-3 所示的方法，边钻边插入胶塞中去。操作时玻璃管可蘸些肥皂水或甘油等润滑剂以保持润滑再旋入，不能硬塞。孔径过小时可用圆锉把孔锉大些，以防玻璃管折断而伤手。

图 1-3　把玻璃管插入塞子的方法

图 1-4　塑料洗瓶

② 把已插入胶塞中的玻璃管的下端按图 1-4 所示的要求，在离下口 3cm 处（管若已沾水则需小心烘干）弯一个 150°角，此弯管方向与上部弯管方向一致并处于同一平面上。

预习思考题

1. 在切割烧制玻璃管（棒）以及往塞子孔内插进玻璃管等操作中，应注意哪些安全问题？
2. 刚灼烧过的灼热玻璃和冷的玻璃往往外表难以分辨，如何防止烫伤？
3. 在使用酒精喷灯时，如何防止"火雨"的产生？遇到不正常火焰时，如何处理？
4. 加工玻璃管（棒）时，通常使用哪一部分火焰来加热玻璃管（棒）？

实验2　分析天平的使用及摩尔气体常数的测定

实验目的

1. 了解分析天平的基本原理和构造，学会正确的称量方法。
2. 了解置换法测定摩尔气体常数的原理及方法。
3. 加深理解理想气体状态方程和分压定律。

实验原理

镁等活泼金属可与稀硫酸（或盐酸）反应置换出氢气

$$Mg+H_2SO_4 =\!=\!= MgSO_4+H_2\uparrow$$

这是一个定量进行的反应。因此，将一定质量[$m(Mg)$]的金属镁与过量的稀硫酸反应，则

$$n(H_2)=n(Mg)=m(Mg)/M(Mg)$$

本实验采用的装置可以测量由反应产生的含有饱和水蒸气的氢气在室温（T）和大气压（p）下的体积（V）。因此，根据理想气体状态方程和分压定律，摩尔气体常数 R 可按下式计算

$$R=\frac{V(H_2)p(H_2)}{n(H_2)T}=\frac{[p-p(H_2O)]VM(Mg)}{m(Mg)T}$$

式中，$p(H_2O)$为室温下水的饱和蒸气压。

仪器、药品及材料

1. 仪器

分析天平，吸量管（10mL），量筒（100mL），小试管（10mm×75mm），止水夹。测定装置见图 2-1。

2．药品

金属镁条，H_2SO_4（3.0mol·L^{-1}）。

3．材料

医用胶管，砂纸。

图 2-1　气体常数测定装置
1—量筒；2—吸量管；3—胶管；
4—止水夹；5—小试管

实验步骤

1．用分析天平准确称取两份已擦去表面氧化膜的镁条，每份质量为 0.0030～0.0050g。

2．将吸量管放进盛有约 100mL 水的量筒中，用一小段医用胶管将吸量管与小试管连接，然后将吸量管提起一段距离后固定。如果吸量管内水面只在开始时稍有下降，以后维持不变（观察 3～5min），即表明装置不漏气。如果水面不断下降，应检查原因并排除，直至确认不漏气为止。

3．取下小试管和胶管，在小试管中加入 10～15 滴 3.0mol·$L^{-1}H_2SO_4$，套上胶管，再在胶管上套上止水夹，然后从胶管的另一端放进镁条，小心套上吸量管。调节吸量管的高度，使吸量管和量筒内的水面处于同一水平，读取吸量管内水面的读数。

4．松开胶管上的止水夹（并将其夹在小试管口上），让镁条落入小试管的H_2SO_4溶液中，这时反应随即开始，吸量管内水面开始下降。为了不使吸量管内压力增加而造成漏气，在水面下降的同时，应慢慢提起吸量管，使吸量管和量筒内的水面基本保持在同一水平。

5．反应完毕后，待小试管中溶液冷至室温，将止水夹夹回胶管原位，调节吸量管和量筒内的水面处于同水平，读取吸量管内水面的读数。

数据记录及处理

1．数据记录

将实验数据记录于表 2-1。

表 2-1　实验数据记录

项目	1#	2#	项目	1#	2#
镁条质量 m（Mg）/g			室温 $t/℃$		
反应前吸量管内水面的读数 V_1/mL			大气压 p/Pa		
反应后吸量管内水面的读数 V_2/mL			室温时水的饱和蒸气压 $p(H_2O)$/Pa		

2．计算 R 值及其平均值。

3．计算相对误差，分析误差产生的原因。

预习思考题

1．实验中稀硫酸的用量是否需要准确量取？

2．吸量管内气体的压力是否等于氢气的压力？为什么？

3．为何要在吸量管和量筒内液面处于同一水平时读体积数？

4．如果装置漏气，将造成怎样的误差？

实验 3　溶液的配制

实验目的

1．了解和学习实验室常用溶液的配制方法。

2．学习容量瓶和移液管的使用方法。

实验原理

无机化学实验通常配制的溶液有一般溶液和标准溶液。溶液的配制有如下基本方法。

1．一般溶液的配制

（1）直接水溶法

对于易溶于水而不发生水解的固体试剂，如 $NaOH$、$H_2C_2O_4$、KNO_3、$NaCl$ 等，配制其溶液时，可用托盘天平称取一定量的固体于烧杯中，加入少量蒸馏水，搅拌溶解后稀释至所需体积，再转移入试剂瓶中。

（2）介质水溶法

对于易溶但易水解的固体试剂，如 $FeCl_3$、$SbCl_3$、$BiCl_3$ 等，配制其溶液时，可称取一定量的固体，加入适量一定浓度的酸（或碱）使之溶解，再以蒸馏水稀释，摇匀后转入试剂瓶。

在水中溶解度较小的固体试剂，在选用合适的溶剂溶解后，稀释，摇匀转入试剂瓶。例如固体 I_2，可先用 KI 水溶液溶解。

（3）稀释法

对于液体试剂，如盐酸、H_2SO_4、HNO_3、HAc 等，配制其溶液时，先用量筒量取所需量的浓溶液，然后稀释至所需浓度。配制 H_2SO_4 溶液时，需特别注意，应在不断搅拌下将浓 H_2SO_4 缓慢地倒入水中，切不可倒转操作。

一些容易见光分解或易发生氧化还原反应的溶液，要防止在保存期内失效。如 Sn^{2+} 及 Fe^{2+} 溶液应分别放入一些 Sn 粒和 Fe 屑。$AgNO_3$、$KMnO_4$、KI 等溶液应储于干净的棕色瓶中。容易发生化学腐蚀的溶液应储于合适的容器中，如塑料容器。

2．标准溶液的配制

已知准确浓度的溶液称为标准溶液。配制标准溶液的方法有两种，直接法和标定法。

（1）直接法

用分析天平准确称取一定量的基准试剂（如邻苯二钾酸氢钾 $KHC_8H_4O_4$、硼砂 $Na_2B_4O_7 \cdot 10H_2O$ 等）于烧杯中，加入适量的去离子水溶解，然后转入试剂瓶，再用去离子水稀释至刻度，摇匀。其准确浓度可由称量数据和溶液体积求得。

（2）标定法

不符合基准试剂条件的物质，不能用直接法配制标准溶液，但可先配成近似浓度的溶液，然后用基准试剂或标准溶液标定它的浓度。

当需要配制较稀标准溶液时，可用移液管准确吸取其浓溶液至适当的容量瓶中配制。

仪器与药品

1．仪器

托盘天平，分析天平，容量瓶（10mL，20mL），吸量管（1mL），移液管（1mL），滴瓶，烧杯（20mL）。

2．药品

浓 H_2SO_4，浓 HCl，浓 HNO_3，NaCl（s，1.000mol·L^{-1}），NaOH（s），$FeSO_4$·H_2O，$KHC_8H_4O_4$（A.R.），$Na_2B_4O_7$·$10H_2O$（A.R.）。

实验步骤

1．酸、碱溶液的配制

① 配制 6mol·L^{-1}NaOH 溶液 10mL，储于滴瓶中。

② 配制 3mol·L^{-1}硫酸、6mol·L^{-1}盐酸、6mol·L^{-1}硝酸溶液各 10mL，分别储于滴瓶中。

2．盐溶液的配制

配制 1mol·L^{-1}NaCl、$FeSO_4$溶液各 10mL，分别储于滴瓶中。

3．标准溶液的配制

（1）邻苯二甲酸氢钾溶液的配制

准确称取约 0.4000g 邻苯二甲酸氢钾晶体于小烧杯中，加入少量蒸馏水使其完全溶解，然后小心移至 10mL 容量瓶中，再用少量蒸馏水淋洗烧杯及玻璃棒，并将每次淋洗的水全部转入容量瓶中，最后用蒸馏水稀释到刻度，充分摇匀，计算其准确浓度。

（2）硼砂溶液的配制

准确称取约 0.3800g 硼砂晶体，按以上操作配制溶液，计算其准确浓度。

（3）NaCl 标准溶液的稀释

用已知浓度为 1.000mol·L^{-1} 的 NaCl 溶液配制 0.1000mol·L^{-1} 的 NaCl 溶液 10mL。

预习思考题

1．配制有明显热效应的溶液时，应注意哪些问题？

2．用容量瓶配制标准溶液时，是否可用托盘天平称取基准试剂？

注释

基准试剂

基准试剂（或基准物质）是组成与化学式完全相符，纯度高，储存稳定，参与化学反应时能按反应式定量进行的物质。它可用于直接配制标准溶液或标定溶液的准确浓度。

基准物邻苯二甲酸氢钾（C_6H_4·COOH·COOK），含有一个可与 OH⁻作用的 H^+，可用

于标定碱的浓度，其反应原理如下

$$C_6H_4 \cdot COOH \cdot COOK + NaOH = C_6H_4 \cdot COONa \cdot COOK + H_2O$$

实验前应于 383K 左右干燥至恒重。

基准物硼砂 $Na_2B_4O_7 \cdot 10H_2O$ 用于标定酸的浓度，其反应原理为

$$Na_2B_4O_7 + 2H^+ + 5H_2O = 4H_3BO_3 + 2Na^+$$

可见 1mol 的硼砂可被 2mol 的酸完全中和。室温下储于装有 NaCl 和蔗糖饱和溶液的干燥器中。

实验 4　氯化钠的提纯

实验目的

1. 运用已经学过的一些化学知识提纯氯化钠。

2. 掌握溶解、普通过滤、加热、减压过滤、沉淀洗涤、蒸发、浓缩、结晶、干燥等基本操作。

实验原理

化学试剂或医药用的 NaCl 都是以粗盐为原料提纯的。粗盐中含有钙、镁、钾离子和硫酸根等可溶性杂质及泥沙等不溶性杂质，选择适当试剂可使 Ca^{2+}、Mg^{2+}、SO_4^{2-} 这些离子生成难溶化合物的沉淀而被除去。首先在食盐中加入 $BaCl_2$ 溶液，除去 SO_4^{2-}，再在溶液中加入 Na_2CO_3 溶液，除去 Ca^{2+}、Mg^{2+} 和过量的 Ba^{2+}。

$$SO_4^{2-} + Ba^{2+} = BaSO_4 \downarrow$$

$$Ca^{2+} + CO_3^{2-} = CaCO_3 \downarrow$$

$$Ba^{2+} + CO_3^{2-} = BaCO_3 \downarrow$$

$$2Mg^{2+} + CO_3^{2-} + 2OH^- = Mg(OH)_2 \cdot MgCO_3 \downarrow$$

过量的 Na_2CO_3 溶液用 HCl 中和，粗盐中的 K^+ 和这些沉淀剂不起作用，仍留在溶液中，由于 KCl 的溶解度大于 NaCl 的溶解度，而且在粗盐中含量较少，所以在蒸发和浓缩食盐溶液时，NaCl 先结晶出来，而 KCl 则留在溶液中。利用上面这些方法和步骤，达到提纯氯化钠的目的。

仪器、药品及材料

1. 仪器

台秤，小烧杯（25mL），量筒（10mL），普通漏斗，漏斗架，蒸发皿（30mL），布氏漏斗（20mm），吸滤瓶（10mL），石棉网，酒精灯，洗耳球，三脚架等。

2．药品

酸：HCl（2.0mol·L^{-1}）；碱：NaOH（2.0mol·L^{-1}）；盐：BaCl$_2$（1.0mol·L^{-1}），Na$_2$CO$_3$（1.0mol·L^{-1}），(NH$_4$)$_2$C$_2$O$_4$（0.5mol·L^{-1}）；其他：镁试剂（对硝基偶氮间苯二酚）。

3．材料

pH 试纸，滤纸。

实验步骤

1．粗盐的溶解

在台秤上称取 2.0g 粗食盐，放入小烧杯中，加 8.0mL 蒸馏水，加热搅拌使粗食盐溶解（不溶性杂质沉于底部）。

2．除 SO$_4^{2-}$

加热溶液到近沸，在不断搅拌下逐滴加入 1.0mol·L^{-1}BaCl$_2$ 溶液约 0.5mL（即 10 滴），继续小火加热，使沉淀颗粒长大而易于过滤。

将烧杯从石棉网上取下，待沉淀下沉后，在上层清液中加 1 滴 BaCl$_2$ 溶液，如果有浑浊，表示 SO$_4^{2-}$ 尚未除尽，需要再加 BaCl$_2$ 溶液来除 SO$_4^{2-}$；如果不浑浊，表示 SO$_4^{2-}$ 已除尽，用普通漏斗过滤，弃去沉淀。

3．除 Mg^{2+}、Ca^{2+}、Ba^{2+} 等阳离子

将上一步骤得到的溶液加热至沸，边搅拌边加入 5 滴 2.0mol·L^{-1}NaOH 溶液和 15 滴 1.0mol·L^{-1}Na$_2$CO$_3$ 溶液，观察白色沉淀的生成，同上法用 Na$_2$CO$_3$ 溶液检验沉淀是否完全，用普通漏斗过滤，弃去沉淀。

4．用 HCl 调整酸度除去 CO$_3^{2-}$

往滤液中滴加 2.0mol·L^{-1} 的 HCl 溶液，充分搅拌，并用玻璃棒蘸取滤液在 pH 试纸上检验，直到溶液呈微酸性（pH≈5~6）为止。

5．蒸发浓缩

将溶液转移到蒸发皿中，小火或蒸气浴蒸发，至溶液表面明显出现一层晶膜。（**注意：切不可将溶液蒸干！**）

6．结晶、减压过滤、干燥

令浓缩液冷却至室温，用布氏漏斗减压过滤，用滤纸将结晶吸干，将晶体移至蒸发皿内用小火烘干，冷却后称量，计算收率。

7．产品纯度的检验

取 0.5g 提纯前和提纯后的食盐，分别溶解于 3mL 蒸馏水中，然后各分成三份，盛于小试管中，对照检查它们的纯度。

① SO$_4^{2-}$ 的检验：加入 1 滴 1.0mol·L^{-1}BaCl$_2$ 溶液，观察有无 BaSO$_4$ 沉淀产生。

② Ca^{2+} 的检验：加入 2 滴 0.5mol·L^{-1}(NH$_4$)$_2$C$_2$O$_4$ 溶液，观察有无 CaC$_2$O$_4$ 沉淀生成。

③ Mg^{2+} 的检验：加入 2 滴 2.0mol·L^{-1}NaOH 溶液，使溶液呈碱性，再加入 1 滴镁试剂，如有蓝色沉淀产生，表示有 Mg^{2+} 存在。

1. 在加入沉淀剂将 SO_4^{2-}、Mg^{2+}、Ca^{2+}、Ba^{2+} 转入沉淀以除去的时候，加热与不加热对分离操作各有何影响？

2. 在除去 SO_4^{2-}、Mg^{2+}、Ca^{2+} 时，为什么要先加入 $BaCl_2$ 溶液，然后再加入 Na_2CO_3 溶液？

3. 提纯后的食盐溶液浓缩时为什么不能蒸干？

实验 5　硫酸亚铁铵的制备

实验目的

1. 了解复盐硫酸亚铁铵的特征和制法。
2. 练习使用微型仪器进行水浴加热、常压和减压过滤的方法。
3. 学习一种检验产品中杂质 Fe^{3+} 离子含量的方法——目视比色法。

实验原理

硫酸亚铁铵 $(NH_4)_2Fe(SO_4)_2 \cdot 6H_2O$ 俗称摩尔盐，是一种复盐，为绿色晶体，较硫酸亚铁稳定，在空气中不易被氧化，易溶于水，但难溶于乙醇。$(NH_4)_2Fe(SO_4)_2 \cdot 6H_2O$ 的溶解度比组成它的简单盐的溶解度小得多，见表 5-1。

表 5-1　不同温度下 $(NH_4)_2Fe(SO_4)_2 \cdot 6H_2O$ 及其组分盐的溶解度（g/100gH$_2$O）

温度/℃	10	20	30	50	70
$(NH_4)_2SO_4$	73.0	75.4	78.0	84.5	91.0
$FeSO_4 \cdot 6H_2O$	20.5	26.6	33.2	48.6	56.0
$(NH_4)_2Fe(SO_4)_2 \cdot 6H_2O$	18.1	21.2	24.5	31.3	38.5

本实验采用如下方法制备硫酸亚铁铵。

① 将铁粉（屑）与稀硫酸作用，得到硫酸亚铁溶液

$$Fe + H_2SO_4 =\!=\!= FeSO_4 + H_2 \uparrow$$

为阻止 Fe^{2+} 在溶液中被氧化或发生水解，常使硫酸适当过量。

② 将所得到的 $FeSO_4$ 溶液与等物质的量的 $(NH_4)_2SO_4$ 饱和溶液作用，通过浓缩、结晶，可得到溶解度较小的复盐硫酸亚铁铵晶体

$$FeSO_4 + (NH_4)_2SO_4 + 6H_2O =\!=\!= (NH_4)_2Fe(SO_4)_2 \cdot 6H_2O$$

本实验采用目视比色法确定产品的杂质含量。目视比色法是确定物质中杂质含量和产品级别的一种简便快速方法。使离子在一定的条件下与某一被称为显色剂的溶液作用，生成带色的溶液，与已知杂质含量的带色溶液进行比较，可确定杂质含量的范围。本实验采用 KSCN 作显色剂目视比色确定产品中杂质 Fe^{3+} 的含量范围。

仪器与药品

1. 仪器

台秤或天平，锥形瓶（15mL），烧杯（15mL，50mL），普通漏斗，漏斗架，抽滤瓶（10mL），布氏漏斗（20mm），洗耳球，蒸发皿（30mm），比色管（25mL），吸量管（2mL），酒精灯。

2. 药品

铁粉（或铁屑），Na_2CO_3（$1.0mol \cdot L^{-1}$），H_2SO_4（$3.0mol \cdot L^{-1}$），KSCN（$1.0mol \cdot L^{-1}$），HCl（$1.0mol \cdot L^{-1}$），$(NH_4)_2SO_4(s)$，95%乙醇。

实验步骤

1. 硫酸亚铁铵的制备

（1）铁粉（或屑）的净化——除去油污

称取一定量的铁粉于锥形瓶中，加入 $1.0mol \cdot L^{-1}Na_2CO_3$ 溶液 2.0mL，加热煮沸 5min，以除去铁粉表面的油污，用倾泻法除去碱液。用蒸馏水洗涤铁粉至中性（若铁粉干净可省去此步）。用无水乙醇洗涤，晾干备用。

（2）硫酸亚铁的制备

称取0.5g预处理过的铁粉于锥形瓶中，加入 5.0mL $3.0mol \cdot L^{-1}H_2SO_4$，于水浴中加热 $10 \sim 15min$，反应开始时注意温度不应过高，防止因反应过于激烈，使溶液冒出。在加热过程中为防止 $FeSO_4$ 晶体析出（由于水分的蒸发，浓度增大），可适当补充些蒸馏水（不宜过多）。当反应进行到铁粉基本溶解后，要求溶液的 pH 值不大于 1。趁热将溶液过滤在蒸发皿中。如滤纸上有结晶析出，可用数滴 $3.0mol \cdot L^{-1}H_2SO_4$ 洗涤滤纸，洗液合并到蒸发皿中。未反应完的铁粉用滤纸吸干后称量，计算已被溶解的铁量。

（3）硫酸亚铁铵的制备

根据反应中溶解的铁量，或生成硫酸亚铁的理论产量，计算制备硫酸亚铁铵所需硫酸铵固体的量（考虑到硫酸亚铁在过滤等操作过程中的损失，其用量大致可按计算得到的理论量的80%计算）。称取固体硫酸铵，配成饱和溶液（用水量可根据溶解度计算），加入蒸发皿中，用玻璃棒搅拌均匀后，在蒸汽浴中加热浓缩，到溶液表面刚刚出现薄薄的结晶为止（注意浓缩过程中不宜搅动）。从蒸汽浴中取下蒸发皿，静置自然冷却至室温，有硫酸亚铁铵晶体析出。减压过滤，用少量（约 1.0mL）95%乙醇洗涤晶体，抽干。取出晶体，用滤纸吸去晶体中残留的水和乙醇，回收滤液。称量晶体质量，计算产率。

$$产率 = \frac{实际产量}{理论产量} \times 100\%$$

2. Fe^{3+}的痕量分析

在普通天平上称取 0.50g 硫酸亚铁铵样品（自制）于 25mL 比色管中，用自配 $0.1mol \cdot L^{-1}HCl$（用经煮沸除去溶解氧的蒸馏水稀释 $1.0mol \cdot L^{-1}HCl$ 溶液，配制得 50mL 溶液备用）10mL 溶解晶体，再加入 0.5mL（约 10 滴）$1.0mol \cdot L^{-1}KSCN$ 溶液，最后加入自配的稀 HCl 至刻度，摇匀，与标准色阶进行目视比色，参照表 5-2 确定产品等级。

表 5-2　不同等级（NH_4）$_2$Fe（SO_4）$_2 \cdot 6H_2O$ 中 Fe^{3+}的含量

规格	一级	二级	三级
Fe^{3+}的含量/mg $\cdot$ g^{-1}	<0.1	0.1～0.2	0.2～0.4

3. 标准色阶的配制（由实验室统一配制）

用吸量管吸取 Fe^{3+}含量为 0.1000mg $\cdot$ mL^{-1} 的溶液 0.50mL、1.00mL、2.00mL，分别置于三支 25mL 比色管中，分别加入 1.0mol $\cdot$ L^{-1}KSCN 溶液 0.5mL，用自配 0.1mol $\cdot$ L^{-1}HCl 溶液稀释到刻度，摇匀，备用。

预习思考题

1. 为什么硫酸亚铁铵制备过程中须保持体系呈微酸性？

2. 在制取硫酸亚铁时，为什么不能直接加热而需用水浴加热来溶解铁粉？为什么反应初时温度不应过高？为什么产品溶液不能直接加热而需用蒸汽浴加热进行浓缩，且不宜搅动？

3. 本实验中，固体硫酸铵的理论需要量为多少？配成饱和溶液需要多少 mL 的水？

4. 检验产品时，为什么需用煮沸过的蒸馏水？若用未经煮沸的蒸馏水，对检验结果有何影响？

实验 6　水合硫酸铜结晶水的测定

实验目的

1. 加强练习分析天平的使用，了解沙浴加热的方法。
2. 了解化合物的结晶水及其测定方法。
3. 了解差热-热重法的基本原理。

实验原理

从水溶液中结晶出来的硫酸铜俗称胆矾，它是一种蓝色晶体，含有结合比较牢固的结晶水，也称水合硫酸铜。水合硫酸铜受热时随温度的升高按下列反应逐步脱水（在不同的资料中，水合硫酸铜分步脱水的温度数据相差甚大）。最后得到的无水硫酸铜是白色的粉末。

$$CuSO_4 \cdot 5H_2O \xrightarrow{48℃} CuSO_4 \cdot 3H_2O + 2H_2O \qquad \Delta H^{\ominus} = -23.248kJ \cdot mol^{-1}$$

$$CuSO_4 \cdot 3H_2O \xrightarrow{99℃} CuSO_4 \cdot H_2O + 2H_2O \qquad \Delta H^{\ominus} = -27.54kJ \cdot mol^{-1}$$

$$CuSO_4 \cdot H_2O \xrightarrow{218℃} CuSO_4 + H_2O \qquad \Delta H^{\ominus} = -27.95kJ \cdot mol^{-1}$$

物质的结晶水含量可较简单地根据加热失重来测定。用热分析方法既可测定结晶水含量，也可观测脱水过程及其动力学。

仪器与药品

1. 仪器

分析天平，沙浴，瓷坩埚，坩埚钳，干燥器，温度计（300℃）。

2. 药品

无水硫酸铜（化学纯）。

实验步骤

1. 加热失重法测定结晶水含量

① 将一干净并灼烧过的坩埚于分析天平上称量（精确至 1mg），在其中放入 1.2～1.5g 磨细的五水硫酸铜，再称量，两次质量差即是坩埚内硫酸铜的质量。

② 将坩埚（含其内的硫酸铜）放在沙浴上，使其 3/4 的体积埋入沙中，再在靠近坩埚的砂中插入温度计（300℃），它的底端应与坩埚底部大致处于同一水平，水银球应全部埋入砂内。如统一控温也可不插温度计。

③ 将砂浴慢慢升温至 240℃，然后小心升温至 260～280℃，最高不能超过 280℃。随水分的蒸发，硫酸铜粉末由蓝色变为浅蓝色最后变为灰白色（若砂浴温度控制得当，全过程可在 25min 内完成）。停止加热，用干净的坩埚钳将坩埚移入干燥器内，冷却至室温。

④ 用干净滤纸碎片将坩埚外部擦干净，在分析天平上称量，再按③的操作和温度条件加热 15min 左右，冷却，称量。如两次称量的质量差不超过 0.005g，按本实验要求认为已"恒重"，否则需重复前加热操作，直到"恒重"为止。

⑤ 由实验所得数据，计算出每摩尔 $CuSO_4$ 结合的结晶水数目。该数值应取最接近的正整数。

2. 热分析法观测受热脱水过程（选做）

用热重法、差热法或热重-差热法测定水合硫酸铜的热重和/或差热曲线，确定其逐步脱水温度和反应。

数据记录及处理

1. 受热失重法测定结晶水含量

空坩埚的质量 a ＿＿＿＿＿＿ g

坩埚+水合硫酸铜的质量 b ＿＿＿＿＿＿ g

水合硫酸铜的质量 $b-a$ ＿＿＿＿＿＿ g

坩埚+无水硫酸铜的质量 c ＿＿＿＿＿＿ g

无水硫酸铜的质量 $W_1=c-a$ ＿＿＿＿＿＿ g

结晶水的质量 $W_2=b-c$ ＿＿＿＿＿＿ g

$CuSO_4$ 的物质的量 $n_1=W_1/160$ ＿＿＿＿＿＿ mol

H_2O 的物质的量 $n_2=W_2/18.0$ ＿＿＿＿＿＿ mol

1mol $CuSO_4$ 结合的 H_2O 的物质的量 ＿＿＿＿＿＿ mol

2. 热分析法观测受热脱水过程

自行设计。

预习思考题

1. 在实验1中，加热后的坩埚还未冷却至室温就去称量会有什么影响？
2. 在实验1中，加热后的坩埚为什么一定要放在干燥器内冷却？

注释

热分析法简介

物质在加热过程中不仅会有质量上的改变，还常伴随有热效应的发生。通过对质量改变（ΔW）、热效应（ΔH）及发生热效应的温度的测定，并对得到的有关数据进行处理，可获得很多有价值的信息，如物质某些物理和化学性质的变化，该变化过程的机理，还可进行物质的定性和定量鉴定。所谓"热分析"（thermal analysis）即指在程序控制温度下，测量物质的物理性质与温度关系的一种技术，在材料的研究和选择、热力学及动力学研究方面是非常重要的实验手段。热分析方法包括热重法和差热法及其联用。

（1）热重法（thermogravimetry，TG）

热重法是一种用热天平（图6-1）测量程序控温条件下物质的质量与温度或时间的函数关系的方法。这种函数关系图形称为热重曲线，如图6-2所示。图中，曲线的平台部分表示在该温度范围内无质量改变（$\Delta W=0$），其余发生曲折的部分表示有质量改变（即 $\Delta W \neq 0$）。对热重曲线进行分析，可以确定出物质脱水、分解或氧化的温度，推测出物质的组成，进而进行热力学和动力学研究，等等。显然，热重法不适用于无质量变化的过程。

图 6-1　热天平基本原理
1—温度控制器；2—高温计；3—电炉；4—样品杆（内热电偶）；5—天平；6—样品杯

图 6-2　热重曲线
$abcdef$—理想曲线；$abc'de'f$—实际曲线

（2）差热分析法（differential thermal analysis，DTA）

在程控升温条件下测量物质与参比物之间的温度差与温度的函数关系的方法称为差热分析法。差热分析仪通常由电炉、差示热电偶、程序控温单元、气氛调节单元、信号放大单元、记录仪等组成，如图6-3所示。样品与参比物之间的温度差与温度的函数关系的对应图形为差热曲线，如图6-4所示。

图 6-3　差热分析仪框图

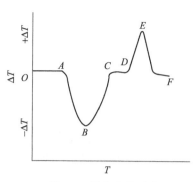

图 6-4　差热曲线示意

"参比物"是指一种在所研究的温度范围内不发生任何热效应的物质，它的比热容应尽量与样品比热容一致（通常选用 Al_2O_3 或 MgO）。在同样条件下加热样品和参比物过程中，若

$T_{样品}=T_{参比}$　　　$\Delta T=0$　　　则无热效应（如图 6-4，水平线）

$T_{样品}>T_{参比}$　　　$\Delta T>0$　　　则放热（如图 6-4，峰）

$T_{样品}<T_{参比}$　　　$\Delta T<0$　　　则吸热（如图 6-4，谷）

但由于物质的物理和化学变化可能会出现附加峰、重叠峰、宽峰等，使得差热曲线并不如此简单，而是相当繁杂的。这会对图形的解析带来一定困难。

差热法对有热效应发生的体系来说，响应是非常灵敏的。但不适用于无热效应发生的体系。因而，实用上常将热重法和差热法联合使用，以取长补短，称为热重-差热法。它是热分析采用的一种主要手段。由一个样品在同样条件下进行两种方法的同时测定，可消除两次测定在某些条件上的差异。

热分析中，温度的测量极为重要，通常是由热电偶来完成。热电偶是由两种不同金属丝焊接组成的一种元件，由于不同金属中自由移动电子的密度不同，而在焊接处的界面上存在一种电势差，称为"接触电势"，它取决于导体的性质和接触点的温度。另外，在同一种金属的两端温度不同时，会导致高温部分自由移动的电子，向低温部分移动，在金属两端产生的电势差称为"温差电势"，它与金属的性质和金属两端的温度差有关。常用热电偶的组成和测温范围如下。

组成	测温范围
Pt-Pt，Rh（WRLB）	800～1300℃
Ni，Cr-Ni，Al（WREU）	400～1000℃
Fe-康铜（WRTA）	0～600℃

热分析的结果，除与仪器选择有关外，实验条件的影响也不可忽视。例如，炉体保温情况，升温速度，实验环境，热电偶的选择及与样品和参比物的接触，样品的多少及粒度，参比物的选择等都会对实验结果产生影响。

第二部分

基本理论及常数测定实验

实验7 化学反应速率、级数与活化能测定

实验目的

1. 加深对化学反应速度、反应级数和活化能等概念的理解。

2. 了解过二硫酸铵氧化碘化钾反应速率的测定原理和方法，学会求算反应级数和活化能的数据处理方法。

实验原理

在水溶液中过二硫酸铵和碘化钾反应的方程式为

$$(NH_4)_2S_2O_8+3KI =\!=\!=\!= (NH_4)_2SO_4+K_2SO_4+KI_3$$

其离子方程式为

$$S_2O_8^{2-}+3I^- =\!=\!=\!= 2SO_4^{2-}+I_3^- \tag{1}$$

该反应的速率方程式为

$$v=-\frac{dc(S_2O_8^{2-})}{dt}=k[c(S_2O_8^{2-})]^\alpha [c(I^-)]^\beta \tag{2}$$

式中，v 为瞬时反应速率，若 $c(S_2O_8^{2-})$、$c(I^-)$ 为起始浓度，则 v 表示起始速率；k 为反应速率常数；α 和 β 为反应级数。

由于 dt 内的 $dc(S_2O_8^{2-})$ 实际上无法直接测定，故本实验以 Δt 代替 dt、$\Delta c(S_2O_8^{2-})$ 代替 $dc(S_2O_8^{2-})$ 进行近似计算。若 Δt 较小，有关的实验结果也将有较高的准确性。

为了能够测出一定时间间隔 Δt 内的 $\Delta c(S_2O_8^{2-})$，需在混合 $(NH_4)_2S_2O_8$ 和 KI 的同时，

加入一定体积已知浓度的 $Na_2S_2O_3$ 溶液和作为指示剂的淀粉溶液。这样，在反应（1）进行的同时，还进行着下列反应

$$2S_2O_3^{2-}+I_3^- \Longrightarrow S_4O_6^{2-}+3I^- \tag{3}$$

这个反应进行得非常快，几乎瞬间即可完成，而反应（1）比反应（3）慢得多，因此由反应（1）生成的 I_3^- 立即与 $S_2O_3^{2-}$ 反应，生成无色的 $S_4O_6^{2-}$ 和 I^-。所以在反应的开始阶段看不到 I_2 与淀粉作用而显蓝色。但是，一旦 $Na_2S_2O_3$ 耗尽，反应（1）继续生成的 I_3^- 就与淀粉作用而使溶液显蓝色。

从反应（1）和反应（3）的关系可以看出，$S_2O_8^{2-}$ 减少的量为 $S_2O_3^{2-}$ 的一半。由于在 Δt 内 $S_2O_3^{2-}$ 基本全部耗尽，故存在下列关系

$$\Delta c(S_2O_8^{2-})=\frac{1}{2}\Delta c(S_2O_3^{2-})=\frac{1}{2}[0-c(S_2O_3^{2-})_{始}]=-\frac{1}{2}c(S_2O_3^{2-})_{始} \tag{4}$$

因此，由实验记下反应开始至溶液出现蓝色所需的时间 Δt 即可求出反应速率

$$v=-\frac{\Delta c(S_2O_8^{2-})}{\Delta t}=\frac{c(S_2O_3^{2-})_{始}}{2\Delta t} \tag{5}$$

求算 α、β 值的方法如下。保持 $c(I^-)$ 不变，将式（2）两边取对数，则

$$\lg v=\alpha\lg c(S_2O_8^{2-})_{始}+常数 \tag{6}$$

由实验测定 $(NH_4)_2S_2O_8$ 初始浓度不同时的 v，以 $\lg v$ 对 $\lg c(S_2O_8^{2-})_{始}$ 作图可得一直线，其斜率即为 α。

同进，保持 $c(S_2O_8^{2-})$ 不变，将式（2）两边取对数，则

$$\lg v=\beta\lg c(I^-)_{始}+常数 \tag{7}$$

由实验测定 KI 初始浓度不同时的 v，以 $\lg v$ 对 $\lg c(I^-)_{始}$ 作图可得一直线，其斜率即为 β。

已知反应级数，则由式（2）可求得反应速率常数 k。

反应的活化能 E_a 可根据阿伦尼乌斯公式（7）求算

$$\lg k=-\frac{E_a}{2.303RT}+B \tag{8}$$

式中，R 为摩尔气体常数；B 为常数项。

由实验测出不同温度下反应（1）的 k，以 $\lg k$ 对 $1/T$ 作图，可得一直线，其斜率为 $-E_a/2.303R$，由此便可求出 E_a。

仪器与药品

1. 仪器

试管（10mm×75mm），试管架，秒表，温度计，恒温水浴或水浴加热装置。

2. 药品

$(NH_4)_2S_2O_8$❶（$0.20mol \cdot L^{-1}$），KI（$0.20mol \cdot L^{-1}$），KNO_3（$0.20mol \cdot L^{-1}$），$(NH_4)_2SO_4$（$0.20mol \cdot L^{-1}$），$Na_2S_2O_3$（$0.010mol \cdot L^{-1}$），淀粉溶液（0.2%）。

实验内容

1. 浓度对反应速率的影响

取 7 支干燥洁净的小试管作为反应管，从 1～7 编号。按表 7-1 所示的量（滴）顺序滴加 a～e 各溶液到各试管中，充分摇荡试管，使溶液混合均匀。然后，按表 7-1 所示的量分别滴加（迅速!）f 溶液到指定反应试管中，同时按动秒表并不断摇动试管。注意观察，当溶液刚出现蓝色时，立刻按停秒表，记录反应时间（以秒为单位）和室温。

按上述同样操作，逐一测出各反应试管中溶液的反应时间，记录数据。

2. 温度对反应速率的影响

按表 7-1 中试管 1 的用量，把 KI、$Na_2S_2O_3$、淀粉和 KNO_3 溶液分别加到编号 8 的反应试管（应干燥洁净）中，将其与盛$(NH_4)_2S_2O_8$ 溶液的滴瓶一起置于恒温水浴中进行水浴加热。调节水浴温度使之高出室温 10℃，待反应试管和滴瓶中溶液达到此温度时，迅速滴加 4 滴$(NH_4)_2S_2O_8$ 溶液到反应试管中，计时并不断摇动试管，记下溶液刚出现蓝色所需的反应时间。

表 7-1　浓度对反应速率的影响

	试管编号	1	2	3	4	5	6	7
试剂用量/滴	a.$0.20mol \cdot L^{-1}$KI	1	2	3	4	4	4	4
	b.$0.010mol \cdot L^{-1}Na_2S_2O_3$	2	2	2	2	2	2	2
	c.0.2%淀粉	1	1	1	1	1	1	1
	d.$0.20mol \cdot L^{-1}KNO_3$	3	2	1	—	—	—	—
	e.$0.20mol \cdot L^{-1}(NH_4)_2SO_4$	—	—	—	—	1	2	3
	f.$0.20mol \cdot L^{-1}(NH_4)_2S_2O_8$	4	4	4	4	3	2	1
起始浓度/mol $\cdot$ L^{-1}	I^-							
	$S_2O_8^{2-}$							
	$S_2O_3^{2-}$							
反应时间 $\Delta t/s$								
v/mol $\cdot L^{-1} \cdot s^{-1}$								
$\lg v$								
$\lg c(I^-)$								
$\lg c(S_2O_8^{2-})$								

---

❶ 实验要求$(NH_4)_2S_2O_8$ 与淀粉溶液是新配制的，且$(NH_4)_2S_2O_8$ 溶液的 pH 值应大于 3，否则，$(NH_4)_2S_2O_8$ 已部分分解，不能使用。KI 溶液应为无色透明溶液，如已呈浅黄色，则表示有 I_2 析出，不能使用。所用试剂如混有少量 Cu^{2+}、Fe^{3+} 等杂质，对反应有催化作用，必要时可加几滴 $0.10mol \cdot L^{-1}$EDTA 溶液以消除这些金属离子的影响。

再用相同量试剂和操作方法，在编号 9 的反应试管中测量温度高于室温 20℃时反应所需的时间，实验数据记录于表 7-2 中。

表 7-2　温度对反应速率的影响

试管编号	1	8	9	试管编号	1	8	9
反应温度 T/K				$k/(mol \cdot L^{-1})^{1-\alpha-\beta} \cdot s^{-1}$			
反应时间 $\Delta t/s$				$1/T/K^{-1}$			
反应速率 $v/mol \cdot L^{-1} \cdot s^{-1}$				$\lg k$			

数据处理与讨论

1．求算反应级数和速率常数

根据【实验原理】所述的方法，由实验数据完成表 7-1 的各项计算，然后按式（6）、式（7）作图，求出 α 和 β。将 α、β 和一定浓度时的 v 代入式（2）求出 k，并求出 k 的平均值。

2．求算反应的活化能

根据【实验原理】所述的方法，由实验数据完成表 7-2 的各项计算，然后按式（8）作 $\lg k - 1/T$ 图，求出活化能。

列表示出上述计算结果并讨论。

预习思考题

1．根据化学方程式，是否能确定反应级数？用本实验的结果加以说明。

2．若不用 $S_2O_8^{2-}$，而用 I^- 或 I_3^- 的浓度变化来表示反应速率，则反应速率常数 k 是否一样？

3．实验中为什么可以由反应溶液出现蓝色的时间长短来计算反应速率？反应溶液出现蓝色后，反应是否就终止了？

4．下列操作情况对实验结果有何影响？

① 先加$(NH_4)_2S_2O_8$溶液，最后加 KI 溶液;

② 没有迅速连续加入（NH_4）$_2S_2O_8$ 溶液;

③ 本实验 $Na_2S_2O_3$ 的用量过多或者过少。

实验 8　单、多相离子平衡

实验目的

1．加深理解弱电解质在溶液中的电离平衡及其移动。

2．学习缓冲溶液的配制并了解其缓冲作用。

3．加深理解盐类水解反应、水解平衡及其移动。

4．加深理解难溶电解质的多相离子平衡及溶度积规则。

5．学习酸碱指示剂和 pH 试纸的使用。

6. 学习 pH 计和离心机的使用。

实验原理

1. 电离平衡

若 AB 为弱酸或弱碱，则在水溶液中存在下列电离平衡

$$AB \Longrightarrow A^+ + B^-$$

达到平衡时，未电离分子的浓度与电离生成离子浓度之间存在如下关系

$$\frac{[c(A^+)/c^\ominus][c(B^-)/c^\ominus]}{c(AB)/c} = K_i^\ominus \text{（电离常数）}$$

在此平衡体系中，若加入含相同离子的强电解质，即增加 A^+ 或 B^- 的浓度，则平衡向生成 AB 分子的方向移动，弱电解质 AB 的电离度降低，这种作用叫作同离子效应。

2. 缓冲溶液

弱酸及其盐（如 HAc 和 NaAc）或弱碱及其盐（如 $NH_3 \cdot H_2O$ 和 NH_4Cl）的混合溶液，当外加少量酸、碱或稀释时，pH 值变化不大，这种作用称为缓冲作用，这种混合溶液叫作缓冲溶液，其 pH 值可按下列公式近似计算。

$$pH = pK_a^\ominus + \lg \frac{c(\text{弱酸盐})/c^\ominus}{c(\text{弱酸})/c^\ominus} \text{（弱酸–弱酸盐体系）}$$

或

$$pH = pK_w^\ominus - pK_b^\ominus - \lg \frac{c(\text{弱酸盐})/c^\ominus}{c(\text{弱酸})/c^\ominus} \text{（弱碱–弱碱盐体系）}$$

3. 盐类水解

盐类水解是由组成盐的离子和水电离出来的 OH^- 或 H^+ 作用，生成弱酸或弱碱的过程。水解反应往往使溶液呈酸性或碱性。弱酸强碱盐（如 NaAc）溶液呈碱性；强酸弱碱盐（如 NH_4Cl）溶液呈酸性；弱酸弱碱盐溶液的酸碱性视生成的弱酸和弱碱的相对强度而定，例如，NH_4Ac 溶液几乎呈中性，而 $(NH_4)_2S$ 溶液则呈碱性。盐类的水解是可逆反应，水解度一般不大，其大小主要取决于盐类的本性及温度、浓度等外界条件。水解生成的弱酸或弱碱越弱，水解产物的溶解度越小，盐的水解度就越大。

一种水解呈酸性的盐和另一种水解呈碱性的盐相混合时，两者的水解会相互促进而加剧。水解是吸热反应，加热能促进水解作用。

4. 多相离子平衡和溶度积规则

在难溶电解质（A_mB_n）的饱和溶液中，未溶解固体和溶解后形成的离子间存在多相离子平衡

$$A_mB_n(s) \Longrightarrow mA^{n+} + nB^{m-}$$

$$[c(A^{n+})/c^\ominus]^m[c(B^{m-})/c^\ominus]^n = K_{sp}^\ominus \text{（溶度积常数）}$$

比较离子积 Q_c 和溶度积 $K_{sp}^\ominus$ 可以判断沉淀的生成和溶解

$Q_c > K_{sp}^{\ominus}$ 溶液过饱和，有沉淀析出

$Q_c = K_{sp}^{\ominus}$ 溶液正好饱和

$Q_c < K_{sp}^{\ominus}$ 溶液未饱和，固体溶解

上述关系称溶度积规则。

当在含有两种或两种以上的离子的溶液中逐渐加入某种共同的沉淀剂时，这些离子将按 Q_c 达到 $K_{sp}^{\ominus}$ 时所需沉淀剂离子浓度由小到大的次序先后生成沉淀析出，这种现象称为分步沉淀。

根据平衡移动原理，借助于某一试剂的作用，可将一种难溶电解质转化为另一种难溶电解质，这一过程称为沉淀的转化。一般来说，溶解度大的难溶电解质容易转化为溶解度小的难溶电解质。例如，锅炉水垢的主要成分是 $CaSO_4$，其结构致密且难溶于稀酸，为了有效地清除垢层，可首先用 Na_2CO_3 将 $CaSO_4$ 沉淀转化为 $CaCO_3$ 沉淀，然后用稀酸清洗。

5. 盐效应

在一定温度下，当在弱电解质溶液或难溶电解质溶液中加入易溶的非同离子强电解质（主要指盐）时，由于溶液离子强度提高使离子活度系数下降，因此，弱电解质的电离度或难溶电解质的溶解度将提高，这种现象称为"盐效应"。

仪器、药品及材料

1. 仪器

pH 计，玻璃电极，甘汞电极，离心机，微型离心管，小试管（10mm×75mm），小烧杯（50mL），小玻璃棒，量筒（25mL），酒精灯，试管夹，表面皿。

2. 药品

酸：HCl（$0.10mol \cdot L^{-1}$，$2.0mol \cdot L^{-1}$），HAc（$0.10mol \cdot L^{-1}$）。

碱：NaOH（$0.10mol \cdot L^{-1}$），$NH_3 \cdot H_2O$（$0.10mol \cdot L^{-1}$）。

盐：NaCl（$0.10mol \cdot L^{-1}$），NaAc（$0.10mol \cdot L^{-1}$），Na_2CO_3（饱和），Na_2CO_3（$0.10mol \cdot L^{-1}$），Na_2SO_4（$0.10mol \cdot L^{-1}$，$0.50mol \cdot L^{-1}$），Na_3PO_4（$0.10mol \cdot L^{-1}$），Na_2HPO_4（$0.10mol \cdot L^{-1}$），NaH_2PO_4（$0.10mol \cdot L^{-1}$），Na_2SiO_3（10%），KCl（$0.010mol \cdot L^{-1}$，$1.0mol \cdot L^{-1}$），KI（$0.010mol \cdot L^{-1}$），K_2CrO_4（$0.10mol \cdot L^{-1}$），NH_4Cl（$0.10mol \cdot L^{-1}$），NH_4Ac（$0.10mol \cdot L^{-1}$），$(NH_4)_2CO_3$（$0.10mol \cdot L^{-1}$），$MgCl_2$（$0.10mol \cdot L^{-1}$），$CaCl_2$（$0.50mol \cdot L^{-1}$），$BiCl_3$（$0.10mol \cdot L^{-1}$），$Pb(NO_3)_2$（$0.10mol \cdot L^{-1}$，$0.50mol \cdot L^{-1}$），$Pb(Ac)_2$（$0.010mol \cdot L^{-1}$），$AgNO_3$（$0.10mol \cdot L^{-1}$），$Al_2(SO_4)_3$（$0.10mol \cdot L^{-1}$）。

固体：$NaNO_3$，$FeCl_3$，NaAc，NH_4Ac。

其他：酚酞（1%），甲基橙（0.1%）。

3. 材料

pH 试纸。

实验内容

1. 电离平衡及同离子效应

① 用 pH 试纸分别检测 $0.10mol \cdot L^{-1}$ HCl、HAc、NaOH、$NH_3 \cdot H_2O$ 溶液的 pH 值，与

理论计算值比较。

② 在两支小试管中各加入 2 滴 $0.10mol \cdot L^{-1}$HAc 和 1 滴甲基橙指示剂，摇匀，观察溶液的颜色。然后在其中一支小试管中加入少许 NaAc 晶体，摇匀，观察溶液颜色的变化。

③ 参照实验②的方法，选择合适的试剂和指示剂，验证 $NH_3 \cdot H_2O$ 溶液的同离子效应。

2. 缓冲溶液

① 在 50mL 小烧杯中加入 15mL $0.10mol \cdot L^{-1}$HAc 和 15mL $0.10mol \cdot L^{-1}$NaAc，搅匀，用 pH 计测定溶液的 pH 值。然后，在溶液中加入 10 滴 $0.10mol \cdot L^{-1}$HCl，搅匀，用 pH 计测定其 pH 值；再加入 20 滴 $0.10mol \cdot L^{-1}$NaOH，搅匀，用 pH 计测定其 pH 值。

② 在 50mL 小烧杯中加入蒸馏水 30mL，用 pH 计测定其 pH 值。然后，加入 10 滴 $0.10mol \cdot L^{-1}$HCl，搅匀，用 pH 计测定其 pH 值；再加入 20 滴 $0.10mol \cdot L^{-1}$NaOH，搅匀，用 pH 计测定其 pH 值。

比较①和②的结果，可得出什么结论？

3. 盐类水解平衡及其移动

① 用 pH 试纸分别检测 $0.10mol \cdot L^{-1}$NaAc、NH_4Cl、NH_4Ac、$(NH_4)_2CO_3$、NaCl 溶液和蒸馏水的 pH 值。

② 用 pH 试纸分别检测 $0.10mol \cdot L^{-1}Na_3PO_4$、$Na_2HPO_4$、$NaH_2PO_4$ 溶液的 pH 值。

③ 在一支小试管中加入少许（约米粒大小）$FeCl_3$，加入 1mL 蒸馏水，摇匀，观察溶液的颜色。然后，将溶液分成三份，一份留作比较，另一份加 1 滴 $2.0mol \cdot L^{-1}$HCl，摇匀，第三份用小火加热，分别观察溶液颜色的变化。

④ 在一支小试管中加入 1 滴 $0.10mol \cdot L^{-1}BiCl_3$ 溶液，逐滴加入蒸馏水，摇匀，观察白色沉淀的产生。然后，逐滴加入 $2.0mol \cdot L^{-1}$HCl，摇匀，至白色沉淀刚好溶解为止，再逐滴加入蒸馏水稀释，摇匀，观察现象。

⑤ 在一支小试管中加入 1 滴 $10\%Na_2SiO_3$ 和 2 滴 $1.0mol \cdot L^{-1}NH_4Cl$，摇匀，观察现象。（如何检验 NH_3 的生成？）

⑥ 参照⑤设计一实验，验证 $Al_2(SO_4)_3$ 和 Na_2CO_3 溶液的相互水解。

4. 沉淀的生成和溶解

① 在三支小试管中各加入 1 滴 $0.50mol \cdot L^{-1}Pb(NO_3)_2$，然后在其中一支小试管中加入 1 滴 $1.0mol \cdot L^{-1}$KCl，另一支小试管中加入 1 滴 $0.010mol \cdot L^{-1}$KCl，第三支小试管中加入 1 滴 $0.010mol \cdot L^{-1}$KI，摇匀，观察现象。

② 在两支小试管中各加入 3 滴 $0.10mol \cdot L^{-1}MgCl_2$ 和 3 滴 $2.0mol \cdot L^{-1}NH_3 \cdot H_2O$，摇匀，观察现象。然后在其中一支小试管中加入 1 滴 $2.0mol \cdot L^{-1}$HCl，另一支小试管中加入 2 滴 $1.0mol \cdot L^{-1}NH_4Cl$，摇匀，观察现象。

③ 在一支小试管中加入 1 滴 $0.010mol \cdot L^{-1}Pb(Ac)_2$，1 滴 $0.10mol \cdot L^{-1}$KI 和 5 滴蒸馏水，摇匀，观察现象。然后加入少量固体 $NaNO_3$，摇匀，观察现象。

5. 分步沉淀

在一支小试管中加入 1 滴 $0.10mol \cdot L^{-1}AgNO_3$，2 滴 $0.10mol \cdot L^{-1}Pb(NO_3)_2$ 和 8 滴蒸馏水，摇匀，逐滴加入 $0.10mol \cdot L^{-1}K_2CrO_4$（每加 1 滴后均需充分摇荡至物料颜色不变为止），观察颜色变化。

6. 沉淀的转化

① 在两支微型离心管中各加入 4 滴 0.50mol·L^{-1}CaCl$_2$ 和 4 滴 0.50mol·L^{-1}Na$_2$SO$_4$，用小玻璃棒搅拌至生成白色沉淀，离心分离，弃去清液。在一支离心管中加入 4 滴 2.0mol·L^{-1}HCl，摇匀，观察沉淀是否溶解；在另一支离心管中加入 4 滴饱和 Na$_2$CO$_3$，搅拌几分钟，使沉淀转化，离心分离，弃去清液，用蒸馏水洗涤沉淀 1~2 次，然后加入 4 滴 2.0mol·L^{-1}HCl，搅拌，观察现象。

② 在一支小试管中加入 1 滴 0.10mol·L^{-1}Pb(NO$_3$)$_2$ 和 1 滴 0.10mol·L^{-1}Na$_2$SO$_4$，摇匀，观察白色沉淀生成，然后加入 1 滴 0.10mol·L^{-1}K$_2$CrO$_4$，摇匀，观察沉淀颜色的变化。

预习思考题

1. 0.10mol·L^{-1}HCl、HAc、NaOH、NH$_3$·H$_2$O 溶液的理论 pH 值为多少？

2. 15mL 0.10mol·L^{-1}HAc 和 15mL 0.10mol·L^{-1}NaAc 混合溶液的理论 pH 值为多少？先后在混合溶液中加入 10 滴 0.10mol·L^{-1}HCl 和 20 滴 0.10mol·L^{-1}NaOH，溶液的理论 pH 值各为多少？

3. Na$_2$HPO$_4$、NaH$_2$PO$_4$ 均为酸式盐，为什么前者的水溶液呈弱碱性，而后者的水溶液却呈弱酸性？

4. 为什么一种水解呈酸性的盐和另一种水解呈碱性的盐相混合时，两者的水解会相互加剧？

5. BiCl$_3$ 溶液能否通过将固体 BiCl$_3$ 直接溶解于蒸馏水中得到？应当如何配制？

6. 1 滴 0.50mol·L^{-1}Pb(NO$_3$)$_2$ 分别与 1 滴 1.0mol·L^{-1}KCl、1 滴 0.010mol·L^{-1}KCl 和 1 滴 0.010mol·L^{-1}KI 反应，是否有沉淀生成？通过计算说明。

7. 什么叫盐效应？

实验 9　氧化还原反应

实验目的

1. 加深理解温度、浓度和催化剂对氧化还原反应速率的影响。
2. 加深理解电极电势与氧化还原反应的关系。
3. 加深理解浓度对电极电势的影响。
4. 了解介质对氧化还原反应的影响。
5. 学习用 pH 计粗略测量原电池电动势的方法。

实验原理

1. 氧化还原反应与电极电势

氧化还原反应是电子从还原剂转移到氧化剂的过程。物质得失电子能力的大小或者说氧化、还原性强弱，可用其相应电对（表示为氧化态/还原态，如 Cu^{2+}/Cu、Fe^{3+}/Fe^{2+}）的电极电势的相对高低来衡量。一个电对的电极电势（还原电势）代数值越大，其氧化性物质的氧化性越强，还原态物质的还原性越弱，反之亦然。所以，通过比较电极电势，可以判断氧化还原反应进行的方向。例如，$\varphi^{\ominus}(I_2/I^-)=+0.535V$，$\varphi^{\ominus}(Fe^{3+}/Fe^{2+})=+0.771V$，$\varphi^{\ominus}(Br_2/Br^-)=+1.08V$，所以下列两个反应中，反应（1）向右进行，反应（2）则向左进行。也就是说，Fe^{3+}可以氧化I^-而不能氧化Br^-，反过来，Br_2可以氧化Fe^{2+}，而I_2则不能。即氧化性$Br_2>Fe^{3+}>I_2$，还原性$I^->Fe^{2+}>Br^-$。

$$2Fe^{3+}+2I^- \rightleftharpoons I_2+2Fe^{2+} \tag{1}$$

$$2Fe^{3+}+2Br^- \rightleftharpoons Br_2+2Fe^{2+} \tag{2}$$

如果在某一水溶液体系中同时存在多种氧化剂（或还原剂），都能与所加入的还原剂（或氧化剂）发生氧化还原反应，那么，氧化还原反应首先发生在电极电势差值较大的两个电对所对应的氧化剂和还原剂之间。

2. 浓度对电极电势的影响

当氧化剂和还原剂所对应的电极电势相差较大时，通常可通过比较标准电极电势$\varphi^{\ominus}$来判断氧化还原反应进行的方向，若两者相差不大，则应考虑浓度对电极电势的影响。浓度与电极电势的关系（25℃）可用能斯特方程表示

$$\varphi=\varphi^{\ominus}+\frac{0.0592}{n}\lg\frac{[氧化型]}{[还原型]}$$

式中，n为电极反应中转移的电子数。以Fe^{3+}/Fe^{2+}电对为例

$$\varphi(Fe^{3+}/Fe^{2+})=\varphi^{\ominus}(Fe^{3+}/Fe^{2+})+\frac{0.0592}{1}\lg\frac{c(Fe^{3+})c^{\ominus}}{c(Fe^{2+})c^{\ominus}}$$

任何能引起氧化型或还原型浓度改变的因素，例如加入沉淀剂或配位剂等，将导致电极电势的变化，从而对氧化还原反应产生影响。

3. 介质对氧化还原反应的影响

有些反应特别是含氧酸根参加的氧化还原反应，由于有H^+或OH^-参加，介质的酸碱性对反应的进行产生影响。例如对于电极反应

$$MnO_4^-+8H^++5e \rightleftharpoons Mn^{2+}+4H_2O$$

$$\varphi(MnO_4^-/Mn^{2+})=\varphi^{\ominus}(MnO_4^-/Mn^{2+})+\frac{0.0592}{5}\lg\frac{[c(MnO_4^-)/c^{\ominus}][c(H^+)/c^{\ominus}]^8}{c(Mn^{2+})/c^{\ominus}}$$

介质酸性提高，即H^+浓度增大，将使电极电势提高，从而使MnO_4^-的氧化性增强。

介质的酸碱性有时还影响氧化还原反应的产物。例如，MnO_4^-在酸性介质中被还原为Mn^{2+}（浅红至无色）

$$MnO_4^-+8H^++5e \rightleftharpoons Mn^{2+}+4H_2O$$

在中性或弱碱性介质中被还原为MnO_2（褐色）

$$MnO_4^-+2H_2O_2+3e \rightleftharpoons MnO_2\downarrow+4OH^-$$

在强碱性介质中则被还原为 MnO_4^-（绿色）

$$MnO_4^- + e \rightleftharpoons MnO_4^-$$

4．氧化还原性的相对性

中间价态化合物既可得到电子而被还原，也可失去电子而被氧化，其氧化还原性具有相对性。例如，H_2O_2 常用作氧化剂而被还原为 H_2O（或 OH^-）

$$H_2O_2 + 2H^+ + 2e \rightleftharpoons 2H_2O \qquad \varphi^\ominus = +1.776V$$

但当遇到强氧化剂如 $KMnO_4$（酸性介质中）时，H_2O_2 则作为还原剂被氧化而放出氧气

$$O_2 + 2H^+ + 2e \rightleftharpoons 2H_2O_2 \qquad \varphi^\ominus = +0.682V$$

5．电极电势测量

单独的电极电势是无法测量的，实验上只能测量两个电对组成的原电池的电动势（E）。通过实验测量原电池的电动势，根据定义 $E = \varphi_+ - \varphi_-$ 可以确定各电对的电极电势相对值。准确的电动势必须用对消法在电位差计上测量。如果实验仅是为了比较，只需知道电极电势的相对值，也可以用 pH 计进行粗略测量。

仪器、药品及材料

1．仪器

pH 计，铜电极，锌电极，盐桥（含饱和 KCl 溶液），试管（10mm×75mm），小烧杯（10mL），量筒（10mL），小玻璃棒，水浴加热装置，试管夹，酒精灯。

2．药品

酸：H_2SO_4（3.0mol·L^{-1}），HAc（2.0mol·L^{-1}），$H_2C_2O_4$（0.10mol·L^{-1}）。

碱：NaOH（2.0mol·L^{-1}，6.0mol·L^{-1}），$NH_3 \cdot H_2O$（浓）。

盐：Na_2SO_4（0.10mol·L^{-1}），Na_2SiO_3（0.50mol·L^{-1}），KI（0.10mol·L^{-1}），KBr（0.10mol·L^{-1}），KIO_3（0.10mol·L^{-1}），$KMnO_4$（0.010mol·L^{-1}），$FeCl_3$（0.10mol·L^{-1}），$SnCl_2$（0.10mol·L^{-1}），Pb（NO_3）$_2$（0.05mol·L^{-1}，0.10mol·L^{-1}），$ZnSO_4$（1.0mol·L^{-1}），$CuSO_4$（1.0mol·L^{-1}），$FeSO_4$（0.1mol·L^{-1}），KSCN（0.1mol·L^{-1}）。

其他：H_2O_2（3%），CCl_4，Zn 片，纯 Zn 粉，I_2 水，Br_2 水。

3．材料

蓝色石蕊试纸。

实验内容

1．温度、浓度、催化剂对氧化还原反应速率的影响

（1）温度的影响

在两支小试管中各加入 2 滴 0.010mol·L^{-1}KMnO$_4$ 和 1 滴 3.0mol·L^{-1}H$_2$SO$_4$，将其中一支小试管放入水浴中加热几分钟，取出，同时在两支小试管中各滴加 2 滴 0.10mol·L^{-1}H$_2$C$_2$O$_4$，观察两支小试管中的溶液哪个先退色。

（2）浓度的影响

在一支小试管中加入 3 滴蒸馏水和 1 滴 $0.050mol \cdot L^{-1} Pb(NO_3)_2$，另一支加入 4 滴 $0.050mol \cdot L^{-1} Pb(NO_3)_2$，再各加入 6 滴 $2.0mol \cdot L^{-1} HAc$，摇匀，逐滴加入 8 滴 $0.50mol \cdot L^{-1}$ Na_2SiO_3，摇匀，用蓝色石蕊试纸检查溶液是否呈酸性，然后在约 90℃水浴中加热，当试管中出现半透明胶冻时，从水浴中取出试管，然后同时往两支小试管中插入相同质量的锌片至半透明胶冻的中部，观察并比较两支小试管中"铅树"的生长速度（保留至实验结束）。

（3）催化剂的影响

在两支小试管中分别加入 5 滴 $0.010mol \cdot L^{-1} KMnO_4$ 和 1 滴 $3.0mol \cdot L^{-1} H_2SO_4$，在其中一支小试管中加入 1 滴 $0.10mol \cdot L^{-1} FeCl_3$，摇匀。然后，在两支小试管中同时加入少量纯 Zn 粉，观察并比较两支试管的变化。

2. 电极电势与氧化还原反应的关系

① 在小试管中加入 2 滴 $0.10mol \cdot L^{-1} KI$ 和 2 滴 $0.10mol \cdot L^{-1} FeCl_3$，摇匀，观察现象。再加入与水相同体积的 CCl_4，充分振荡后，观察 CCl_4 层的颜色。

② 用 $0.10mol \cdot L^{-1} KBr$ 代替 $0.10mol \cdot L^{-1} KI$ 进行同样的实验，观察现象。

根据①、②的实验结果，定性地比较 Br_2/Br^-、I_2/I^-、Fe^{3+}/Fe^{2+} 三个电对电极电势的相对大小，指出哪个电对的氧化态物质是最强的氧化剂，哪个电对的还原态物质是最强的还原剂。

③ 在两支小试管中分别加入 I_2 水和 Br_2 水各 2 滴，再各加入 1 滴 $0.10mol \cdot L^{-1} FeSO_4$，充分振荡。然后加入与水溶液等体积的 CCl_4，充分振荡，观察结果。

根据①、②、③的实验结果，说明电极电势与氧化还原反应方向的关系。

④ 在一支小试管中加入 2 滴 $0.10mol \cdot L^{-1} FeCl_3$ 和 1 滴 $0.010mol \cdot L^{-1} KMnO_4$，摇匀，逐滴加入 $0.10mol \cdot L^{-1} SnCl_2$，不断振荡，至溶液紫红色刚好退去而呈黄色，加入 1 滴 $0.10mol \cdot L^{-1} KSCN$，观察现象，继续滴加 $0.10mol \cdot L^{-1} SnCl_2$，观察溶液颜色的变化。

3. 介质对氧化还原反应的影响

（1）对反应方向的影响

在一支小试管中加入 3 滴 $0.10mol \cdot L^{-1} KI$ 和 1 滴 $0.10mol \cdot L^{-1} KIO_3$，搅匀，观察现象。然后加入 1 滴 $3.0mol \cdot L^{-1} H_2SO_4$，摇匀，观察变化情况，再逐滴加入 $2.0mol \cdot L^{-1} NaOH$ 并摇匀，观察变化情况。

（2）对反应产物的影响

在三支小试管中各加入 1 滴 $0.010mol \cdot L^{-1} KMnO_4$，然后在其中一支小试管中加入 1 滴 $3.0mol \cdot L^{-1} H_2SO_4$，另一小试管中加入 1 滴蒸馏水，第三支小试管中加入 2 滴 $6.0mol \cdot L^{-1} NaOH$，再分别向各小试管中加入 2 滴 $0.10mol \cdot L^{-1} Na_2SO_3$，观察反应现象。

4. 氧化还原性的相对性

① 在一支小试管中加入 2 滴 $0.10mol \cdot L^{-1} KI$、1 滴 $3.0mol \cdot L^{-1} H_2SO_4$ 和 2 滴 $3\% H_2O_2$，摇匀，再加入与水相等体积的 CCl_4，充分振荡，观察现象。

② 在一支小试管中加入 1 滴 $0.010mol \cdot L^{-1} KMnO_4$、1 滴 $3.0mol \cdot L^{-1} H_2SO_4$ 和 3 滴 $3\% H_2O_2$，观察反应现象。

根据①、②的实验结果，指出 H_2O_2 在反应中各起什么作用。

5. 浓度对电极电势的影响

① 在一个 10mL 烧杯中加入 5mL 1.0mol·L^{-1}CuSO$_4$，在另一个 10mL 烧杯中加入 5mL 1.0mol·L^{-1}ZnSO$_4$，然后在 CuSO$_4$ 溶液中放入一铜片，在 ZnSO$_4$ 溶液中放入一锌片，组成两个电极。用一个盐桥将它们连接起来，通过导线将铜电极接入 pH 计的正极，把锌电极通过"接续头"插入 pH 计的负极插孔，测定原电池的电动势。

② 在 CuSO$_4$ 溶液中滴加浓氨水并搅拌，至生成的沉淀完全溶解，并形成深蓝色溶液，测量原电池的电动势。

③ 在 ZnSO$_4$ 溶液中滴加浓氨水并搅拌，至生成的沉淀完全溶解，测量原电池的电动势。比较并解释上述实验的结果。

预习思考题

1. 查阅《无机化学》相关教材，说明①Br$_2$ 和 I$_2$ 的聚集态和颜色，②Br$_2$ 和 I$_2$ 在水和有机溶剂中的溶解度，③Br$_2$ 和 I$_2$ 溶于有机溶剂时所形成溶液的颜色。

2. 在等浓度的 FeCl$_3$ 和 KMnO$_4$ 混合溶液中逐滴加入 SnCl$_2$ 溶液，Fe^{3+} 和 MnO$_4^-$ 哪个先被还原？通过比较 $\varphi^\ominus$(Fe^{3+}/Fe^{2+})、$\varphi^\ominus$(MnO$_4^-$/Mn^{2+})和 $\varphi^\ominus$(Sn^{4+}/Sn^{2+})说明。

3. 在碱性介质中发生如下歧化反应

$$3I_2 + 6OH^- \Longrightarrow IO_3^- + 5I^- + 3H_2O$$

要使上述反应逆向进行，应采取什么措施？

4. 在 Cu-Zn 原电池的 Cu 半电池中滴加浓氨水，至生成的沉淀完全溶解，原电池的电动势如何变化（忽略体积变化）？为什么？再在 Zn 半电池中滴加浓氨水至生成的沉淀完全溶解，原电池的电动势又如何变化（忽略体积变化）？为什么？

实验 10　醋酸电离常数的测定

实验目的

1. 了解弱酸电离常数的测定方法。
2. 学习 pH 计的使用和中和滴定操作。
3. 加深对电离平衡基本概念的理解。

I　pH 值法

实验原理

醋酸是弱电解质，在水溶液中存在下列电离平衡

$$HAc \Longrightarrow H^+ + Ac^-$$

其电离常数[1]为

$$K_i^{\ominus} = \frac{c(H^+)c(Ac^-)}{c(HAc)} \quad\quad (1)$$

设 HAc 的起始浓度为 c，如果忽略水的电离，则平衡时溶液中 $c(H^+) \approx c(Ac^-)$，式（1）可改写为

$$K_i^{\ominus} = \frac{c^2(H^+)}{c - c(Ac^-)} \qu\quad (2)$$

严格地说，离子浓度应用离子活度代替，式（1）应修正为

$$K_a^{\ominus} = \frac{a(H^+)a(Ac^-)}{a(HAc)} \qu\quad (3)$$

或

$$K_a^{\ominus} = \frac{c(H^+)f(H^+)c(Ac^-)f(Ac^-)}{c(HAc)f(HAc)} \qu\quad (4)$$

在弱酸的稀溶液中，如果不存在其他强电解质，由于溶液中离子强度（I）很小，$a \approx c$，此时活度系统 $f \approx 1$，$K_i^{\ominus} \approx K_a^{\ominus}$。

$K_i^{\ominus}$ 称为浓度电离常数，$K_a^{\ominus}$ 称为活度电离常数，$K_i^{\ominus}$ 不随溶液浓度改变，但随温度的变化略有改变。根据上述理论，配制一系列已知浓度的醋酸溶液，用 pH 计测定其 pH 值，然后由 pH$=-\lg c(H^+)$ 计算出 $c(H^+)$，则根据式（2）可求得一系列 $K_i^{\ominus}$ 值，其平均值即为该测定温度下的醋酸电离常数。

仪器与药品

1. 仪器

pH 计，小烧杯（25mL），吸量管（10mL），小玻璃棒。

2. 药品

标准 HAc 溶液（0.1000mol·L^{-1}，由实验室标定）。

实验步骤

1. 配制系列已知浓度的醋酸溶液

准备 5 个洁净的 25mL 小烧杯，编号，按表 10-1 的用量用吸量管准确移取标准的 0.1000mol·L^{-1}HAc 溶液和蒸馏水于小烧杯中，搅匀，配制成不同浓度的醋酸溶液。

表 10-1 pH 法测定 $K^{\ominus}$（Hac）的实验数据和计算结果

烧杯编号	V(Hac)/mL	V(H$_2$O)/mL	c(HAc)/mol·L^{-1}	pH	c(H$^+$)/mol·L^{-1}	$K^{\ominus}$(HAc)	α(HAc)/%
1	1.00	9.00					
2	2.00	8.00					

---

[1] 为简洁起见，表达式中略去 $c^{\ominus}$。

续表

烧杯编号	$V(\text{HAc})/\text{mL}$	$V(\text{H}_2\text{O})/\text{mL}$	$c(\text{HAc})/\text{mol} \cdot \text{L}^{-1}$	pH	$c(\text{H}^+)/\text{mol} \cdot \text{L}^{-1}$	$K^\ominus(\text{HAc})$	$\alpha(\text{HAc})/\%$
3	5.00	5.00					
4	8.00	2.00					
5	10.00	0.00					

测定温度：_____℃；标准 HAc 溶液浓度：_____ mol·L^{-1}；$\bar{K}^\ominus$（HAc）=_____。

2. HAc 溶液 pH 值的测定

用 pH 计按由稀到浓的次序测定 1～5 号 HAc 溶液的 pH 值，及时记录所测 pH 值。

数据处理

1. 根据式（2）计算 HAc 的 $K_i^\ominus$ 值，并计算 $K_i^\ominus$ 的平均值。
2. 计算醋酸的电离度（α）说明 HAc 浓度对 HAc 电离度的影响。
3. 求算相对误差并分析误差产生的原因[文献值：$K^\ominus$(Hac)=1.76×10^{-5}]。

预习思考题

1. 不同浓度 HAc 溶液的电离度（α）是否相同？电离常数（$K^\ominus$）是否相同？
2. 配制和测定不同浓度 HAc 溶液的 pH 时，为什么要按由小到大的顺序进行？
3. 若 HAc 溶液的浓度很稀，能否用近似公式 $K_i^\ominus = \dfrac{c^2(\text{H}^+)}{c(\text{HAc})}$ 计算电离常数？为什么？

Ⅱ 半中和法（缓冲溶液法）

实验原理

醋酸电离常数的表达式为

$$K_i^\ominus = \frac{c(\text{H}^+)c(\text{Ac}^-)}{c(\text{HAc})} \tag{1}$$

当溶液的离子强度较大时，应修正为

$$K_a^\ominus = \frac{a(\text{H}^+)a(\text{Ac}^-)}{a(\text{HAc})} \tag{2}$$

在 HAc-NaAc 缓冲溶液中，离子强度较大，此时活度系统已不等于 1，必须考虑因离子强度引起的浓度与活度的差异，根据式（2）计算 $K_a^\ominus$ 值。

中性分子组分 HAc 的活度系数 f（HAc）≈1，因此

$$K_a^\ominus = \frac{c(\text{H}^+)f(\text{H}^+)c(\text{Ac}^-)f(\text{Ac}^-)}{c(\text{HAc})\times 1} \tag{3}$$

用 pH 计测得溶液的 pH 值，实际上就反映了 H$^+$ 的有效浓度，即 H$^+$ 的活度值，因此式（2）可表示为

$$K_a^{\ominus} = \frac{a(H^+)c(Ac^-)f(Ac^-)}{c(HAc) \times 1} \tag{4}$$

$$pK_a^{\ominus} = pH - \lg\frac{c(Ac^-)}{c(HAc)} - \lg f(Ac^-) \tag{5}$$

对于 1∶1 的 HAc-NaAc 缓冲溶液，$c(Ac^-) \approx c(HAc)$，则

$$pK_a^{\ominus} = pH - \lg f(Ac^-) \tag{6}$$

溶液的离子强度可按下式计算

$$I = 1/2\sum c_i z_i^2 \tag{7}$$

式中，c_i、z_i 分别为溶液第 i 种离子的浓度和电荷数。根据式（7）求得溶液的离子强度（HAc-NaAc 缓冲溶液由于存在同离子效应，HAc 电离的贡献可忽略不计），从表 10-2 可查得 Ac^- 的活度系数。

表 10-2　不同离子强度时 Ac^- 的活度系数

$I/\text{mol} \cdot \text{L}^{-1}$	0.0005	0.001	0.005	0.01	0.05	0.1
$f(Ac^-)$	0.975	0.964	0.928	0.902	0.820	0.775

仪器与药品

1. 仪器

pH 计，小烧杯（25mL），移液管（5mL，10mL），碱式滴定管（5mL），锥形瓶（20mL）。

2. 药品

标准 NaOH 溶液（0.2000mol·L^{-1}，由实验室标定），HAc 溶液（0.1000mol·L^{-1}），酚酞（1%）。

实验步骤

1. HAc 溶液浓度的标定

用移液管准确移取 5mL 0.1000mol·L^{-1}HAc 溶液于 20mL 锥形瓶中，补加少量蒸馏水，加入 1 滴酚酞指示剂，用标准的 0.2000mol·L^{-1}NaOH 溶液滴定至溶液刚刚出现粉红色并在 30s 内不褪色为止。记录滴定至终点时所消耗的 NaOH 毫升数。

重复上述操作，至两次相差不超过 0.025mL 为止。

2. HAc-NaAc 缓冲溶液的配制及其 pH 值的测定

用移液管准确移取 10mL 0.1000mol·L^{-1}HAc 溶液于 25mL 小烧杯中，用碱式滴定管准确加入半中和所需要的 0.2000mol·L^{-1}NaOH 溶液，搅匀，用 pH 计测定缓冲溶液的 pH 值。同上操作，测量另一份缓冲溶液的 pH 值。

数据处理

1. 计算 HAc-NaAc 缓冲溶液中 NaAc 的浓度和溶液的离子强度，根据表 10-2 查出相应

的 $f(Ac^-)$。

2. 根据式（6）计算测定温度下的 $K_a^\ominus$（HAc）和平均值（$K_a^\ominus$的文献值为 1.76×10^{-5}），填入表 10-3，计算相对误差并分析误差产生的原因。

表 10-3　半中和法测定 $K_a^\ominus$（HAc）的实验数据和计算结果

缓冲溶液编号	c(NaOH)/mol·L^{-1}	pH	I	f(Ac$^-$)	$K_a^\ominus$(HAc)	$K_a^\ominus$(HAc)平均值
1						
2						

测定温度_____℃；标准 NaOH 浓度_____mol·L^{-1}；HAc 浓度_____mol·L^{-1}。

预习思考题

1. 离子强度的大小与什么因素有关？

2. 为什么在方法 Ⅱ 中必须用活度，而在方法 Ⅰ 中则可以直接用浓度计算醋酸的电离常数？

实验 11　$I_3^- \rightleftharpoons I_2 + I^-$ 体系平衡常数的测定

实验目的

1. 了解测定 $I_3^- \rightleftharpoons I_2 + I^-$ 体系平衡常数的原理和方法，加深对化学平衡和平衡常数的理解。

2. 巩固滴定操作。

实验原理

碘可以溶于可溶性碘化物溶液而生成 I_3^-。该反应是可逆反应，在一定温度下建立平衡

$$I_3^- \rightleftharpoons I_2 + I^-$$

其平衡常数表达式[①]如下

$$K_a^\ominus = \frac{\alpha(I_2)\alpha(I^-)}{\alpha(I_3^-)} = \frac{c(I_2)c(I^-)}{c(I_3^-)} \times \frac{\gamma(I_2)\gamma(I^-)}{\gamma(I_3^-)} \tag{1}$$

式中，α、c、γ 分别为各物质的活度、摩尔浓度和活度系数。$K_a^\ominus$ 越大，表示 I_3^- 越不稳定，故 $K_a^\ominus$ 称为 I_3^- 的不稳定常数。

在离子强度不大的溶液中，由于

$$\frac{\gamma(I_2)\gamma(I^-)}{\gamma(I_3^-)} \approx 1 \tag{2}$$

---

① 为简洁起见，表达式中略去 $c^\ominus$。

故

$$K_a^\ominus \approx \frac{c(I_2)c(I^-)}{c(I_3^-)} = K_c^\ominus \tag{3}$$

因此，通过实验测定 $c(I_2)$、$c(I^-)$和 $c(I_3^-)$便可计算 $K_c^\ominus$。

将已知浓度为 $c_0(KI)$的 KI 溶液与过量的固体碘一起摇荡，达到平衡后吸取一定体积的上清液，用标准 $Na_2S_2O_3$溶液滴定，可求得溶液中碘的总浓度 $c_0(I_2)$，即 $c(I_3^-)+c(I_2)$。其中，$c(I_2)$可用 I_2在纯水中的饱和浓度代替，因此可以确定

$$c(I_3^-)=c_0(I_2)-c(I_2) \tag{4}$$

由于每生成一个 I_3^-要消耗一个 I^-，因此平衡时溶液中 I^-的浓度为

$$c(I^-)=c-c(I_3^-) \tag{5}$$

将 $c(I_2)$、$c(I_3^-)$、$c(I^-)$代入式（3），便可求出该温度下的平衡常数 $K_c^\ominus$。

仪器与药品

1. 仪器

台秤，振荡器，吸量管（5mL），移液管（1mL，10mL），锥形瓶（25mL），碘量瓶（10mL，50mL），量筒（25mL），酸式滴定管（5mL），洗耳球。

2. 药品

I_2，KI（$0.3000mol \cdot L^{-1}$），$Na_2S_2O_3$溶液（$0.0500mol \cdot L^{-1}$），KI 和 $Na_2S_2O_3$溶液可由实验室预先标定，0.5%淀粉溶液。

实验步骤

1. 取三个 10mL 和一个 50mL 干燥的碘量瓶，按表 11-1 所列的量配好溶液（1～3 号用吸量管，4 号可用量筒量取溶液或水）。

表 11-1　溶液配制

编号	1	2	3	4
$c(KI)/mol \cdot L^{-1}$	0.3000	0.3000	0.3000	—
$V(KI)/mL$	1.00	2.00	3.00	—
$m(I_2)/g$	0.2	0.2	0.2	0.2
$V(H_2O)/mL$	2.00	1.00	—	25

2. 将上述配好的溶液在室温下强烈振荡 25min，静置，待过量的固体碘沉于瓶底后，取清液分析。

3. 用移液管分别在 1～3 号瓶中吸取上层清液 1.00mL 于三只锥形瓶中，各加入约 30mL 蒸馏水，用标准 $Na_2S_2O_3$溶液滴定至淡黄色，然后加入 4 滴淀粉溶液，继续滴定至蓝色刚好消失。记下 $Na_2S_2O_3$溶液消耗的体积。

用移液管于 4 号瓶中量取 10.00mL 清液，以标准 $Na_2S_2O_3$溶液滴定，记录消耗的体积。

注意：①由于碘容易挥发，取清液后应尽快滴定，不要放置太久，在滴定时不宜过于剧烈地摇动溶液；②本实验全部含碘废液必须回收。

数据记录及处理

1. 设计表格记录实验数据及计算结果。
2. 根据实验原理由实验数据计算1~3号溶液的$c_总$、$c_平(I_2)$、$c_平(I^-)$、$c_平(I_3^-)$以及$K_c^\ominus$及其平均值$\bar{K}_c^\ominus$。

预习思考题

1. 在固体碘和KI溶液反应时，如果碘的量不够，将有何影响？碘的用量是否一定要准确称量？
2. 在实验过程中，如果①吸取清液进行滴定时不小心吸进一些碘微粒，②饱和碘水放置很久后才滴定，③振荡时间不够，将对实验结果产生什么影响？

实验 12   电导法测定硫酸钡的溶度积常数

实验目的

1. 通过测定$BaSO_4$的溶度积常数，加深对溶度积概念的理解。
2. 了解用电导法测定难溶电解质溶度积的方法。
3. 练习制备硫酸钡沉淀及其饱和溶液的基本操作。
4. 学习电导仪的使用。

实验原理

难溶电解质溶度积的测定，实际上是测定在一定条件下饱和溶液中各种离子的浓度。常用的方法有观察法、目视比色法、分光光度法、电动势法、电导法等。

本实验采用电导法。首先介绍电导率（κ）和摩尔电导（Λ）及其关系。电解质导电能力大小，通常以电阻R或电导G来表示。在国际单位制（SI）中，电导率的单位是S，称为西门子，S=A·V^{-1}（A为安培，V为伏特）。

1. 电导率

若导体具有均匀截面，其电导与界面积（A）成正比，与长度（L）成反比，即

$$G=\kappa A/L \tag{1}$$

式中，κ为比例常数，即电导率。当A=1m^2、L=1m时，κ=1。可见，κ表示长1m，截面积为1m^{2}的导体的电导，单位为S·m^{-1}。对电解质而言，κ就是电极面积为1m^2，相距为1m时，1m^{3}溶液的电导。

2. 摩尔电导率

在相距1m的两个平行电极之间，放置含有1mol电解质的溶液，此溶液的电导称为摩尔

电导率，用 Λ_m 表示，单位为 $S \cdot m^2 \cdot mol^{-1}$。因为电解质的量规定为 1mol，故电解质溶液的体积随溶液的浓度而改变。若溶液的浓度为 c（$mol \cdot m^{-3}$），则含有 1mol 电解质溶液的体积为

$$V=1/c \ (m^3 \cdot mol^{-1})$$

这样，摩尔电导率 Λ_m 与电导率 κ 的关系为

$$\Lambda_m=\kappa V=\kappa/c \ (S \cdot m^2 \cdot mol^{-1}) \tag{2}$$

在使用摩尔这个单位时，必需明确指出其基本单元。基本单元可以是分子、原子、电子、离子或是这些粒子的特定组合。因而，表示电解质的摩尔电导率时，应标明基本单元。例如，若采用 $1/2BaCl_2$ 为基本单元，则 $\Lambda_m(BaCl_2)=2\Lambda_m(1/2BaCl_2)$。

当溶液无限稀释时，正负离子之间的影响趋于零，Λ_m 可认为到达最大值，用 Λ_∞ 表示，称极限摩尔电导。实验证明：当溶液无限稀释时，每种电解质的 Λ_∞ 可以认为是两种离子的摩尔电导率的简单加和，即

$$\Lambda_\infty=\Lambda_\infty(+)+\Lambda_\infty(-) \tag{3}$$

3．难溶电解质硫酸钡的溶度积

在硫酸钡的饱和溶液中，存在下列平衡

$$BaSO_4(s) \rightleftharpoons Ba^{2+}(aq)+SO_4^{2-}(aq)$$

在一定的温度下，其溶度积为

$$K_{sp}^\ominus(BaSO_4)=[c(Ba^{2+})/c^\ominus][c(SO_4^{2-})/c^\ominus] \tag{4}$$

由于硫酸钡的溶解度很小，它的饱和溶液可近似地看成无限稀释的溶液，则

$$\Lambda_\infty(BaSO_4)=\Lambda_\infty(Ba^{2+})+\Lambda_\infty(SO_4^{2-}) \tag{5}$$

式中，$\Lambda_\infty(Ba^{2+})$ 和 $\Lambda_\infty(SO_4^{2-})$ 可查阅物理化学手册[●]。因此，只要测得硫酸钡饱和溶液的电导率 $\kappa(BaSO_4)$［或电导 $G(BaSO_4)$］即可采用式（2）计算出硫酸钡饱和溶液的摩尔浓度（即溶解度）$c(BaSO_4)$。即

$$c(BaSO_4)=\frac{\kappa(BaSO_4)}{\Lambda_\infty(BaSO_4)}(mol \cdot m^{-3})=\frac{\kappa(BaSO_4)}{1000\Lambda_\infty(BaSO_4)}(mol \cdot L^{-1}) \tag{6}$$

则

$$K_{sp}^\ominus(BaSO_4)=[c(Ba^{2+})/c^\ominus][c(SO_4^{2-})/c^\ominus]=\left[\frac{\kappa(BaSO_4)}{1000\Lambda_\infty(BaSO_4)}\right]^2 \tag{7}$$

应注意的是，测得的硫酸钡饱和溶液的电导率 κ（$BaSO_4$ 溶液）［或电导 G（$BaSO_4$ 溶液）］

[●] 25℃时，无限稀释的 $\frac{1}{2}c(Ba^{2+})$、$\frac{1}{2}c(SO_4^{2-})$ 的摩尔电导率为

$\Lambda_\infty(1/2Ba^{2+})=63.64 S \cdot m^2 \cdot mol^{-1}$

$\Lambda_\infty(1/2SO_4^{2-})=79.8 S \cdot m^2 \cdot mol^{-1}$

$\Lambda_\infty(BaSO_4)=2\Lambda_\infty(\frac{1}{2}BaSO_4)=2[\Lambda_\infty(\frac{1}{2}Ba^{2+})+\Lambda_\infty(\frac{1}{2}SO_4^{2-})]$

$=2(63.64+79.8)\times10^{-4} S \cdot m^2 \cdot mol^{-1}=283.88\times10^{-4} S \cdot m^2 \cdot mol^{-1}$

都包括了水电离出的 H^+ 和 OH^- 的 $\kappa(H_2O)$ [或 $G(H_2O)$]，所以

$$\kappa(BaSO_4)=\kappa(BaSO_4 \text{溶液})-\kappa(H_2O) \tag{8}$$

或

$$G(BaSO_4)=G(BaSO_4 \text{溶液})-G(H_2O) \tag{8'}$$

将式（8）代入式（7）得

$$K_{sp}^{\ominus}(BaSO_4)=\left[\frac{\kappa(BaSO_4 \text{溶液})-\kappa(H_2O)}{1000\Lambda_\infty(BaSO_4)}\right]^2 \tag{9}$$

由式（1）、式（8'）和式（9）也可得

$$K_{sp}^{\ominus}(BaSO_4)=\left\{\frac{[G(BaSO_4 \text{溶液})-G(H_2O)]L/A}{1000\Lambda_\infty(BaSO_4)}\right\}^2 \tag{10}$$

式中，L/A 为电导池常数或电极常数。因为在电导池中，电极距离和面积是一定的，所以对每一电极来说，L/A 为常数。如 DDS-11A 电导率仪的每一电极上都标明了电极常数之值。

仪器与药品

1. 仪器

电导率仪或电导仪，天平，离心机，烧杯（50mL），量筒（50mL），普通过滤装置，药匙。

2. 药品

$BaCl_2$（A.R.），$Na_2SO_4 \cdot 10H_2O$（A.R.）。

实验步骤

1. 硫酸钡沉淀的制备

分别称取 0.21g $BaCl_2$ 和 0.32g $Na_2SO_4 \cdot 10H_2O$ 晶体，将称得的晶体分别放于两个 50mL 干净的烧杯中，各加入蒸馏水 20mL，搅拌使其溶解（必要时可微热）。将盛有 Na_2SO_4 溶液的小烧杯加热，在搅拌下缓慢将 $BaCl_2$ 溶液滴加到 Na_2SO_4 溶液中，直至 $BaCl_2$ 溶液加完后，再继续加热至沸 3～5min，静置，陈化（陈化的时间应多于 15min）。

将陈化后的硫酸钡沉淀的上清液弃去，用近沸纯水采取离心分离或倾泻法洗涤沉淀至无氯离子（即按实验步骤 2 的方法配制的硫酸钡饱和溶液的电导率不变）为止。即制得纯净的硫酸钡沉淀。

2. 硫酸钡饱和溶液的制备

将制得的硫酸钡沉淀置于 50mL 的烧杯中，加入 25mL 蒸馏水❶，加热 3～5min（注意不断搅拌），静置冷却至室温，过滤。滤液备测定用。

3. 测定电导率或电导

① 按规定的使用方法，用电导率仪或电导仪测定硫酸钡饱和溶液的电导率 κ 或电导 G。

② 取 20mL 制备硫酸钡饱和溶液时的纯水，测定其电导率 κ 或电导 G（测定时的操作要

---

❶ 本实验所用纯水的电导率 $\kappa(H_2O)<5\times10^{-4}S \cdot m^{-1}$ 或 $5\mu S \cdot m^{-1}$ 时,可使 $K_{sp}^{\ominus}(BaSO_4)$ 测定值接近文献值（1.1×10^{-10}，天津大学，无机化学，高等教育出版社）。

迅速）。

数据记录及处理

表 12-1 数据记录及计算结果

室温/℃	k(BaSO$_4$ 溶液)/S·m^{-1}	k(H$_2$O)/S·m^{-1}	$K_{sp}^{\ominus}$(BaSO$_4$)

预习思考题

1. 制备硫酸钡沉淀时应注意什么？
2. 制备好的硫酸钡为什么要陈化？
3. 如何正确使用电导仪？

实验 13 分光光度法测定[Ti(H₂O)₆]³⁺、[Cu(H₂O)₆]²⁺和[Cu(NH₃)₆]²⁺的分裂能

实验目的

1. 初步了解分光光度法测定配合物分裂能的原理和方法。
2. 了解配合物的吸收光谱。
3. 通过实验进一步认识配体对配合物分裂能的影响。
4. 学习分光光度计的使用方法。

实验原理

过渡金属离子的 d 轨道在配体晶体场的影响下，会发生能级的分裂。以配离子[Ti(H$_2$O)$_6$]$^{3+}$ 为例，在八面体场的影响下，Ti^{3+}的五条简并 d 轨道分裂为能量较低的三重简并 t$_{2g}$ 轨道和能量较高的二重简并 e$_g$ 轨道。e$_g$ 与 t$_{2g}$ 轨道的能级差称为 d 轨道的分裂能（Δ_0 或 $10Dq$）。配离子[Ti(H$_2$O)$_6$]$^{3+}$的中央体 Ti^{3+}（3d^1）仅有一个 3d 电子，基态时，该电子处于能量较低的 t$_{2g}$ 轨道，它可以通过吸收一定波长的可见光而跃迁到能量较高的空 e$_g$ 轨道上，这种跃迁称 d—d 跃迁。d—d 跃迁所吸收的可见光的能量应等于 e$_g$ 和 t$_{2g}$ 轨道间的能级差（$E_{e_g} - E_{t_{2g}}$），即 Δ_0 或 $10Dq$。

$$E_{光} = h\nu = \frac{hc}{\lambda} = E_{e_g} - E_{t_{2g}} = \Delta_0$$

式中，h 为普朗克常数，6.626×10^{-34} J·s $= 3.336 \times 10^{-11}$ cm^{-1}·s；c 为光速，2.9979×10^{10} cm·s^{-1}；E 为可见光的能量，cm^{-1}；ν 为频率，s^{-1}；λ 为波长，nm。

因为　　　　　　　　　$hc = 3.336 \times 10^{-11}$ cm^{-1}·s $\times 2.9979 \times 10^{10}$ cm·s^{-1} $= 1$

所以

$$\Delta_0 = \frac{1}{\lambda} \ (\text{nm}^{-1}) = \frac{1}{\lambda} \times 10^7 \ (\text{cm}^{-1})$$

波长 λ 值可通过吸收光谱求得：选取一定浓度的$[Ti(H_2O)_6]^{3+}$溶液，用分光光度计测出不同波长下的吸光度 A，以 A 为纵坐标、λ 为横坐标作图可得吸收曲线，曲线峰值对应的波长 λ_{max} 为$[Ti(H_2O)_6]^{3+}$的最大吸收波长，即

$$\Delta_0 = \frac{1}{\lambda_{max}} \times 10^7 (\text{cm}^{-1})$$

对于配合离子$[Cu(H_2O)_6]^{2+}$和$[Cu(NH_3)_6]^{2+}$，Cu^{2+}在极性分子 H_2O、NH_3 的作用下，其 d 轨道同样也发生分裂，得到 e_g 和 t_{2g} 轨道组，其电子排布为 $t_{2g}^6 e_g^3$，它们的吸收光谱和$[Ti(H_2O)_6]^{3+}$ 相似，只是吸收峰的波长不同。在这两个配离子中，由于与 Cu^{2+}配合的配体不同，产生的分裂能 Δ_0 也不同。相对于配体 H_2O 来说，配体 NH_3 属于强场配体，配合物的分裂能较大，所以在配离子的吸收光谱中，后者的吸收峰向较高的频率移动（蓝移）。同理，$[Cu(H_2O)_6]^{2+}$、$[Cu(NH_3)_6]^{2+}$的分裂能 Δ_0 也可以通过吸收光谱求得。

仪器与药品

1. 仪器

可见分光光度计，比色管（10mL），滴管。

2. 药品

$TiCl_3$（15%～20%），$CuSO_4$（0.1mol·L^{-1}），$NH_3·H_2O$（浓）。

实验步骤

1. 溶液配制

取两支比色管，其中一支加入 2.0mL15%～20%$TiCl_3$，用蒸馏水稀释至 10mL；另一支加入 1.0mL 0.1mol·$L^{-1}CuSO_4$，用浓氨水稀释至 10mL，备用。

2. 不同波长时溶液吸光度的测定

在波长范围 360～830nm 内，以蒸馏水为参比，每隔 10nm 波长分别测定以上两种溶液和 0.1mol·$L^{-1}CuSO_4$ 的吸光度，在吸收峰前后 20nm 处可使波长间隔为 5nm 或 2.5nm 进行测定。

数据记录及处理

1. 数据记录

不同波长时的吸光度填入表 13-1。

表 13-1　不同波长时的吸光度

	波长/nm	360	370							
A	$[Ti(H_2O)_6]^{3+}$									
	$[Cu(H_2O)_6]^{2+}$									
	$[Cu(NH_3)_6]^{2+}$									

2. 吸收曲线绘制

依实验得到的波长（λ）和对应的吸光度（A）分别绘出$[Ti(H_2O)_6]^{3+}$、$[Cu(H_2O)_6]^{2+}$、$[Cu(NH_3)_6]^{2+}$等离子的吸收曲线。

3. 配离子分裂能（Δ_0）的计算

在吸收曲线上找到最高峰所对应的波长λ_{max}，计算各离子的分裂能（Δ_0）。

预习思考题

1. 影响配离子分裂能的主要因素是什么？$[Cu(H_2O)_6]^{2+}$和$[Cu(NH_3)_6]^{2+}$存在分裂能差别的主要原因是什么？
2. 配合物溶液的浓度对测定吸光度和计算分裂能有无影响？
3. 使用分光光度计应注意什么？
4. 完成一次测定后，需立即把比色皿洗净（尤其是测定$[Ti(H_2O)_6]^{3+}$配离子），为什么？

实验 14　磺基水杨酸合铁（Ⅲ）配合物的组成与稳定常数的测定

实验目的

1. 了解分光光度法测定配合物的组成及配合物的稳定常数的原理和方法。
2. 学习分光光度计的使用方法及有关数据的处理。

实验原理

分光光度法是测定配合物组成的一种十分有效的方法。一束波长一定的单色光通过有色溶液时，一部分被有色物质吸收，有色物质对光的吸收程度，可用该物质的吸光度 A（也称光密度或消光度）表示，它与有色溶液的液层厚度 b 和浓度 c 的乘积成正比。这一规律称为朗伯-比耳定律，其数学表达式为

$$A=\varepsilon bc$$

式中，b 的单位为 cm；c 的单位为 $mol \cdot L^{-1}$；ε 为摩尔吸光系数，波长一定时，它是有色物质的一个特征常数。

若入射光的波长、温度及比色皿厚度均一定，则 A 只与有色溶液的浓度成正比。

设中心离子和配位体在给定条件下反应，只生成一种有色配离子或配合物，则此溶液的吸光度与有色配离子或配合物的浓度成正比，通过对溶液吸光度的测定，可以求出该配离子的组成和稳定常数。下面介绍一种常用的测定方法——等摩尔系列法。

保持溶液中中心离子的浓度与配位体的浓度之和不变，配制一系列中心离子和配位体浓度比不同的混合溶液，测其吸光度。以吸光度对摩尔分数作图，则从图上可求出吸光度的最大值。显然，与此最大值相对应的溶液的组成即是配合物的组成，因为只有在组成与配合物组成一致的溶液中，形成的配合物的浓度最大，因而其对光的吸收也最大。若形成的配合物不够稳定，离解使曲线转折点不够明显，则可能过横坐标的两个端点向曲线作切线，切线

交点对应的溶液的组成即为配合物组成,如图 14-1 所示,切线
交点对应的溶液的组成为:

图 14-1　吸光度-组成图

　　　　总摩尔数=配位体摩尔数+中心离子摩尔数

　　　　配合物摩尔分数=配位体摩尔数/总摩尔数=0.5

　　　　中心离子摩尔分数=中心离子摩尔数/总摩尔数=0.5

　　　　配位数 n=配位体摩尔数/中心离子摩尔分数=0.5/0.5=1

　　　　即该配合物的组成为 ML。

　　最大吸光度值 A_1 可被认为是 M 和 L 全部形成配合物时的
吸光度,由于配离子有一部分离解,其浓度要稍小一些,所以实验测得的最大吸光值为 A_2。
因此配离子的离解度 α 可表示为

$$\alpha=\frac{A_1-A_2}{A_1}$$

再根据 1:1 组成配合物的关系式即可求出稳定常数 $K^{\ominus}$

$$\text{M} \quad + \quad \text{L} \quad \Longleftrightarrow \quad \text{ML}$$

平衡浓度　　　　　$c\alpha$ 　　　　　$c\alpha$ 　　　　　$c-c\alpha$

$$K^{\ominus}=\frac{c(\text{ML})/c^{\ominus}}{[c(\text{M})/c^{\ominus}][c(\text{L})/c^{\ominus}]}=\frac{1-\alpha}{c\alpha^2}$$

式中,c 为吸光度达到最大值时(即 A 点)溶液中中心离子的总(摩尔)浓度。

　　磺基水杨酸与 Fe^{3+} 形成的螯合物的组成因溶液 pH 不同而不同:pH 为 2~3 时,生成紫
红色的螯合物(1:1 型);pH 为 4~9 时,生成红色的螯合物(1:2 型);pH 为 9~11.5 时,
生成黄色的螯合物(1:3 型);pH>12 时,有色螯合物被破坏而生成 $Fe(OH)_3$ 沉淀。

仪器与药品

1. 仪器

分光光度计,吸量管(10mL),容量瓶(100mL),烧杯(50mL)。

2. 药品

$HClO_4$($0.01mol \cdot L^{-1}$),磺基水杨酸(H_3L)($0.0100mol \cdot L^{-1}$) ❶,硫酸高铁铵($0.0100mol \cdot L^{-1}$) ❶。

实验步骤

1. 系列溶液的配制

(1)配制 $0.0010mol \cdot L^{-1}Fe^{3+}$ 和磺基水杨酸溶液

　　准确吸取 10.00mL $0.0100mol \cdot L^{-1}Fe^{3+}$ 溶液于 100mL 容量瓶中,用 $0.01mol \cdot L^{-1}HClO_4$
溶液稀释至刻度,摇匀备用。用同法配制 $0.0010mol \cdot L^{-1}$ 磺基水杨酸溶液。

---

　　❶ 用 $0.01mol \cdot L^{-1}HClO_4$ 作溶剂配制。

（2）配制系列溶液

用三支 10mL 吸量管按表 14-1 中列出的体积数，分别吸取 0.01mol·L^{-1}HClO$_4$、0.0010mol·L^{-1}Fe^{3+}溶液和 0.0010mol·L^{-1}磺基水杨酸溶液，一一注入已编号的 11 个干燥的 50mL 小烧杯中，摇匀。

2. 测定系列溶液的吸光度

用分光光度计在 500nm 波长下，以蒸馏水为参比，测定系列溶液的吸光度，将测得的数据记入下表。

数据记录及处理

1. 将实验数据记录于表 14-1。

表 14-1　磺基水杨酸合铁（Ⅲ）溶液的吸光度

序号	V(0.01mol·L^{-1} HClO$_4$)/mL	V(0.001mol·L^{-1} Fe^{3+})/mL	V(0.001mol·L^{-1} 磺基水杨酸)/mL	磺基水杨酸 摩尔分数	吸光度 A
1	10.0	10.0	0.0		
2	10.0	9.0	1.0		
3	10.0	8.0	2.0		
4	10.0	7.0	3.0		
5	10.0	6.0	4.0		
6	10.0	5.0	5.0		
7	10.0	4.0	6.0		
8	10.0	3.0	7.0		
9	10.0	2.0	8.0		
10	10.0	1.0	9.0		
11	10.0	0.0	10.0		

2. 数据处理

以吸光度为纵坐标对磺基水杨酸的体积分数作图，从图中找出最大吸收峰，求出配离子的组成和稳定常数。

预习思考题

1. 用等摩尔系列法测定配合物组成时，为什么说溶液中的离子与配位体的物质的量之比正好与配离子组成相同时，配离子的浓度最大？

2. 在测定吸光度时，如果温度变化较大，对测得的稳定常数有何影响？

3. 实验中，每个溶液的 pH 值是否一样？如不一样对结果有何影响？

4. 在使用比色皿时，操作上有哪些应注意之处？

第三部分

元素及其化合物性质实验

实验 15　s 区重要化合物的性质

实验目的

1．了解钾、钠、镁、钙、钡等单质、氧化物和氢氧化物的性质，对个别单质及化合物进行实验。

2．通过实验比较钾、钠、镁、钙、钡等有关盐类的溶解性。

3．初步掌握活泼金属使用时的安全措施。

理论概要

　　s 区元素的单质都是较活泼的金属，特别是碱金属，其熔点、沸点和硬度都较低，密度也较小，是典型的轻金属。例如，钾和钠在空气中易被氧化，用小刀可以切割块状的金属，新鲜的金属表面可以看到银白色的金属光泽，但与空气接触后，由于在表面生成一层氧化膜而使颜色变暗。金属钠在空气中燃烧可以直接得到过氧化钠，也可与水发生激烈的作用，因而一般储存在煤油中。碱土金属的活泼性较碱金属稍差，如金属镁与冷水反应很慢，但在加热时反应加快。

　　碱金属的氢氧化物易溶于水，固体碱具有很强的吸湿性，极易潮解，因此固体 NaOH 是常用的干燥剂。碱土金属的氢氧化物在水中的溶解度一般都不大，同族元素的氢氧化物的溶解度从上到下加大，这是由于随着离子半径的加大，阳离子与阴离子之间的吸引力逐渐减小，容易被水分子拆开。

　　碱金属的盐类一般都易溶于水，但也有一些锂盐和少数具有较大阴离子的盐，如 $Na[Sb(OH)_6]$、$KHC_4H_4O_6$、$KClO_4$ 等较难溶于水。碱土金属盐的重要特征是其微溶性，除氯化物、硝酸盐、硫酸镁、铬酸镁易溶于水外，其余的碳酸盐、硫酸盐、草酸盐和铬酸盐等都难溶。

碳酸铵溶液与镁盐溶液只有在煮沸或持久放置时才能生成白色碱式碳酸镁沉淀。如果有强酸的铵盐存在，则无沉淀生成。因为当碳酸铵加入时，高浓度的铵离子将减少溶液中的碳酸根离子的浓度，以致不能达到碳酸镁的溶度积。

碱金属及钙、锶、钡等挥发性盐在无色的火焰中灼烧时，能使火焰呈现出一定的颜色，这叫"焰色反应"。碱金属和几种碱土金属的焰色如表 15-1 所示。利用焰色反应，可以根据火焰的颜色定性鉴别这些元素的存在。

表 15-1 碱金属和几种碱土金属的焰色

离子	Li^+	Na^+	K^+	Rb^+	Cs^+	Ca^{2+}	Sr^{2+}	Ba^{2+}
焰色	红	黄	紫	紫红	紫红	橙红	洋红	黄绿

仪器与药品

1. 仪器

镊子，瓷坩埚，带玻璃棒的镍丝，钴玻璃，酒精灯，小试管（10mm×75mm），小烧杯（50mL），小玻璃棒，试管夹，漏斗。

2. 药品

酸：HCl（$2.0mol \cdot L^{-1}$，浓），HAc（$2.0mol \cdot L^{-1}$）。

碱：NaOH（$1.0mol \cdot L^{-1}$），$NH_3 \cdot H_2O$（$1.0mol \cdot L^{-1}$）。

盐：LiCl（$0.10mol \cdot L^{-1}$，$1.0mol \cdot L^{-1}$），$MgCl_2$（$0.10mol \cdot L^{-1}$），$CaCl_2$（$0.10mol \cdot L^{-1}$，$1.0mol \cdot L^{-1}$），$BaCl_2$（$0.10mol \cdot L^{-1}$，$1.0mol \cdot L^{-1}$），NaCl（$0.10mol \cdot L^{-1}$，$1.0mol \cdot L^{-1}$，饱和），Na_2CO_3（$0.10mol \cdot L^{-1}$，$0.50mol \cdot L^{-1}$），K_2CrO_4（$0.10mol \cdot L^{-1}$），Na_2HPO_4（$0.10mol \cdot L^{-1}$），Na_2SO_4（$1.0mol \cdot L^{-1}$），$Na_3[Co(NO_2)_6]$（$0.10mol \cdot L^{-1}$），$(NH_4)_2C_2O_4$（饱和），$K[Sb(OH)_6]$（饱和），酒石酸氢钾（饱和），NH_4Cl（饱和），KCl（$1.0mol \cdot L^{-1}$），$SrCl_2$（$1.0mol \cdot L^{-1}$）。

其他：金属钠，镁条，pH 试纸，砂纸。

实验内容

1. 金属钠与氧气及水的作用

用镊子取出米粒大小的金属钠，用滤纸擦干表面的煤油，进行如下实验。

① 把一块金属钠放到盛有 30mL 水的 50mL 烧杯中（为了安全，最好事先准备一个合适的漏斗，当金属钠放入水后，立即将漏斗盖在烧杯上），观察反应情况，检查反应后所得溶液的酸碱性。

② 把一块金属钠放到瓷坩埚内微热至开始燃烧后，立即停止加热。观察产物的颜色和状态。冷却后把产物放到盛有少量水的试管中，立即检验管口有无氧气放出。并检验所得溶液的酸碱性和氧化还原性。

解释以上所观察到的实验现象。

2．金属镁与水的作用

取两小段镁条，用砂纸擦去表面的氧化物，分别放入两支加有少量水的小试管中，观察在室温和加热时的反应情况，并检查溶液的酸碱性。

3．碱土金属氢氧化物的性质

（1）氢氧化镁的性质

在三支小试管中各加入 2 滴 $0.10mol \cdot L^{-1}$ $MgCl_2$ 溶液，再各逐滴加入 $1\sim3$ 滴 $1.0mol \cdot L^{-1}$ NaOH 溶液，观察生成的 $Mg(OH)_2$ 的颜色和状态。然后分别逐滴加入饱和 NH_4Cl、$2.0mol \cdot L^{-1}$ HCl、$2.0mol \cdot L^{-1}$ NaOH 溶液，观察现象，并加以解释。

（2）碱土金属氢氧化物的溶解度

① 在三支小试管中分别加入 2 滴 $0.10mol \cdot L^{-1}$ $MgCl_2$、$CaCl_2$、$BaCl_2$，再各加入 4 滴 $1.0mol \cdot L^{-1}$ NaOH 溶液，摇匀。观察现象并加以解释。

② 用 $1.0mol \cdot L^{-1}$ $NH_3 \cdot H_2O$ 代替 NaOH 进行上述实验。

通过比较，得出碱土金属氢氧化物溶解度变化的情况。

4．碱金属和碱土金属盐类的溶解性

（1）钠的微溶性盐

在一支小试管中加入 5 滴 $1.0mol \cdot L^{-1}$ NaCl 溶液和 5 滴饱和 $K[Sb(OH)_6]$ 溶液，放置数分钟，观察生成沉淀的颜色和形状。

$$Na^+ + K[Sb(OH)_6] === K^+ + Na[Sb(OH)_6] \downarrow$$

如无沉淀生成，可用玻璃棒摩擦试管内壁，放置后再观察。实验时应保持溶液呈微碱性，因为在酸性条件下会产生白色无定形锑酸沉淀，干扰对 $Na[Sb(OH)_6]$ 的判断。$Na[Sb(OH)_6]$ 沉淀的特点是呈颗粒形的晶状，密度较大，很快沉到试管底部或结晶在试管壁上。可以在饱和 $K[Sb(OH)_6]$ 溶液中加入 1 滴 $2.0mol \cdot L^{-1}$ HCl 溶液来进行对比。

（2）钾的微溶性盐

① 在一支小试管中加入 4 滴 $1.0mol \cdot L^{-1}$ KCl 溶液，再加入 5 滴饱和酒石酸氢钠 $NaHC_4H_4O_6$ 溶液，放置数分钟，如无沉淀生成，可用玻璃棒摩擦试管内壁，放置后再观察。

$$KCl + NaHC_4H_4O_6 === KHC_4H_4O_6 \downarrow + NaCl$$

② 在一支小试管中加入 2 滴 $1.0mol \cdot L^{-1}$ KCl 和 2 滴 $Na_3[Co(NO_2)_6]$ 溶液，会观察到黄色 $K_2Na[Co(NO_2)_6]$ 沉淀。

（3）碱土金属碳酸盐的溶解性

① 自行设计实验，将 $0.1mol \cdot L^{-1}$ $MgCl_2$、$CaCl_2$、$BaCl_2$ 溶液（各取少量溶液 $1\sim2$ 滴）分别与少量 $0.10mol \cdot L^{-1}$ Na_2CO_3 溶液作用，观察沉淀的生成。再将所得沉淀分别与 $2.0mol \cdot L^{-1}$ 的 HAc 及 HCl 溶液进行反应，解释观察到的现象。

② 于三支小试管中分别滴入 2 滴 $0.10mol \cdot L^{-1}$ $MgCl_2$、$CaCl_2$、$BaCl_2$ 溶液，然后分别在每支试管中加入 1 滴 $2.0mol \cdot L^{-1}$ $NH_3 \cdot H_2O$ 和 1 滴 $2.0mol \cdot L^{-1}$ NH_4Cl 溶液，摇匀，再加入 2 滴 $0.50mol \cdot L^{-1}$ Na_2CO_3 溶液，观察现象，进行解释。

注意：可能会生成 $[Mg(CO_3)_2]^{2-}$ 而溶解。

（4）碱土金属草酸盐的溶解性

分别用少量的 $0.10mol \cdot L^{-1}$ $MgCl_2$、$CaCl_2$、$BaCl_2$ 溶液与少量饱和（NH_4）$_2C_2O_4$ 溶液作用，观察沉淀的生成，并试验其分别与 $2.0mol \cdot L^{-1}$ HAc 及 HCl 溶液作用，解释现象。

（5）碱土金属铬酸盐的溶解性

分别试验 $0.10mol \cdot L^{-1}$ $MgCl_2$、$CaCl_2$、$BaCl_2$ 溶液与 $0.10mol \cdot L^{-1}$ K_2CrO_4 溶液作用，观察现象。并试验沉淀分别与 $2.0mol \cdot L^{-1}$ HAc 及 HCl 溶液作用，解释观察到的现象。

（6）磷酸铵镁的生成（可用作 Mg^{2+} 的鉴定）

于一支小试管中滴入 2 滴 $0.10mol \cdot L^{-1}$ $MgCl_2$ 溶液、1 滴 $2.0mol \cdot L^{-1}$ HCl 和 $0.20mol \cdot L^{-1}$ Na_2HPO_4 溶液，再滴加 $2.0mol \cdot L^{-1}$ $NH_3 \cdot H_2O$，观察 Mg（NH_4）PO_4 白色沉淀的生成。

$$Mg^{2+}+HPO_4^{2-}+NH_3 =\!=\!= MgNH_4PO_4 \downarrow$$

（7）碱土金属硫酸盐的生成

于三支小试管中分别滴入 2 滴 $0.10mol \cdot L^{-1}$ $MgCl_2$、$CaCl_2$、$BaCl_2$ 溶液，然后再各加入 3 滴 $1.0mol \cdot L^{-1}$ Na_2SO_4 溶液，观察沉淀的生成。

5. 焰色反应

将镍丝先蘸浓 HCl，在氧化火焰中烧（可反复几次）至火焰无色，则镍丝已清洗好可蘸取待试验溶液，再在火焰上灼烧，观察火焰的不同颜色。如上清洗后，再进行下一种溶液的实验。

先后测试 $1.0mol \cdot L^{-1}$ LiCl、KCl、NaCl、$CaCl_2$、$SrCl_2$、$BaCl_2$，火焰的颜色分别为红色、紫色、黄色、砖红（橙红）、洋红、黄绿色。观察钾盐的火焰时，可用钴玻璃滤光后再观察。

预习思考题

1. 为什么 $BaSO_4$、$BaCrO_4$、$BaCO_3$ 在 HAc 和 HCl 溶液中的溶解情况不同？
2. 用 $Na_3[Co（NO_2）_6]$ 与钾盐反应时，溶液的不同酸碱性会有什么影响？
3. 用（NH_4）$_2CO_3$ 沉淀 Ba^{2+} 时，为什么需先加入氨水？
4. 在取用金属 Na，并进行其与 H_2O 和 O_2 作用时，应注意什么安全问题？
5. 为什么碱金属和碱土金属单质一般都宜放在煤油中保存？它们的化学活泼性如何递变？
6. 在进行小试管加热溶液的操作中，应注意哪些问题？

实验 16　p 区重要非金属化合物的性质

实验目的

通过实验加深理解 p 区重要非金属化合物的性质及其规律。

1. 卤素单质氧化性，卤素阴离子和卤化氢的还原性及其递变规律。
2. 过氧化氢、硫化氢及硫化物的性质。

3．次氯酸盐和氯酸盐的氧化性及酸度对它们氧化性的影响。

4．亚硫酸、硫代硫酸、亚硝酸及其盐的性质。

5．掌握 S^{2-}、$S_2O_3^{2-}$、SO_3^{2-}、NH_4^+、NO_2^-、NO_3^-、PO_4^{3-} 的鉴定方法。

6．了解氯、溴、氯酸盐、硫化氢、氮的氧化物等毒性及安全知识。

理论概要

p 区重要非金属化合物性质简介。

1．含氧酸及其盐的性质，见表 16-1。

2．硫化氢和硫化物的性质，见表 16-2。

表 16-1　p 区重要含氧酸及其盐的性质

族	物质	氧化值	主要性质	反应举例
ⅦA	次氯酸盐	+1	有强氧化性，漂白性	$ClO^-+Cl^-+2H^+ \Longrightarrow Cl_2\uparrow+H_2O$ $ClO^-+Mn^{2+}+2OH^- \Longrightarrow MnO_2\downarrow$（棕色）$+Cl^-+H_2O$
	氯酸盐	+5	在酸性介质中具有强氧化性	$ClO_3^-+6I^-+6H^+ \Longrightarrow Cl^-+3I_2+3H_2O$
ⅥA	亚硫酸及其盐	+4	1．既有氧化性又有还原性，但以还原性为主	$5H_2SO_3+2MnO_4^- \Longrightarrow 5SO_4^{2-}+2Mn^{2+}+4H^++3H_2O$ $H_2SO_3+2H_2S \Longrightarrow 3S\downarrow+3H_2O$
			2．亚硫酸的热稳定性差，易分解	$H_2SO_3 \Longrightarrow SO_2\uparrow+H_2O$
	硫代硫酸及其盐	+2	1．具有还原性，与强氧化剂（如 Cl_2、Br_2 等）作用被氧化成硫酸盐；与较弱氧化剂（如 I_2）作用被氧化为连四硫酸盐	$S_2O_3^{2-}+4Cl_2+5H_2O \Longrightarrow 2SO_4^{2-}+8Cl^-+10H^+$ $2S_2O_3^{2-}+I_2 \Longrightarrow S_4O_6^{2-}+2I^-$
			2．硫代硫酸极不稳定，易分解	$S_2O_3^{2-}+2H^+ \Longrightarrow H_2S_2O_3 \Longrightarrow S\downarrow+SO_2\uparrow+H_2O$
ⅥA	硫酸及其盐	+6	1．浓 H_2SO_4 具有强氧化性	$2NaBr(s)+2H_2SO_4(浓) \Longrightarrow SO_2\uparrow+Br_2+Na_2SO_4+2H_2O$
			2．浓 H_2SO_4 具有强吸水性和脱水性	$C_{12}H_{22}O_{11} \xrightarrow{\text{浓 } H_2SO_4} 12C+11H_2O$
			3．稀 H_2SO_4、硫酸盐无氧化性	在氧化还原反应中，常选用稀 H_2SO_4 作为反应的酸性介质
	过二硫酸盐	+6 结构中有 —O—O— 链	1．过硫酸盐的热稳定性差，加热易分解	$K_2S_2O_8 \xrightarrow{\triangle} K_2SO_4+SO_2\uparrow+O_2\uparrow$
			2．具有强氧化性	$2Mn^{2+}+5S_2O_8^{2-}+8H_2O \xrightarrow[Ag^+]{\triangle} 2MnO_4^-+10SO_4^{2-}+16H^+$
ⅤA	亚硝酸及其盐	+3	1．亚硝酸极不稳定，易分解	$2HNO_2 \Longrightarrow N_2O_3$（蓝色）$+H_2O$ $\downarrow$ $NO\uparrow+NO_2\uparrow$ （棕色）
			2．既有氧化性又有还原性，但以氧化性为主。亚硝酸盐溶液在酸性介质中才显氧化性	$2NO_2^-+2I^-+4H^+ \Longrightarrow 2NO\uparrow+I_2+2H_2O$ $2MnO_4^-+5NO_2^-+6H^+ \Longrightarrow 2Mn^{2+}+5NO_3^-+3H_2O$

表 16-2　硫化氢和硫化物的性质

物质	性质	举例
硫化氢	有毒，有强还原性和弱酸性	$H_2S+2Fe^{3+}=2Fe^{2+}+S\downarrow+2H^+$ $2H_2S+O_2=2S\downarrow+2H_2O$ $2H_2S+3O_2=2SO_2\uparrow+2H_2O$
硫化物	除碱金属（包括 NH_4^+）的硫化物外，大多数硫化物难溶于水，并具有特征的颜色，根据硫化物在酸中溶解情况，可分为四类： 1.溶于稀酸（HCl）的硫化物； 2.难溶于稀酸（HCl），易溶于较浓 HCl 的硫化物； 3.难溶于稀 HCl、浓 HCl，易溶于 HNO_3 的硫化物； 4.在 HNO_3 中难溶，而溶于王水的硫化物	ZnS（白色）、MnS（肉色）、FeS（黑色）等； CdS（亮黄色）、PbS（黑色）等； CuS（黑色）、Ag_2S（黑色）； HgS（黑色）

仪器、药品及材料

1. 仪器

离心机，微型离心管，小烧杯（50mL），小试管（10mm×75mm），小玻璃棒，试管夹，酒精灯等。

2. 药品

酸：HCl（$2.0mol \cdot L^{-1}$，$6.0mol \cdot L^{-1}$，浓），H_2SO_4（$3.0mol \cdot L^{-1}$，浓），HNO_3（$6.0mol \cdot L^{-1}$，浓），HAc（$2.0mol \cdot L^{-1}$），H_2S（饱和），王水（新鲜配制）。

碱：NaOH（$2.0mol \cdot L^{-1}$）。

盐：Na_2S（$0.10mol \cdot L^{-1}$），Na_2SO_3（$0.10mol \cdot L^{-1}$），$Na_2S_2O_3$（$0.10mol \cdot L^{-1}$），$NaNO_2$（$0.10mol \cdot L^{-1}$，饱和），Na_3PO_4（$0.10mol \cdot L^{-1}$），KI（$0.10mol \cdot L^{-1}$），$KMnO_4$（$0.010mol \cdot L^{-1}$），$KClO_3$（$0.10mol \cdot L^{-1}$），KNO_3（$0.10mol \cdot L^{-1}$），NH_4Cl（$0.10mol \cdot L^{-1}$），$FeCl_3$（$0.10mol \cdot L^{-1}$），$(NH_4)_2MoO_4$（$0.10mol \cdot L^{-1}$），$AgNO_3$（$0.10mol \cdot L^{-1}$），$FeSO_4$（$0.10mol \cdot L^{-1}$），$ZnSO_4$（$0.10mol \cdot L^{-1}$，饱和），$CuSO_4$（$0.10mol \cdot L^{-1}$），$CdSO_4$（$0.10mol \cdot L^{-1}$），$Hg(NO_3)_2$（$0.10mol \cdot L^{-1}$），KBr（$0.10mol \cdot L^{-1}$），$MnSO_4$（$0.10mol \cdot L^{-1}$），$BaCl_2$（$0.10mol \cdot L^{-1}$）。

其他：H_2O_2（3%），$Na_2[Fe(CN)_5NO]$（1%），$K_4[Fe(CN)_6]$（$0.10mol \cdot L^{-1}$），CCl_4（1），Cl_2水，I_2水，淀粉溶液（2%），Zn（s），MnO_2（s），对氨基苯磺酸（1%），α-萘胺（0.1%），奈斯勒试剂，碱性品红。

3. 材料

滤纸条。

实验内容

1. H_2S 的还原性

在小试管中加入 1 滴 $0.010mol \cdot L^{-1}$ $KMnO_4$，用 2 滴 $3.0mol \cdot L^{-1}$ H_2SO_4酸化，再滴加 H_2S 水溶液，观察现象。

自行设计实验，验证 H_2S 与 $FeCl_3$ 的反应。

2．H_2O_2 的性质

（1）H_2O_2 的氧化还原性

① 取 1 滴 $0.10mol \cdot L^{-1}$ KI 溶液，用 1 滴 $3.0mol \cdot L^{-1}$ H_2SO_4 酸化，逐滴加入 $3\%H_2O_2$，观察现象。

② 用 $0.010mol \cdot L^{-1}$ KMnO₄、$3.0mol \cdot L^{-1}$ H_2SO_4 和 $3\%H_2O_2$ 自行设计实验，验证 H_2O_2 的还原性。

③ 在一支微型离心管中，加入 2～3 滴 H_2O_2（3%），加 1 滴 $2.0mol \cdot L^{-1}$ NaOH 使溶液呈碱性，再加 1～2 滴 $0.10mol \cdot L^{-1}$ $MnSO_4$，观察有何现象？离心分离，弃去清液，往沉淀中加 1～2 滴 $3.0mol \cdot L^{-1}$ H_2SO_4 酸化，再逐滴加入 $3\%H_2O_2$，观察又有何变化？试对以上实验现象做出解释。

（2）H_2O_2 的分解反应

往盛有 5 滴 $3\%H_2O_2$ 的小试管中加入少量 MnO_2 作催化剂，观察反应现象。

3．硫化物的溶解性

① 在微型离心管中加入 2 滴 $0.10mol \cdot L^{-1}$ $ZnSO_4$ 溶液，滴加 2～3 滴 $0.10mol \cdot L^{-1}$ Na_2S，观察现象。离心分离，弃去清液，洗涤沉淀两次，在沉淀中滴加 $2.0mol \cdot L^{-1}$ HCl 数滴，用小玻璃棒搅拌，观察沉淀是否溶解。

② 在两支微型离心管中各加入 2 滴 $0.10mol \cdot L^{-1}$ $CdSO_4$，再各加入 2～3 滴 $0.10mol \cdot L^{-1}$ Na_2S，观察沉淀的生成和颜色。离心分离并洗涤后，分别试验沉淀在 $2.0mol \cdot L^{-1}$ HCl 和 $6.0mol \cdot L^{-1}$ HCl 中的溶解情况。

③ 同上操作，用少量 $0.10mol \cdot L^{-1}$ $CuSO_4$ 和 Na_2S 反应，自制少量 CuS 沉淀，分别试验其在 $6.0mol \cdot L^{-1}$ HCl 和浓 HNO_3 中的溶解情况。

④ 取 1 滴 $0.10mol \cdot L^{-1}$ $Hg(NO_3)_2$，制取少量 HgS 沉淀，并试验其在浓 HNO_3 或王水（3∶1 的浓 HCl 和浓 HNO_3 混合溶液）中的溶解情况。

根据以上实验结果，比较四种硫化物的溶解性。

4．氯、硫、氮的含氧酸及其盐的性质

（1）次氯酸盐和氯酸盐的氧化性

① NaClO 的制备　取 Cl_2 水 1mL（约 20 滴），加入 10 滴 $2.0mol \cdot L^{-1}$ NaOH 使溶液呈碱性，并保留溶液做下面实验。

② NaClO 的氧化性和漂白性　取部分上述制备的 NaClO 溶液，加入数滴浓 HCl，观察现象。并用 KI-淀粉试纸（在滤纸条上各滴 1 滴 $0.1mol \cdot L^{-1}$ KI 和淀粉溶液而得）检验所放出的气体。

另取少量 NaClO 溶液，逐滴加入 $0.10mol \cdot L^{-1}$ $MnSO_4$，观察棕色 MnO_2 沉淀生成。

往 NaClO 溶液中，逐滴加入品红溶液，观察品红褪色。

③ $KClO_3$ 的氧化性　采用 $0.10mol \cdot L^{-1}$ $KClO_3$、$0.10mol \cdot L^{-1}$ KI 和 $3.0mol \cdot L^{-1}$ H_2SO_4 设计一个实验，验证 $KClO_3$ 在酸性介质中才具有强氧化性的事实（必要时可加热溶液），写出实验步骤并解释现象。

（2）硫代硫酸、亚硝酸的生成和分解

① 取 5 滴 $0.10mol \cdot L^{-1}$ $Na_2S_2O_3$ 溶液，滴加几滴 $3.0mol \cdot L^{-1}$ H_2SO_4，观察现象，并用 $KMnO_4$ 试纸（自制）检验逸出的气体。

② 取 5 滴饱和 $NaNO_2$ 溶液，滴加几滴 $3.0mol \cdot L^{-1}$ H_2SO_4，观察溶液的颜色和液面上方气体的颜色，并解释。

（3）$Na_2S_2O_3$ 的还原性

以 I_2 水、Cl_2 水为氧化剂，试验 $Na_2S_2O_3$ 的还原性，并验证氧化剂氧化性的强弱对 $Na_2S_2O_3$ 被氧化产物的影响。

（4）亚硫酸及其盐的氧化还原性

① 取 2～3 滴 $0.10mol \cdot L^{-1}$ Na_2SO_3 溶液，用 $3.0mol \cdot L^{-1}$ H_2SO_4 酸化，再滴加几滴饱和 H_2S 水，观察现象。

② 以 I_2 水为氧化剂，试验 Na_2SO_3 的还原性。

（5）亚硝酸盐的氧化还原性

① 在小试管中加入 1 滴 $0.10mol \cdot L^{-1}$ $FeSO_4$ 溶液，用 1 滴 $3.0mol \cdot L^{-1}$ H_2SO_4 酸化，然后滴加 $0.10mol \cdot L^{-1}$ $NaNO_2$，观察现象。

② 设计：用 $KMnO_4$ 在酸性介质中与 $NaNO_2$ 反应，验证 NO_2^- 的还原性。

5. S^{2-}、$S_2O_3^{2-}$、SO_3^{2-}、NH_4^+、NO_2^-、NO_3^-、PO_4^{3-} 的鉴定

（1）S^{2-} 的鉴定

在小试管中加入 1 滴 $0.10mol \cdot L^{-1}$ Na_2S，再加入 1 滴 1% $Na_2[Fe（CN）_5NO]$ 溶液，观察现象。

（2）$S_2O_3^{2-}$ 的鉴定

在小试管中加入 1 滴 $0.10mol \cdot L^{-1}$ $Na_2S_2O_3$ 溶液，再加入 1～2 滴 $0.10mol \cdot L^{-1}$ $AgNO_3$，观察沉淀颜色由白→黄→棕→黑。

（3）SO_3^{2-} 的鉴定

在小试管中加入饱和 $ZnSO_4$ 和 $0.10mol \cdot L^{-1}$ $K_4[Fe(CN)_6]$ 溶液各 1 滴，再加 1 滴 $Na_2[Fe(CN)_5NO]$ 溶液，最后加 1 滴 $0.10mol \cdot L^{-1}Na_2SO_3$，摇匀，出现红色表示有 SO_3^{2-} 存在。

（4）NH_4^+ 的鉴定

取 1 滴 $0.10mol \cdot L^{-1}$ NH_4Cl，加入 1 滴奈斯勒试剂，观察现象。

（5）NO_2^- 的鉴定

取 1 滴 $0.10mol \cdot L^{-1}NaNO_2$ 溶液于小试管中，加入 2 滴 $0.02mol \cdot L^{-1}Ag_2SO_4$ 溶液，若有沉淀生成，离心分离。在清液中加入少量 $FeSO_4$ 固体，摇荡溶解后，加入 2 滴 $2.0mol \cdot L^{-1}HAc$ 溶液，若溶液呈棕色，表示有 NO_2 存在。

注意：NO_2^- 浓度过大时，生成黄色溶液或析出褐色沉淀。

（6）NO_3^- 的鉴定

在小试管中加入 2 滴 $0.1mol \cdot L^{-1}$ $FeSO_4$，再加入 1 滴 $0.1mol \cdot L^{-1}$ KNO_3 溶液，摇匀后，将试管斜持，沿试管壁慢慢滴入 5 滴浓 H_2SO_4，由于浓 H_2SO_4 相对密度较水溶液大，溶液分成两层，观察浓 H_2SO_4 和溶液层交接处棕色环的出现。

注意：NO_2^- 可发生类似反应，Br^-、I^- 存在时生成游离的溴和碘，与环的颜色相似，妨碍鉴定。

（7）PO_4^{3-} 的鉴定

在小试管中加入 1 滴 Na_3PO_4 溶液（$0.1mol \cdot L^{-1}$）和 1 滴 HNO_3（$6.0mol \cdot L^{-1}$），再加 2～3 滴钼酸铵试剂（$0.1mol \cdot L^{-1}$），在水浴上微热到 40～45℃，观察黄色沉淀的产生。

预习思考题

1. 氧化还原反应中，能否用 HNO_3、HCl 作为反应的酸性介质？为什么？

2. 用 KI 淀粉试纸检验 Cl_2 时，试纸先呈蓝色；当在 Cl_2 中时间较长时，蓝色又褪去，为什么？

3. $Na_2S_2O_3$ 分别被 I_2 和 Cl_2 氧化的产物是什么？写出有关反应式。如何检验 $Na_2S_2O_3$？

4. 长期放置的 H_2S、Na_2S 和 Na_2SO_3 溶液会发生什么变化？写出有关反应式和现象。

5. 为什么在碱性条件下 H_2O_2 可以将 Mn^{2+} 氧化为 MnO_2，而在酸性条件下 MnO_2 又反过来将 H_2O_2 氧化？如何理解？

6. 进行本实验需要注意哪些安全问题？

实验 17　p 区重要金属化合物的性质

实验目的

1. 加深理解 Sb、Bi、Sn、Pb 氢氧化物的酸碱性、盐类的水解性、溶解性、氧化还原性及其递变规律。

2. 加深理解 Sb、Bi、Sn、Pb 的硫化物、硫代酸及其盐的特性。

3. 了解 Sb^{3+}、Bi^{3+}、Sn^{2+}、Pb^{2+} 等离子的鉴定方法。

理论概要

p 区重要金属化合物性质简介。

1. Sb、Bi、Sn、Pb 氢氧化物的酸碱性（表 17-1）

表 17-1　Sb、Bi、Sn、Pb 氢氧化物的酸碱性

Sb、Bi 氢氧化物			Sn、Pb 氢氧化物		
碱性增强↓	$Sb(OH)_3$（白色）两性	H_3SbO_4（白色）两性，偏酸性	碱性增强↓	$Sn(OH)_2$（白色）两性	$Sn(OH)_4$（白色）两性，以酸性为主
	$Bi(OH)_3$（白色）弱碱性	$Bi_2O_5 \cdot H_2O$（红色）（不稳定，易分解为 Bi_2O_3）弱酸性		$Pb(OH)_2$（白色）两性，以碱性为主	$Pb(OH)_4$（棕色）两性，以酸性为主
	酸性　　　　　　　增强→			酸性　　　　　　　增强→	

2. Sb（Ⅲ）、Bi（Ⅲ）、Sn（Ⅱ）的还原性和 Bi（Ⅴ）、Pb（Ⅳ）的氧化性（表 17-2）

表 17-2　Sb（Ⅲ）、Bi（Ⅲ）、Sn（Ⅱ）的还原性和 Bi（Ⅴ）、Pb（Ⅳ）的氧化性

物质	氧化还原性递变规律	举例
Sb（Ⅲ） Bi（Ⅲ） 和 Bi（Ⅴ）	还原性减弱 → Sb（Ⅲ）　　　　　　　Bi（Ⅲ） 既有氧化性又有还原性，　有弱还原性 但均较弱 $\varphi^{\ominus}(Sb^{3+}/Sb)=0.212V$　$\varphi^{\ominus}(NaBiO_3/Bi^{3+})=1.8V$ $\varphi^{\ominus}(SbO_3^-/SbO_2^-)=-0.59V$ Sb（Ⅴ）　　　　　　　Bi（Ⅴ） 在酸性介质中有氧化性，　在酸性介质中有强氧化性 但氧化性不强。如 H_3SbO_4 可氧化浓 HCl 生成 Cl_2 氧化性增强 →	1. Sb（Ⅲ）氧化还原性 $2Sb^{3+}+3Sn\!=\!=\!2Sb\downarrow+3Sn^{2+}$ 　　　　　（黑） 鉴定 Sb^{3+} 的反应 $[Sb(OH)_4]^-+2[Ag(NH_3)_2]^++2OH^-\!=\!=$ 　　　　　$[Sb(OH)_6]^-+2Ag\downarrow+4NH_3\uparrow$ 2. Bi（Ⅲ）的还原性和 Bi（Ⅴ）的氧化性 $Bi(OH)_3+Cl_2+3OH^-+Na^+\!=\!=$ 　　　　　$NaBiO_3\downarrow$（棕黄色）$+2Cl^-+3H_2O$ $NaBiO_3+6HCl$（浓）$\!=\!=$ 　　　　　$BiCl_3+NaCl+Cl_2\uparrow+3H_2O$ $5NaBiO_3+2Mn^{2+}+14H^+\!=\!=$ 　　　　　$2MnO_4^-+5Na^++5Bi^{3+}+7H_2O$ 鉴定 Mn^{2+} 的重要反应
Sn（Ⅱ） 和 Pb（Ⅳ）	还原性减弱 → Sn（Ⅱ）　　　　　　　Pb（Ⅱ） $\varphi^{\ominus}(Sn^{4+}/Sn^{2+})=0.15V$　$\varphi^{\ominus}(PbO_2/Pb^{2+})=1.46V$ $\varphi^{\ominus}(Sn^{2+}/Sn)=-0.136V$　$\varphi^{\ominus}(Pb^{2+}/Pb)=-0.16V$ Sn（Ⅳ）　　　　　　　Pb（Ⅳ） 氧化性增强 →	1. $2HgCl_2+Sn^{2+}+4Cl^-\!=\!=\!Hg_2Cl_2\downarrow$ 　（适量）　　　　（白色） 　　　　　　　　　　$+[SnCl_6]^{2-}$ $Hg_2Cl_2+Sn^{2+}+4Cl^-\!=\!=\!2Hg\downarrow+[SnCl_6]^{2-}$ 　（过量）　　　　　（黑） 鉴定 Sn^{2+} 和 Hg^{2+} 的重要反应 2. $3[Sn(OH)_4]^{2-}+2Bi^{3+}+6OH^-\!=\!=$ 　　　　　$2Bi\downarrow+3[Sn(OH)_6]^{2-}$ 　　　　　（黑） 鉴定 Bi^{3+} 的重要反应 3. PbO_2+4HCl（浓）$\!=\!=$ 　　　　　$PbCl_2+Cl_2\uparrow+2H_2O$

3. As（Ⅲ）、As（Ⅴ）、Sb（Ⅲ）、Sb（Ⅴ）、Bi（Ⅲ）、Sn（Ⅱ）、Sn（Ⅳ）、Pb（Ⅱ）硫化物的性质（表 17-3）

表 17-3　硫化物的性质

物质	As_2S_3（黄色）	Sb_2S_3（橙色）	Bi_2S_3（黑褐色）	SnS（褐色）	PbS（黑色）	As_2S_5（黄色）	Sb_2S_5（橙红色）	SnS_2（黄色）
性质	难溶于水和非氧化性稀酸，易溶于浓 HCl 和 HNO_3					难溶于水和非氧化性稀酸，易溶于浓 HCl、HNO_3 和碱金属硫化物		
	易溶于碱金属硫化物生成硫代酸盐		难溶于碱金属硫化物					

4. Pb^{2+} 盐的溶解性

Pb^{2+} 盐除 $Pb(NO_3)_2$ 和 $Pb(Ac)_2$ 易溶外，一般均难溶于水。分析化学上用此特性作为 Pb^{2+} 离子鉴定和分离的基础。例如

$$Pb^{2+}+2Cl^-\!=\!=\!PbCl_2\downarrow\text{（白色）（易溶于热水、}NH_4Ac\text{ 和浓 HCl）}$$

$$Pb^{2+}+SO_4^{2-}\!=\!=\!PbSO_4\downarrow\text{（白色）（易溶于热浓 }H_2SO_4\text{ 和 }NH_4Ac\text{）}$$

$Pb^{2+}+CrO_4^{2-}$ ═══ $PbCrO_4\downarrow$ （黄色）（易溶于稀 HNO_3、浓 HCl 和浓 $NaOH$）

$Pb^{2+}+2I^-$ ═══ $PbI_2\downarrow$ （红黄色）（易溶于浓 KI）

$Pb^{2+}+CO_3^{2-}$ ═══ $PbCO_3\downarrow$ （白色）（易溶于稀酸）

仪器、药品及材料

1. 仪器

离心机，微型离心管，小烧杯（50mL），小试管（10mm×75mm），小玻璃棒，滴管，试管夹，表面皿，酒精灯等。

2. 药品

酸：HCl（2.0mol·L^{-1}，6.0mol·L^{-1}，浓），H_2SO_4（3.0mol·L^{-1}），HNO_3（6.0mol·L^{-1}，浓），H_2S（饱和）。

碱：$NaOH$（2.0mol·L^{-1}，6.0mol·L^{-1}），$NH_3·H_2O$（6.0mol·L^{-1}）。

盐：Na_2S（0.10mol·L^{-1}），Na_2SO_4（0.10mol·L^{-1}），$NaCl$（0.1mol·L^{-1}），KI（0.10mol·L^{-1}，2.0mol·L^{-1}），K_2CrO_4（0.10mol·L^{-1}），$AgNO_3$（0.10mol·L^{-1}），$HgCl_2$（0.10mol·L^{-1}），$MnSO_4$（0.10mol·L^{-1}），$SbCl_3$（0.10mol·L^{-1}），$BiCl_3$（0.1mol·L^{-1}），$Bi(NO)_3$（0.1mol·L^{-1}），$SnCl_2$（0.10mol·L^{-1}），$SnCl_4$（0.10mol·L^{-1}），$Pb(NO_3)_2$（0.10mol·L^{-1}），NH_4Ac（饱和）。

其他：Cl_2 水，$NaBiO_3$（s），PbO_2（s），Sn 片，淀粉溶液。

3. 材料

滤纸条。

实验内容

1. 氢氧化物的生成和性质

在两支小试管中各加入 2 滴 0.10mol·L^{-1} $SbCl_3$，再分别滴加 1~2 滴 2.0mol·L^{-1} $NaOH$，观察沉淀的生成。然后在一支试管中逐滴加入 2.0mol·L^{-1} HCl，在另一支中逐滴加入 2.0mol·L^{-1} $NaOH$，看沉淀是否溶解，从而对 $Sb(OH)_3$ 的酸碱性给予说明。

同上操作，用 0.1mol·L^{-1} $Bi(NO_3)_3$、$SnCl_2$、$Pb(NO_3)_2$ 和 2.0mol·L^{-1} $NaOH$，自制少量的 $Bi(OH)_3$、$Sn(OH)_2$ 和 $Pb(OH)_2$ 沉淀，并分别试验它们在酸、碱中的溶解情况。

注意：试验 $Pb(OH)_2$ 的酸碱性时应该采用什么酸？为什么？

取 1 滴 0.10mol·L^{-1} $SbCl_3$，加少量水至有沉淀生成。逐滴加入 2.0mol·L^{-1} HCl 使沉淀刚好溶解，再加水又有何变化？试用盐类水解的观点给予解释。

以 $BiCl_3$ 溶液代替 $SbCl_3$ 重复上述实验，观察并解释现象。

2. Sb（Ⅲ）的氧化、还原性

① 在一小片光亮的 Sn 片（或 Sn 箔）上，加 1 滴 0.10mol·L^{-1} $SbCl_3$，观察 Sn 片表面颜色的变化。此反应可以作为鉴定 Sb^{3+} 的特征反应。

② 在一支小试管中加入 1 滴 0.10mol·L^{-1} $SbCl_3$，再逐滴加入 6.0mol·L^{-1} $NaOH$ 至生成的沉淀又溶解。在另一支小试管中加入 2 滴 0.1mol·L^{-1} $AgNO_3$，再加入 1.0mol·L^{-1} $NH_3·H_2O$

至生成沉淀溶解为止。然后将两支小试管的溶液混合均匀，观察有何现象。

3. Bi（Ⅲ）的还原性和 Bi（Ⅴ）的氧化性

① 在小试管中加入 3 滴 $0.1mol \cdot L^{-1}$ Bi（NO_3）$_3$，再加入 2～3 滴 $6.0mol \cdot L^{-1}$ NaOH 及少许 Cl_2 水，在水浴上加热，观察棕黄色沉淀的生成。用滴管将其转入微型离心管中，离心分离并洗涤沉淀，将所得沉淀与浓 HCl 反应，观察现象和鉴别气体产物。

② 在小试管中加入 1 滴 $0.1mol \cdot L^{-1}$ $MnSO_4$，用 3～4 滴 $6.0mol \cdot L^{-1}$ HNO_3 酸化（能否用 HCl 酸化，为什么？），然后加入少量的 $NaBiO_3$ 固体，观察溶液颜色的变化。

4. Sn（Ⅱ）的还原性和 Pb（Ⅳ）的氧化性

（1）Sn（Ⅱ）的还原性

① 在小试管中加入 2 滴 $0.10mol \cdot L^{-1}$ $HgCl_2$，再逐滴加入 $0.10mol \cdot L^{-1}$ $SnCl_2$ 溶液（每加入 1 滴溶液均要摇匀），注意观察沉淀颜色的变化。此反应可以作为鉴定 Sn^{2+} 和 Hg^{2+} 的特征反应。

② 自制少量 $Na_2[Sn(OH)_4]$ 溶液（如何制备？），然后滴加 1 滴 $0.10mol \cdot L^{-1}$ $BiCl_3$，观察现象并解释。此反应可作为鉴定 Bi^{3+} 离子的特征反应。

（2）PbO_2 的氧化性

① 取少量 PbO_2 固体，加入几滴浓 HCl，观察现象并检验气体产物。

② 用 $0.10mol \cdot L^{-1}$ $MnSO_4$ 作还原剂，设计一个实验说明 PbO_2 的氧化性（反应必须在酸化和加热下进行；还原剂 $MnSO_4$ 的用量切不可多加，为什么？）。

5. 难溶性铅盐的生成

① 在微型离心管中分别制备少量 PbI_2、$PbCrO_4$、$PbCl_2$ 和 $PbSO_4$ 沉淀（采用试剂浓度均为 $0.10mol \cdot L^{-1}$，并严格控制用量不超过 1～2 滴）。观察沉淀的颜色。此反应也可作为鉴定 Pb^{2+} 离子的特征反应。

② 试验 PbI_2 沉淀在 $2.0mol \cdot L^{-1}$ KI 中的溶解情况。

③ 试验 $PbCrO_4$ 沉淀分别在 $6.0mol \cdot L^{-1}$ HNO_3 和 $6.0mol \cdot L^{-1}$ NaOH 中的溶解情况。

④ 试验 $PbCl_2$ 沉淀在热水和浓 HCl 中的溶解情况。

⑤ 试验 $PbSO_4$ 沉淀在饱和 NH_4Ac 中的溶解情况。

6. Sb（Ⅲ）、Bi（Ⅲ）、Sn（Ⅱ）、Sn（Ⅳ）、Pb（Ⅱ）的硫化物和硫代酸盐

（1）Sb（Ⅲ）、Sn（Ⅳ）的硫化物及硫代酸盐的生成和性质

在两支微型离心管中分别加入 $0.10mol \cdot L^{-1}$ $SbCl_3$ 和 $0.10mol \cdot L^{-1}$ $SnCl_4$ 各 3 滴，再各加入数滴饱和 H_2S 水溶液，观察生成沉淀的颜色（必要时可进行水浴加热）。离心分离，在沉淀物中各加入 5～6 滴 $0.10mol \cdot L^{-1}$ Na_2S，并用玻璃棒搅拌均匀，观察沉淀是否溶解。再往溶液中滴加 $2.0mol \cdot L^{-1}$ HCl，观察现象。

（2）Bi（Ⅲ）、Sn（Ⅱ）、Pb（Ⅱ）的硫化物

自制少量 Bi（Ⅲ）、Sn（Ⅱ）、Pb（Ⅱ）的硫化物，观察沉淀的颜色。离心分离后，在沉淀中各加入适量的 $0.10mol \cdot L^{-1}$ Na_2S，观察沉淀是否溶解？

根据以上实验结果，比较 Sb_2S_3、Bi_2S_3、SnS、SnS_2 的酸碱性。

7. 有关 Sb^{3+}、Bi^{3+}、Sn^{2+}、Pb^{2+} 离子的鉴定

请参照本实验中的 2①，4（1）①和②以及 5①。

预习思考题

1. 实验内容 3②和 4（2）②中，为什么要取少量的 $MnSO_4$ 溶液？若加入的 Mn^{2+} 过多对实验有何影响？

2. 分别比较 Sn（Ⅱ）、Pb（Ⅱ）的还原性和 Sn（Ⅳ）、Pb（Ⅳ）的氧化性的相对大小，并举例说明。

3. 如何检验气体 Cl_2 的生成？

4. Sb 和 Bi 的硫化物的酸碱性与氢氧化物的酸碱性有何异同？

5. Sb、Bi、Sn、Pb 等化合物均有毒性，使用操作上应该注意什么？实验后废液应如何处理？

实验 18　d 区重要化合物的性质（一）

实验目的

1. 了解铬和锰的各种常见化合物的生成和性质。
2. 掌握铬和锰各种氧化态之间的转化条件。
3. 掌握 Cr^{3+}、Mn^{2+} 的鉴定方法。

理论概要

1. 铬的重要化合物的特性

（1）Cr（Ⅲ）、Cr（Ⅵ）的氧化物及其水合物的酸碱性（表 18-1）

表 18-1　Cr（Ⅲ）、Cr（Ⅵ）的氧化物及其水合物的酸碱性

氧化态	+3	+6
氧化物	Cr_2O_3（绿色）	CrO_3（橙红色）
氧化物的水合物	$Cr(OH)_3$（灰绿色） $Cr(OH)_3+3H^+ = Cr^{3+}+3H_2O$ 　　　　　（蓝紫色） $Cr(OH)_3+OH^- = [Cr(OH)_4]^-$ 　　　　　（亮绿色） $[Cr(OH)_4]^-$ 热稳定性差，加热完全水解，生成水合氧化铬沉淀 $2[Cr(OH)_4]^-+(x-3)H_2O \xrightarrow{\triangle}$ 　　　$Cr_2O_3 \cdot xH_2O+2OH^-$	H_2CrO_4（黄色）　　$H_2Cr_2O_7$（橙色） $2CrO_4^{2-}+2H^+ \rightleftharpoons Cr_2O_7^{2-}+H_2O$ （黄色）　　　　　（橙色） 溶液中 $Cr_2O_7^{2-}$ 和 CrO_4^{2-} 相对含量，视溶液的酸度而定。酸性溶液中，以 $Cr_2O_7^{2-}$ 为主
酸碱性	两性	酸性

（2）Cr（Ⅲ）化合物的还原性和 Cr（Ⅵ）化合物的氧化性

Cr 的元素电极电势图

$$\varphi_A^{\ominus}/V: \qquad\qquad Cr_2O_7^{2-} \xrightarrow{1.33} Cr^{3+} \xrightarrow{-0.74} Cr$$

$$\varphi_B^{\ominus}/V: \qquad CrO_4^{2-} \xrightarrow{\ -0.12\ } Cr(OH)_4^- \xrightarrow{\ -1.3\ } Cr$$

从 Cr 的元素电极电势图可知：

① 酸性介质中，氧化值为+6 的 $Cr_2O_7^{2-}$ 有强氧化性，能被还原为 Cr^{3+}；碱性介质中，氧化值为+6 的 CrO_4^{2-} 一般不显氧化性，例如

$$K_2Cr_2O_7+14HCl(浓) \xrightarrow{\ \triangle\ } 2CrCl_3+3Cl_2\uparrow+7H_2O+2KCl$$

② 强碱性介质中，氧化值为+3 的 $[Cr(OH)_4]^-$ 有较强的还原性，易被中等强度的氧化剂氧化为 CrO_4^{2-}，例如

$$2[Cr(OH)_4]^-+3H_2O_2+2OH^- === 2CrO_4^{2-}+8H_2O$$

③ 在酸性溶液中，Cr^{3+} 的还原性较弱，只有如 $K_2S_2O_8$ 或 $KMnO_4$ 等强氧化剂才能将 Cr^{3+} 氧化为 $Cr_2O_7^{2-}$，例如

$$2Cr^{3+}+3S_2O_8^{2-}+7H_2O \xrightarrow{\ \triangle\ } Cr_2O_7^{2-}+6SO_4^{2-}+14H^+$$

重铬酸盐的溶解度较铬酸盐的溶解度大，因此，向重铬酸盐溶液中加 Ag^+、Pb^{2+}、Ba^{2+} 等离子时，通常生成铬酸盐沉淀，例如

$$Cr_2O_7^{2-}+4Ag^++H_2O === 2Ag_2CrO_4\downarrow(砖红色)+2H^+$$

$$Cr_2O_7^{2-}+2Ba^{2+}+H_2O === 2BaCrO_4\downarrow(黄色)+2H^+$$

在酸性溶液中，$Cr_2O_7^{2-}$ 与 H_2O_2 反应生成深蓝色过氧化物 CrO_5，它不稳定，会很快分解为 Cr^{3+} 和 O_2。若被萃取到乙醚或戊醇中则因生成加合物而稳定得多，主要反应为

$$Cr_2O_7^{2-}+4H_2O_2+2H^+ === 2CrO(O_2)_2(深蓝色)+5H_2O$$

$$CrO(O_2)_2+(C_2H_5)_2O === CrO(O_2)_2 \cdot (C_2H_5)_2O(深蓝色)$$

$$4CrO(O_2)_2+12H^+ === 4Cr^{3+}+7O_2\uparrow+6H_2O$$

此反应可用来鉴定 Cr（Ⅲ）或 Cr（Ⅵ）。

2．锰的重要化合物的性质

（1）锰的氧化物及其水合物的性质（表 18-2）

表 18-2　锰的氧化物及其水合物的性质

氧化态	+2	+4	+6	+7
氧化物	MnO（绿色）	MnO$_2$（棕色）		Mn$_2$O$_7$
氧化物的水合物	Mn(OH)$_2$（白色）	MnO(OH)$_2$（棕黑色）	H$_2$MnO$_4$（绿色）	HMnO$_4$（紫红色）
酸碱性	碱性（中强）	两性	酸性	强酸性
氧化还原稳定性	不稳定，易被空气中的氧氧化为 MnO(OH)，进而氧化为 MnO(OH)$_2$ 4Mn(OH)$_2$+O$_2$ === 4MnO(OH)+2H$_2$O 4MnO(OH)+O$_2$+2H$_2$O === 4MnO(OH)$_2$	稳定	极不稳定，易发生歧化反应	极不稳定，易分解 2Mn$_2$O$_7$ === 4MnO$_2$↓ +3O$_2$↑ 4HMnO$_4$ === 4MnO$_2$↓ +3O$_2$↑+2H$_2$O

（2）氧化还原性

Mn 的元素电势图

$\varphi_A^\ominus/V$：

$$\overset{0.56}{MnO_4^-}\text{——}\overset{2.26}{MnO_4^{2-}}\text{——}\overset{0.906}{MnO_2}\text{——}\overset{1.51}{Mn^{3+}}\text{——}\overset{-1.029}{Mn^{2+}}\text{——}Mn$$

$$1.679 \qquad\qquad 1.208$$

$$1.51$$

$\varphi_B^\ominus/V$：

$$\overset{0.564}{MnO_4^-}\text{——}\overset{0.60}{MnO_4^{2-}}\text{——}\overset{-0.1}{MnO_2}\text{——}\overset{-0.40}{Mn(OH)_3}\text{——}\overset{-1.47}{Mn(OH)_2}\text{——}Mn$$

$$0.59$$

从 Mn 的元素电势图可知：

① 在酸性介质中，Mn^{3+}和MnO_4^{2-}均不稳定，易发生歧化反应

$$3MnO_4^{2-}+4H^+ =\!=\!= 2MnO_4^-+MnO_2+2H_2O$$

在中性或弱碱性介质中，Mn^{3+}、MnO_4^{2-} 也能发生歧化反应，但趋势较小，速度较慢。MnO_4^{2-} 只能较稳定地存在于强碱性介质中。

② 在碱性介质中，$Mn(OH)_2$ 不稳定，易被空气中的氧氧化为 $MnO(OH)_2$。但在酸性介质中 Mn^{2+}则很稳定，不易被氧化，也不易被还原。只有在高酸度的溶液中与强氧化剂［如 $NaBiO_3$、PbO_2、$(NH_4)_2S_2O_8$ 等］作用时，才能被氧化为 MnO_4^-。

$$5NaBiO_3+2Mn^{2+}+14H^+ =\!=\!= 2MnO_4^-+5Bi^{3+}+5Na^++7H_2O$$

$$5PbO_2+2Mn^{2+}+4H^+ =\!=\!= 2MnO_4^-+5Pb^{2+}+2H_2O$$

上述反应可用于鉴定 Mn^{2+}。

③ 在酸性介质中，MnO_2 有强氧化性，作氧化剂时，一般被还原为 Mn^{2+}

$$MnO_2+4HCl（浓）\overset{\triangle}{=\!=\!=}MnCl_2+Cl_2\uparrow+2H_2O$$

实验室常用此反应制取少量氯气。

在碱性介质中，强氧化剂能把 MnO_2 氧化成绿色的 MnO_4^{2-}

$$2MnO_4^-+MnO_2+4OH^- =\!=\!= 3MnO_4^{2-}+2H_2O$$

④ $KMnO_4$ 具有强氧化性，特别是在酸性介质中，其氧化能力更强。$KMnO_4$ 作为氧化剂，还原产物因介质酸碱性的不同而异，其规律见表 18-3。

表 18-3 $KMnO_4$ 作为氧化剂还原产物的酸碱度规律

介质酸碱性	酸性	中性	碱性
还原产物	Mn^{2+}	MnO_2	MnO_4^{2-}

仪器与药品

1. 仪器

离心机，微型离心管，小试管（10mm×75mm），表面皿，小玻璃棒，滴管，试管夹。

2．药品

酸：HNO_3（6.0mol·L^{-1}），H_2SO_4（3.0mol·L^{-1}），HCl（2.0mol·L^{-1}，6.0mol·L^{-1}，浓），H_2S（饱和）。

碱：NaOH（2.0，6.0mol·L^{-1}），$NH_3·H_2O$（2.0mol·L^{-1}）。

盐：$Pb(NO_3)_2$（0.10mol·L^{-1}），$AgNO_3$（0.10mol·L^{-1}），$BaCl_2$（0.10mol·L^{-1}），$MnSO_4$（0.10mol·L^{-1}，0.50mol·L^{-1}），Na_2SO_3（0.10mol·L^{-1}），$CrCl_3$（0.10mol·L^{-1}），K_2CrO_4（0.10mol·L^{-1}），$K_2Cr_2O_7$（0.10mol·L^{-1}），$KMnO_4$（0.010mol·L^{-1}），$Cr_2(SO_4)_3$（0.10mol·L^{-1}），Na_2S（0.10mol·L^{-1}），KI（0.10mol·L^{-1}），$Pb(Ac)_2$（0.10mol·L^{-1}）。

固体：$(NH_4)_2S_2O_8$，$NaBiO_3$，MnO_2。

其他：乙醚，H_2O_2（3%），淀粉溶液。

3．材料

pH 试纸，滤纸条。

实验内容

1．Cr 的化合物

（1）$Cr(OH)_3$ 的生成和性质

用少量 0.10mol·L^{-1} $CrCl_3$ 溶液和 2.0mol·L^{-1} NaOH 溶液制备适量 $Cr(OH)_3$ 沉淀，并验证：

① $Cr(OH)_3$ 呈两性；

② $[Cr(OH)_4]^-$ 热稳定性差，加热完全水解。

（2）Cr（Ⅲ）的还原性和 Cr（Ⅵ）的氧化性

① 在小试管中加入 2 滴 0.10mol·L^{-1} $CrCl_3$ 溶液和过量的 6.0mol·L^{-1} NaOH 溶液使生成$[Cr(OH)_4]^-$，然后加入 2 滴 H_2O_2 溶液（3%），微热，观察溶液颜色变化。保留溶液备实验步骤（2）⑤用。

② 在小试管中加入 1～2 滴 0.10mol·L^{-1} $CrCl_3$ 溶液，用 1～2 滴 3.0mol·L^{-1} H_2SO_4 酸化，再滴加数滴 H_2O_2 溶液（3%）（**注意**：由于 H_2O_2 的浓度会因长期放置分解而降低，故需根据实验情况决定加入量），微热，观察溶液颜色有无变化。

③ 在小试管中加入 2～3 滴 0.10mol·L^{-1} $CrCl_3$ 溶液，用 2～3 滴水稀释，加入少量固体$(NH_4)_2S_2O_8$，微热，观察溶液颜色变化。

根据实验比较 Cr（Ⅲ）被氧化为 $Cr_2O_7^{2-}$ 和 CrO_4^{2-} 的条件，Cr^{3+} 与$[Cr(OH)_4]^-$ 还原性的相对强弱。

④ 在酸化的 0.10mol·L^{-1} $K_2Cr_2O_7$ 中，滴加 H_2S（饱和）溶液，有何现象？

⑤ Cr^{3+} 的鉴定　取实验 1（2）①所制得的 CrO_4^{2-} 溶液 2～3 滴，加入 0.5mL 乙醚和几滴 H_2O_2（3%），再慢慢滴加 3.0mol·L^{-1} H_2SO_4 酸化，摇动试管，乙醚层出现深蓝色，表示有 Cr^{3+} 存在。

（3）$Cr_2O_7^{2-}$ 与 CrO_4^{2-} 的相互转化

① 在 0.10mol·L^{-1} $K_2Cr_2O_7$ 溶液中逐滴加入 2.0mol·L^{-1} NaOH，然后再逐滴加入 1.0mol·L^{-1} H_2SO_4 溶液，观察溶液颜色的变化。

② 用 0.10mol·L^{-1} $Pb(NO_3)_2$、$AgNO_3$、$BaCl_2$、K_2CrO_4 溶液制备适量 $PbCrO_4$、Ag_2CrO_4、

BaCrO$_4$ 沉淀，观察各沉淀物的颜色。

③ 在表面皿上用 pH 试纸测定 0.10mol·L^{-1} K$_2$Cr$_2$O$_7$ 溶液的 pH 值，然后用两支小试管在 K$_2$Cr$_2$O$_7$ 溶液中分别加入 0.10mol·L^{-1} 的 AgNO$_3$、BaCl$_2$ 溶液，观察沉淀的颜色，并测试溶液的 pH 值。解释溶液 pH 变化的原因。

（4）Cr^{3+} 在 Na$_2$S 溶液中的完全水解

在 0.10mol·L^{-1} Cr$_2$(SO$_4$)$_3$ 中加入 0.10mol·L^{-1} Na$_2$S 溶液，观察现象，检验逸出的气体 [用自制 Pb(Ac)$_2$ 试纸]。

2. Mn 的化合物

（1）Mn(OH)$_2$ 的生成和性质

用少量 0.10mol·L^{-1} MnSO$_4$ 和 2.0mol·L^{-1} NaOH 制备适量 Mn(OH)$_2$ 沉淀（不能摇动）。在空气中放置一段时间后，观察沉淀颜色的变化。

（2）MnS 的生成和性质

在 0.10mol·L^{-1} MnSO$_4$ 溶液中滴加 H$_2$S 溶液（饱和），有无沉淀生成？再逐滴加入 2mol·L^{-1} NH$_3$·H$_2$O 溶液，摇荡试管，有无沉淀生成？

（3）Mn（Ⅱ）的还原性和 Mn（Ⅳ）、Mn（Ⅶ）的氧化性

用固体 MnO$_2$、浓 HCl、0.10mol·L^{-1} KMnO$_4$ 和 MnSO$_4$ 溶液设计一组实验，验证 MnO$_2$、KMnO$_4$ 的氧化性。

（4）MnO$_4^{2-}$ 的生成和性质

① 取 1 滴 0.010mol·L^{-1} KMnO$_4$ 加入 0.5mL 6.0mol·L^{-1} NaOH，再加入一小匙 MnO$_2$(s)，加热，搅动，离心分离，观察上层清液的颜色。

② 取上述实验所得的上层清液，分盛于两支小试管中，在一支小试管中加少量水，另一支试管用 3.0mol·L^{-1} H$_2$SO$_4$ 酸化，观察现象。说明 MnO$_4^{2-}$ 稳定存在的介质条件。

（5）溶液酸碱性对 MnO$_4^-$ 还原产物的影响

在 3 支小试管中各加入 1～2 滴 0.010mol·L^{-1} KMnO$_4$，再分别加入 2～3 滴 3.0mol·L^{-1} H$_2$SO$_4$、6.0mol·L^{-1} NaOH 和 H$_2$O，然后各加入 2～3 滴 0.10mol·L^{-1} Na$_2$SO$_3$，观察各试管中发生的变化。

（6）Mn^{2+} 的鉴定

取 2 滴 0.10mol·L^{-1} MnSO$_4$ 和 2～3 滴 6.0mol·L^{-1} HNO$_3$，加少量 NaBiO$_3$(s)，摇荡试管，离心分离，上层清液呈紫色，表示有 Mn^{2+} 存在。

预习思考题

1. 如何用实验确定 Cr(OH)$_3$ 和 Mn(OH)$_2$ 的酸碱性？Mn(OH)$_2$ 在空气中为什么会变色？
2. 在 Cr^{3+} 溶液中加 Na$_2$S，能否得到 Cr$_2$S$_3$？为什么？如何检验 H$_2$S 气体的生成？
3. 在 Mn^{2+} 溶液中通入 H$_2$S，能否得到 MnS 沉淀？怎样才能得到 MnS 沉淀？
4. 怎样存放 KMnO$_4$ 溶液？为什么？
5. 为什么铬酸洗液能洗涤仪器？使用时应注意些什么？红色的铬酸洗液使用一段时间后，变为绿色就失效了，为什么？
6. 本实验中用到试剂乙醚，其性质上有何特点？在使用操作上应注意什么问题？

实验19　d 区重要化合物的性质（二）

1. 掌握 Fe（Ⅱ）、Co（Ⅱ）、Ni（Ⅱ）化合物的还原性和 Fe（Ⅲ）、Co（Ⅲ）、Ni（Ⅲ）化合物的氧化性及其变化规律。
2. 掌握 Fe、Co、Ni 重要配合物的生成和性质。
3. 掌握 Fe^{2+}、Fe^{3+}、Co^{2+}、Ni^{2+} 等离子分离、鉴定的原理和方法。

1. 铁系元素的氧化还原性

铁系元素的电势图

$\varphi_A^\ominus/V$：

$$Fe^{3+} \xrightarrow{0.77} Fe^{2+} \xrightarrow{-0.440} Fe$$

$$Co^{3+} \xrightarrow{1.80} Co^{2+} \xrightarrow{-0.29} Co$$

$$Ni^{3+} \xrightarrow{>1.84} Ni^{2+} \xrightarrow{-0.25} Ni$$

$\varphi_B^\ominus/V$：

$$FeO(OH) \xrightarrow{-0.56} Fe(OH)_2 \xrightarrow{-0.877} Fe$$

$$CoO(OH) \xrightarrow{0.20} Co(OH)_2 \xrightarrow{-0.73} Co$$

从铁系元素的电势图可知：

① 在酸性介质中，Fe（Ⅲ）、Co（Ⅲ）、Ni（Ⅲ）均有氧化性，其氧化性的递变规律是 Fe（Ⅲ）<Co（Ⅲ）<Ni（Ⅲ）。

与 O_2/H_2O 电对的电极电势值 [$\varphi_A^\ominus(O_2/H_2O)=1.23V$] 比较可以看出，在铁系元素中，只有 Fe^{3+} 在水溶液中是稳定的，能形成稳定的氧化值为+3 的简单盐，而 Co^{3+}、Ni^{3+} 在水溶液中则不能稳定存在，易被还原为 Co^{2+}、Ni^{2+}。

② 在碱性介质中，M（Ⅱ）（M 代表 Fe、Co、Ni）的还原性大于在酸性介质中 M（Ⅱ）的还原性，递变规律是

还原性减弱→

还原性增强↓

	Fe^{2+}	Co^{2+}	Ni^{2+}
	$Fe(OH)_2$	$Co(OH)_2$	$Ni(OH)_2$

③ 与 O_2/H_2O、O_2/OH^- 电对的电极电势 [$\varphi_A^\ominus(O_2/H_2O)=1.23V$，$\varphi_B^\ominus(O_2/OH^-)=0.40V$] 比较可以看出，在酸性或碱性介质中，Fe（Ⅱ）可被空气中的氧氧化，但在碱性介质中更易被氧化；Co（Ⅱ）在酸性溶液中是稳定的，但在碱性介质中则可被空气中的氧所氧化，只是反应

速度较缓慢；Ni（Ⅱ）则在酸性或碱性介质中均能稳定存在。

Fe^{2+}、Co^{2+}和Ni^{2+}都有颜色，Fe^{2+}(aq)呈浅绿色，Co^{2+}(aq)呈粉红色，Ni^{2+}(aq)呈绿色，而Fe^{3+}(aq)呈浅紫色（由于水解生成$[Fe(H_2O)_5(OH)]^{2+}$而使溶液呈棕黄色）。

2. 铁系元素的配合物

铁系元素的阳离子都是很好的配合物形成体，可以形成多种配合物，重要的配合物有氨配合物、氰配合物、硫氰配合物和羟基配合物等。由于铁系元素的很多配合物有特殊颜色，有些配合物不但有特殊颜色而且溶解度很小，稳定性高，因此在分析化学上常利用铁系元素配合物的特殊性质作为离子鉴定和分离的基础。

例如，$K_4[Fe(CN)_6]\cdot3H_2O$(s)为黄色，俗名黄血盐，$K_3[Fe(CN)_6]$(s)为深红色，俗名赤血盐，它们分别与Fe^{3+}或Fe^{2+}形成蓝色沉淀。

Fe^{3+}与SCN^-形成血红色的配合物

$$Fe^{3+}+nSCN^- \rightleftharpoons [Fe(SCN)_n]^{3-n} \qquad （n=1\sim6 均为红色）$$

此反应用来检验Fe^{3+}的存在。

Co^{2+}与SCN^-反应生成$[Co(SCN)_4]^{2-}$（蓝色），它在水溶液中不稳定，在丙酮或戊醇等有机溶剂中较为稳定，此反应用来鉴定Co^{2+}的存在。

Ni^{2+}与丁二酮肟反应得到玫瑰红色的内配盐，此反应需在弱碱性条件下进行，酸度过大不利于内配盐的生成，碱度过大则生成$Ni(OH)_2$沉淀，适宜条件是pH=5～10，此反应十分灵敏，常用来鉴定Ni^{2+}的存在。

由于氧化态（或还原态）离子形成稳定的配离子的结果，对氧化态（或还原态）物质起到稳定作用，使氧化还原电对发生改变，因此同一氧化态的Fe、Co、Ni的配离子的氧化还原稳定性与其简单离子的氧化还原稳定性有较大的差异。其规律是：同种配体与M^{3+}、M^{2+}形成的配离子，若M^{3+}的配离子比M^{2+}的配离子稳定，则此电对的$\varphi^\ominus$值比$\varphi^\ominus(M^{3+}/M^{2+})$小，其结果使$M^{3+}$配离子的氧化性小于$M^{3+}$的氧化性，反之，$\varphi^\ominus$值增大，结果使$M^{3+}$配离子的氧化性大于$M^{3+}$的氧化性。$[Co(NH_3)_6]^{3+}$、$[Fe(CN)_6]^{3-}$就属于前一种情况。$Co^{2+}$的稳定性好，能稳定地存在于水溶液中，但$[Co(NH_3)_6]^{2+}$则不稳定，易被空气中的氧所氧化

$$4[Co(NH_3)_6]^{2+}(土黄色)+O_2+2H_2O===4[Co(NH_3)_6]^{3+}(红棕色)+4OH^-$$

$[Ni(NH_3)_6]^{2+}$在空气中是稳定的，只有用强氧化剂才能使之变为$[Ni(NH_3)_6]^{3+}$

$$2[Ni(NH_3)_6]^{2+}+Br_2===2[Ni(NH_3)_6]^{3+}+2Br^-$$

仪器、药品及材料

1. 仪器

离心机，微型离心管，小试管（10mm×75mm），长吸管，试管夹，酒精灯。

2. 药品

酸：H_2SO_4（3.0mol·L^{-1}），HCl（浓）。

碱：NaOH（2.0mol·L^{-1}，6.0mol·L^{-1}），$NH_3\cdot H_2O$（2.0mol·L^{-1}，6.0mol·L^{-1}）。

盐：$KMnO_4$（0.010mol·L^{-1}），$FeSO_4$（0.10mol·L^{-1}），$K_4[Fe(CN)_6]$（0.10mol·L^{-1}），

KSCN（0.10mol·L^{-1}），CoCl$_2$（0.50mol·L^{-1}），NiSO$_4$（0.10mol·L^{-1}），KI（0.010mol·L^{-1}），K$_3$[Fe(CN)$_6$]（0.10mol·L^{-1}），FeCl$_3$（0.10mol·L^{-1}），NH$_4$Cl（1.0mol·L^{-1}），NaF（1.0mol·L^{-1}）。

固体：(NH$_4$)$_2$Fe(SO$_4$)$_2$·6H$_2$O，KSCN。

其他：H$_2$O$_2$（3%），I$_2$水，Br$_2$水，淀粉溶液，丙酮，CCl$_4$，丁二酮肟。

3．材料

淀粉 KI 试纸（自制）。

实验内容

1．Fe（Ⅱ）、Co（Ⅱ）、Ni（Ⅱ）化合物的还原性

（1）Fe（Ⅱ）化合物的还原性

① 取 A、B 两支小试管，在 A 管中加入 5 滴蒸馏水和 1～2 滴 3.0mol·L^{-1} H$_2$SO$_4$ 溶液，煮沸以赶走溶解的氧气，待冷却后，加入少量(NH$_4$)$_2$Fe(SO$_4$)$_2$·6H$_2$O(s)，使之溶解；在 B 管中加入 0.5mL 6.0mol·L^{-1} NaOH 溶液，煮沸，待冷却后用长吸管吸取一半该溶液［留一半备实验（2）用］，迅速将滴管插入 A 管溶液底部，慢慢挤出 NaOH 溶液（**注意**：整个操作都要避免将空气带入溶液），观察产物的颜色和状态。摇动后放置一段时间，观察沉淀颜色的变化。

② 取 0.010mol·L^{-1} KMnO$_4$ 溶液 1～2 滴，用 3.0mol·L^{-1} H$_2$SO$_4$ 溶液 1～2 滴酸化，然后滴加 0.10mol·L^{-1} FeSO$_4$ 溶液，有何变化？再加 2 滴 0.10mol·L^{-1} K$_4$[Fe(CN)$_6$]溶液，又有何变化？

③ 取 2～3 滴 0.10mol·L^{-1} FeSO$_4$ 溶液，用 1～2 滴 3.0mol·L^{-1} H$_2$SO$_4$ 溶液酸化后，加入 H$_2$O$_2$（3%）溶液数滴，微热，观察溶液颜色的变化。再加 1 滴 0.10mol·L^{-1} KSCN 溶液，又有何变化？

④ 在碘水中加 1 滴淀粉溶液，再逐滴加入 0.10mol·L^{-1} FeSO$_4$ 溶液，有无变化？

⑤ 用 0.10mol·L^{-1} K$_4$[Fe(CN)$_6$]溶液代替 FeSO$_4$ 溶液重复上述实验，看有何现象？

（2）Co（Ⅱ）化合物的还原性

在 A、B 两支小试管中各加入 5 滴 0.50mol·L^{-1} CoCl$_2$ 溶液，煮沸，分别滴加实验 1（1）①赶去氧气的 NaOH 溶液数滴，观察现象。然后分别转移到微型离心管中，离心分离，弃去清液，将 A 管中的沉淀放置片刻，观察沉淀颜色的变化；B 管中加入数滴 H$_2$O$_2$（3%）溶液，观察沉淀颜色的变化，离心分离，弃去清液，保留沉淀备实验 2（2）用。

（3）Ni（Ⅱ）化合物的还原性

在 A、B 两支小试管中各加入 5 滴 0.10mol·L^{-1} NiSO$_4$ 溶液，逐滴加入 2.0mol·L^{-1} NaOH 溶液数滴，观察沉淀颜色。然后在一支试管中加入 3% H$_2$O$_2$ 数滴，另一支试管中加入 2～3 滴 Br$_2$ 水，摇荡试管，观察现象有何不同？离心分离，弃去清液，保留沉淀备实验 2（3）用。

2．Fe（Ⅲ）、Co（Ⅲ）、Ni（Ⅲ）化合物的氧化性

（1）Fe（Ⅲ）化合物的氧化性

① 根据 1（1）①自制少许 FeO(OH)沉淀，然后加入少许浓 HCl，观察现象。再加入 0.5mL CCl$_4$ 和 1～2 滴 0.10mol·L^{-1} KI 溶液，观察 CCl$_4$ 层颜色的变化。

② 在 0.10mol·L^{-1} FeCl$_3$ 溶液中滴加 0.010mol·L^{-1} KI 溶液，再加 2 滴淀粉溶液，观察现象。

③ 用 $K_3[Fe(CN)_6]$（$0.10mol \cdot L^{-1}$）溶液代替 $FeCl_3$ 溶液重复上面实验，看有无变化？

（2）取实验 1（2）制得的 $CoO(OH)$ 沉淀，加入少许浓 HCl，用淀粉 KI 试纸检验逸出气体。

（3）取实验 1（3）制得的 $NiO(OH)$ 沉淀，加入少许浓 HCl，用淀粉 KI 试纸检验逸出气体。

3. Fe、Co、Ni 的配合物的生成和性质

① 在 3 支小试管中分别加入 1 滴下列溶液：$0.10mol \cdot L^{-1}$ $FeSO_4$，$0.10mol \cdot L^{-1}$ $CoCl_2$，$0.10mol \cdot L^{-1}$ $NiSO_4$，再各加入 2 滴 $2.0mol \cdot L^{-1}$ $NH_3 \cdot H_2O$ 溶液，有何现象？摇荡后静置片刻，又有何变化？

② 在 A、B、C 三支小试管中分别加入 2 滴下列溶液：$0.10mol \cdot L^{-1}$ $FeCl_3$，$0.10mol \cdot L^{-1}$ $CoCl_2$，$0.10mol \cdot L^{-1}$ $NiSO_4$，并各加入 1 滴 $1.0mol \cdot L^{-1}$ NH_4Cl 溶液，然后加过量的 $6.0mol \cdot L^{-1}$ $NH_3 \cdot H_2O$ 溶液，再在 B、C 试管中加几滴溴水，摇荡后观察现象。

③ 在 $0.10mol \cdot L^{-1}$ $K_4[Fe(CN)_6]$ 溶液中滴加 $0.10mol \cdot L^{-1}$ $FeCl_3$ 溶液，观察现象。在 $0.1mol \cdot L^{-1}$ $K_3[Fe(CN)_6]$ 溶液中，滴加 $0.10mol \cdot L^{-1}$ $FeSO_4$ 溶液，观察现象。

④ 在 1 滴 $0.10mol \cdot L^{-1}$ $FeCl_3$ 溶液中加 1 滴 $0.10mol \cdot L^{-1}$ KSCN 溶液，有何现象？再滴加 $1.0mol \cdot L^{-1}$ NaF 溶液，有何变化？

⑤ 取 2 滴 $0.10mol \cdot L^{-1}$ $CoCl_2$ 溶液，加少量 KSCN(s)，再加入几滴丙酮，观察现象。

⑥ 取 1 滴 $0.10mol \cdot L^{-1}$ $NiSO_4$ 溶液，加 2 滴 $2.0mol \cdot L^{-1}$ $NH_3 \cdot H_2O$ 溶液，再加 1 滴丁二酮肟，观察现象。

预习思考题

1. 制取 $Fe(OH)_2$ 时为什么要先将有关溶液煮沸？
2. 比较 Fe 组元素 $M(OH)_2$ 的颜色、溶解性、酸碱性和还原性等。
3. 怎样从 $FeO(OH)$、$CoO(OH)$、$NiO(OH)$ 制得 $FeCl_2$、$CoCl_2$、$NiCl_2$？
4. 怎样鉴别 Fe^{2+}、Fe^{3+}、Co^{2+}、Ni^{2+} 等离子？

实验 20 ds 区重要化合物的性质

实验目的

1. 掌握 Cu、Ag、Zn、Cd、Hg 氢氧化物的酸碱性和热稳定性。
2. 掌握 Cu、Ag、Zn、Cd、Hg 常见配合物的性质。
3. 掌握 Cu（Ⅰ）和 Cu（Ⅱ）等重要化合物的性质及相互转化的条件。
4. 了解 Cu^{2+}、Ag^+、Zn^{2+}、Cd^{2+}、Hg^{2+} 等离子的鉴定方法。

理论概要

ds 区重要化合物的性质简介。

1. Cu、Ag、Zn、Cd、Hg 氢氧化物的酸碱性和热稳定性

（1）ⅠB 族元素氢氧化物的酸碱性和热稳定性（表 20-1）

表 20-1　ⅠB 族元素氢氧化物的酸碱性和热稳定性

物质	CuOH（黄色）	Cu(OH)$_2$（浅蓝色）	AgOH（白色）
溶解性	难溶于水	难溶于水	难溶于水
酸碱性	中强碱	两性（以碱性为主），易溶于酸和浓的强碱溶液	两性
热稳定性	不稳定，微热即脱水为 Cu$_2$O $2CuOH \xrightarrow{微热} Cu_2O+H_2O$（暗红色）	稳定性较差，受热易脱水为 CuO $Cu(OH)_2 \xrightarrow{80\sim90℃} CuO+H_2O$（黑色）	很不稳定，在常温下立即脱水为 Ag$_2$O $2AgOH{=\!=\!=}Ag_2O+H_2O$（褐色） 实验证明：只有 Ag$^+$ 盐与 0.1mol·L^{-1} 氨水作用或可溶性 Ag$^+$ 盐的酒精溶液与强碱在低于 $-45℃$ 条件下反应才能制得 AgOH
	热稳定性下降 ⟶		

（2）ⅡB 族元素氢氧化物的酸碱性和热稳定性（表 20-2）

表 20-2　ⅡB 族元素氢氧化物的酸碱性和热稳定性

物质	Zn(OH)$_2$（白色）	Cd(OH)$_2$（白色）	HgO（黄色）
溶解性	难溶于水	难溶于水	难溶于水
酸碱性	两性	碱性	碱性
热稳定性	较稳定，热分解温度为 877℃ $Zn(OH)_2{=\!=\!=}ZnO+H_2O$（白色）	热稳定性差，分解温度为 197℃ $Cd(OH)_2{=\!=\!=}CdO+H_2O$（棕色）	Hg(OH)$_2$ 很不稳定，到目前为止，在可溶性 Hg^{2+} 盐溶液中加碱得到的是氧化物沉淀，而不是氢氧化汞 $Hg^{2+}+2OH^-{=\!=\!=}HgO+H_2O$
	热稳定性下降 ⟶		

2. Cu（Ⅰ）、Cu（Ⅱ）、Ag（Ⅰ）、Zn（Ⅱ）、Cd（Ⅱ）、Hg（Ⅰ）、Hg（Ⅱ）的氧化还原性 Cu、Ag、Cd、Hg 的元素电极电势图如下

$\varphi_A^\ominus/V$:

$$Cu^{2+}\underset{\underline{\qquad 0.34 \qquad}}{\overset{0.17}{-\!\!-\!\!-}}Cu^+\overset{0.52}{-\!\!-\!\!-}Cu$$

$$Ag^+\overset{0.799}{-\!\!-\!\!-}Ag$$

$$Zn^{2+}\overset{-0.76}{-\!\!-\!\!-}Zn$$

$$Hg^{2+}\underset{\underline{\qquad 0.854 \qquad}}{\overset{0.907}{-\!\!-\!\!-}}Hg^+\overset{0.792}{-\!\!-\!\!-}Hg$$

$$Cd^{2+}\overset{-0.403}{-\!\!-\!\!-}Cd$$

从电势图可知：

① Cu^{2+}、Ag$^+$、Hg^{2+}、Hg$_2^{2+}$ 和对应的化合物均具有氧化性，是中强氧化剂，而 Zn^{2+}、Cd^{2+} 及其对应的化合物一般不显氧化性，例如

$$2Cu^{2+}+4I^-{=\!=\!=}2CuI\downarrow+I_2$$
$$（白色）$$

$$2Ag^++Mn^{2+}+4OH^-{=\!=\!=}2Ag\downarrow+MnO(OH)_2\downarrow+H_2O$$

分析化学上利用此反应来鉴定 Ag$^+$ 或 Mn^{2+}。

② $\varphi^{\ominus}(Cu^{2+}/Cu^{+})<\varphi^{\ominus}(Cu^{+}/Cu)$，所以在水溶液中 Cu^{+} 极不稳定，易发生歧化反应

$$2Cu^{+} \Longrightarrow Cu^{2+}+Cu \qquad K=1.48\times10^{6}$$

由于上述歧化反应的平衡常数很大，且反应速度又快，所以可溶性的 Cu（Ⅰ）化合物溶于水即迅速发生歧化反应，即 Cu（Ⅰ）的氧化还原稳定性差。根据平衡移动原理，只有形成难溶性 Cu^{+} 的化合物或稳定的 Cu^{+} 配合物时，Cu（Ⅰ）才是稳定的。例如，在热的浓盐酸或 NaCl-HCl 体系中，用铜粉还原 $CuCl_2$ 并用水稀释时，发生如下反应

$$Cu^{2+}+Cu+4Cl^{-} \xrightarrow{\triangle} 2[CuCl_2]^{-}$$
$$（土黄色）$$

$$2[CuCl_2]^{-} \xrightarrow{稀释} 2CuCl\downarrow+2Cl^{-}$$
$$（白色）$$

③ $\varphi^{\ominus}(Hg^{2+}/Hg_2^{2+})>\varphi^{\ominus}(Hg_2^{2+}/Hg)$，在溶液中 Hg_2^{2+} 不发生歧化反应，但 Hg^{2+} 可氧化 Hg 为 Hg_2^{2+}

$$Hg^{2+}+Hg \Longrightarrow Hg_2^{2+} \qquad K\approx70$$

从反应的平衡常数看，平衡时 Hg^{2+} 基本上转变为 Hg_2^{2+}。但根据平衡移动原理，如果促使上述体系中 Hg^{2+} 形成难溶性的物质或难电离的配合物，以降低溶液中 Hg^{2+} 的浓度，则上述平衡就能移向左方，导致 Hg_2^{2+} 发生歧化反应，例如

$$Hg_2Cl_2+2NH_3\cdot H_2O \Longrightarrow Hg(NH_2)Cl\downarrow+Hg\downarrow+NH_4Cl+2H_2O$$
$$（白色）$$

$$Hg_2^{2+}+S^{2-} \Longrightarrow HgS\downarrow+Hg\downarrow$$

3. Cu^{2+}、Ag^{+}、Zn^{2+}、Cd^{2+}、Hg^{2+} 都是很好的配合物形成体，可以形成多种配合物。

仪器与药品

1. 仪器

离心机，微型离心管，小烧杯（50mL），小试管（10mm×75mm），小玻璃棒，酒精灯，试管夹等。

2. 药品

酸：HCl（$2.0mol\cdot L^{-1}$，浓），H_2SO_4（浓），HAc（$2.0mol\cdot L^{-1}$），H_2S（饱和）。

碱：NaOH（$2.0mol\cdot L^{-1}$，$6.0mol\cdot L^{-1}$，40%），$NH_3\cdot H_2O$（$0.10mol\cdot L^{-1}$，$2.0mol\cdot L^{-1}$，$6.0mol\cdot L^{-1}$）。

盐：$AgNO_3$（$0.10mol\cdot L^{-1}$），$CuSO_4$（$0.10mol\cdot L^{-1}$），$CuCl_2$（$1.0mol\cdot L^{-1}$），$ZnSO_4$（$0.10mol\cdot L^{-1}$），$CdSO_4$（$0.10mol\cdot L^{-1}$），$Hg(NO_3)_2$（$0.10mol\cdot L^{-1}$），$HgCl_2$（$0.10mol\cdot L^{-1}$），NaCl（$0.10mol\cdot L^{-1}$，饱和），KI（$0.10mol\cdot L^{-1}$），Na_2S（$0.10mol\cdot L^{-1}$），$Na_2S_2O_3$（$0.10mol\cdot L^{-1}$），NH_4Cl（$0.10mol\cdot L^{-1}$），KBr（$0.10mol\cdot L^{-1}$），$K_4[Fe(CN)_6]$（$0.10mol\cdot L^{-1}$），$SnCl_2$（$0.10mol\cdot L^{-1}$）。

其他：淀粉溶液，纯 Cu（粉或屑），二苯硫腙的四氯化碳溶液。

实验内容

1. 氢氧化物的生成和性质

① 在三支小试管中，各加入 2 滴 0.10mol·L^{-1} CuSO$_4$ 和 2 滴 2.0mol·L^{-1} NaOH，观察生成 Cu(OH)$_2$ 沉淀的颜色。然后在其中一支试管中加入 3 滴 2.0mol·L^{-1} HCl，在另一支试管中则加入 5 滴 6.0mol·L^{-1} NaOH，最后将第三支试管用小火加热，观察以上实验现象并给予解释。

② 取 1 滴 0.10mol·L^{-1} AgNO$_3$，用蒸馏水稀释至 1mL 左右，逐滴缓慢地加入 2.0mol·L^{-1} NaOH，留意观察生成沉淀的颜色及变化。

③ 取 1 滴 0.10mol·L^{-1} Hg(NO$_3$)$_2$，再加入 1~2 滴 2.0mol·L^{-1} NaOH，观察出现的现象。通过实验，对 Cu、Ag、Hg 氢氧化物的热稳定性强弱作出比较。

④ 自行设计实验，验证 Zn(OH)$_2$ 和 Cd(OH)$_2$ 的酸碱性。

2. 配合物的生成和性质

（1）氨合物的生成和性质

① 在四支小试管中分别加入 0.10mol·L^{-1} CuSO$_4$、ZnSO$_4$、CdSO$_4$ 和 HgCl$_2$ 各 4 滴，再各加入 1 滴 2.0mol·L^{-1} NH$_3$·H$_2$O，观察各自生成沉淀的颜色。继而再分别逐滴加入过量的 2.0mol·L^{-1} NH$_3$·H$_2$O，观察现象并比较 Cu^{2+}、Zn^{2+}、Cd^{2+}、Hg^{2+} 与 NH$_3$·H$_2$O 的反应有何不同。

② 用两支小试管，按上述方法分别制取少量同等的[Cu(NH$_3$)$_4$]$^{2+}$溶液，然后在其中一支试管中加入 2 滴 2.0mol·L^{-1} NaOH，另一支小试管中加入 2 滴 0.10mol·L^{-1} Na$_2$S，观察现象。

（2）银的配合物

① 在两支小试管中各加入 1 滴 0.10mol·L^{-1} AgNO$_3$ 和 1 滴 0.10mol·L^{-1} NaCl，观察现象。然后在其中一支试管中加入几滴 2.0mol·L^{-1} NH$_3$·H$_2$O，在另一支试管中加入几滴 0.10mol·L^{-1} Na$_2$S$_2$O$_3$，观察 AgCl 沉淀的溶解情况。

② 制取少量 AgBr 和 AgI 沉淀，按上述方法分别试验它们在 2.0mol·L^{-1} NH$_3$·H$_2$O 和 0.10mol·L^{-1} Na$_2$S$_2$O$_3$ 溶液中的溶解情况。

（3）汞的配合物

① 取 1 滴 0.10mol·L^{-1} Hg(NO$_3$)$_2$，滴加 1 滴 0.10mol·L^{-1} KI，观察沉淀生成的颜色，继而加入过量的 0.10mol·L^{-1} KI 至沉淀又溶解，解释现象。

② 在实验①所得的溶液中，加入几滴 40% NaOH，即得到奈斯勒试剂，可用于检验 NH$_3$ 或 NH$_4^+$。

在试管中加入 1 滴 0.10mol·L^{-1} NH$_4$Cl 溶液，再加入 1~2 滴自制的奈斯勒试剂，观察现象。

3. Cu（Ⅱ）的氧化性和 Cu（Ⅰ）与 Cu（Ⅱ）的转化

（1）CuCl 的生成和性质

取少量 Cu 粉于小试管中，加入 10 滴 1.0mol·L^{-1} CuCl$_2$、8 滴饱和 NaCl 和 2 滴浓 HCl，小火加热至溶液呈浅棕黄色，停止加热，把溶液全部倒入盛有约 10mL 水的小烧杯中（**注意：剩余的铜粉不要倒入烧杯**）。观察白色沉淀的生成。静置以后，用倾泻法分离固液，取少许

CuCl 沉淀分别与 2.0mol·L^{-1} NH$_3$·H$_2$O 和浓 HCl 反应，观察现象并解释。

（2）CuI 的性质

在微型离心管中，加入 3～4 滴 0.10mol·L^{-1} CuSO$_4$，滴加等量的 0.10mol·L^{-1} KI，观察现象。然后离心分离，取少量清液，用蒸馏水稀释，用淀粉溶液检验是否有 I$_2$ 生成。洗涤沉淀，观察沉淀的颜色，对实验现象作出解释。

4. Cu^{2+}、Ag$^+$、Zn^{2+}、Cd^{2+}、Hg^{2+} 的鉴定

（1）Cu^{2+} 的鉴定

取 1 滴 0.10mol·L^{-1} CuSO$_4$，加入 1 滴 2.0mol·L^{-1} HAc 和 1 滴 0.10mol·L^{-1} K$_4$[Fe(CN)$_6$]，有棕红色沉淀生成，在沉淀中加 3～4 滴 6.0mol·L^{-1} NH$_3$·H$_2$O，沉淀溶解呈深蓝色，表示有 Cu^{2+} 存在。

（2）Ag$^+$ 的鉴定

用离心管操作，在 2 滴 0.10mol·L^{-1} AgNO$_3$ 溶液中加入几滴 2.0mol·L^{-1} HCl 至沉淀完全，离心分离，将沉淀洗涤两次，在沉淀中加入 2.0mol·L^{-1} NH$_3$·H$_2$O 至沉淀溶解，再加入 2 滴 0.10mol·L^{-1} KI，有黄色沉淀生成，表示有 Ag$^+$ 存在。

（3）Zn^{2+} 的鉴定

取 1 滴 0.10mol·L^{-1} ZnSO$_4$，加入 2 滴 6.0mol·L^{-1} NaOH 溶液，再加 5 滴含二苯硫腙的 CCl$_4$ 溶液，摇荡，注意水层与 CCl$_4$ 层颜色的变化。

（4）Cd^{2+} 的鉴定

取 2 滴 0.10mol·L^{-1} CdSO$_4$，加 2 滴 2.0mol·L^{-1} HCl 酸化，再加饱和 H$_2$S 水溶液，摇荡，若有黄色沉淀生成，表示有 Cd^{2+} 存在。

（5）Hg^{2+} 的鉴定

利用 SnCl$_2$ 与 HgCl$_2$ 的反应鉴定。参见实验 17【实验内容】4（1）①。

预习思考题

1. 能否用铜制容器存放 NH$_3$·H$_2$O，为什么？用 $\varphi^\ominus$（[Cu(NH$_3$)$_4$]$^{2+}$/Cu）值进行解释。
2. Cu（Ⅰ）与 Cu（Ⅱ）各自稳定存在和相互转化的条件是什么？
3. CuCl 溶于 NH$_3$·H$_2$O（或浓 HCl）后生成的产物常呈蓝色（或黄色），为什么？
4. Zn^{2+}、Cd^{2+}、Hg^{2+} 与 NH$_3$·H$_2$O 反应的产物各是什么？
5. 本实验涉及的试剂药品和生成物哪些有毒？操作中应注意什么问题？

实验 21　配位化合物的重要性质

实验目的

1. 试验并了解配位化合物的形成和组成。
2. 试验并了解中心离子、配合剂对配位化合物稳定性的影响。
3. 了解配合平衡与沉淀反应、氧化还原反应以及溶液的酸碱度的关系。
4. 练习生成配合物及检验其性质的操作。

实验原理

配位化合物是由形成体（中心离子或原子）和一定数目的配位体（阴离子或分子）以配位键相结合形成的具有一定的组成和空间构型的复杂化合物。在配离子溶液中存在配合-离解平衡

$$Ag^+ + 2NH_3 \rightleftharpoons [Ag(NH_3)_2]^+$$

$$K_稳^\ominus = \frac{c([Ag(NH_3)_2]^+)/c^\ominus}{[c([Ag^+])/c^\ominus][c([NH_3]^2)c^\ominus]}$$

式中，$K_稳^\ominus$ 为稳定常数，不同的配合物具有不同的稳定常数，对于同种类型的配合物，$K_稳^\ominus$ 越大，表示配离子越稳定。

根据平衡移动原理，条件改变后，配合平衡将发生移动，如加入沉淀剂、改变溶液的浓度以及改变溶液的酸碱性，配合平衡都将发生移动。

由简单物质形成配合物时，物质的性质将发生改变，如稳定性、颜色、溶解性、酸碱性以及氧化还原性等。

仪器与药品

1. 仪器

离心机，微型离心管，酒精灯，小试管（10mm×75mm），小玻璃棒，试管夹，漏斗，漏斗架等。

2. 药品

酸：H_2SO_4（3.0mol·L^{-1}），HCl（2.0mol·L^{-1}，浓），H_3BO_3（0.10mol·L^{-1}）。

碱：NaOH（2.0mol·L^{-1}），$NH_3 \cdot H_2O$（2.0mol·L^{-1}，6.0mol·L^{-1}）。

盐：$CuSO_4$（0.10mol·L^{-1}），$BaCl_2$（0.10mol·L^{-1}），$Hg(NO_3)_2$（0.10mol·L^{-1}），KI（0.10mol·L^{-1}），$FeCl_3$（0.10mol·L^{-1}），KSCN（0.10，1.0mol·L^{-1}），NaF（0.10mol·L^{-1}，1.0mol·L^{-1}），NH_4Cl（1.0mol·L^{-1}），$CrCl_3$（0.10mol·L^{-1}），NaCl（0.10mol·L^{-1}，1.0mol·L^{-1}），$AgNO_3$（0.10mol·L^{-1}），KBr（0.10mol·L^{-1}），$Na_2S_2O_3$（0.10mol·L^{-1}），$K_3[Fe(CN)_6]$（0.10mol·L^{-1}），$ZnSO_4$（0.10mol·L^{-1}），$CdSO_4$（0.10mol·L^{-1}），$FeSO_4(s)$，$K_4[Fe(CN)_6]$（0.10mol·L^{-1}），Na_2S（0.10mol·L^{-1}），明矾（s），$Na_3[Co(NO_2)_6]$（饱和溶液），$CoCl_2$（0.50mol·L^{-1}），EDTA 二钠盐（0.10mol·L^{-1}），$NiCl_2$（或$NiSO_4$）（0.10mol·L^{-1}）。

其他：CCl_4，无水乙醇，戊醇（或丙酮），丁二肟溶液，邻菲罗啉（0.2%），甲基橙溶液（0.1%），甘油，硬水。

实验内容

1. 配离子的生成和组成

① 在三支小试管中分别加入 5 滴 0.10mol·L^{-1} $CuSO_4$ 溶液，再小心滴加 2.0mol·L^{-1} $NH_3 \cdot H_2O$，观察浅蓝色 $Cu_2(OH)_2SO_4$ 沉淀的生成。继续滴加氨水，直至沉淀完全溶解，再加 1 滴氨水，观察溶液的颜色。

在其中一份溶液中加入 1 滴 $0.10mol \cdot L^{-1}$ $BaCl_2$ 溶液，另一份加入 1 滴 $0.1mol \cdot L^{-1}$ NaOH 溶液，观察现象。

在第三支试管中加入 20 滴无水乙醇，摇动试管，观察现象。过滤，观察晶体的外观性状。

② 在小试管中加入 1 滴 $0.10mol \cdot L^{-1}$ $Hg(NO_3)_2$ 溶液，再加入 1～2 滴 $0.10mol \cdot L^{-1}$ KI 溶液，观察红色 HgI_2 沉淀的生成，继续滴加 KI，直至沉淀完全溶解，观察现象。

根据以上实验，分析说明两种配合物的内界和外界的组成。

2. 配离子和简单离子性质的比较

（1）$FeCl_3$ 与 $K_3[Fe(CN)_6]$ 性质的比较

往两支小试管中分别加入 1 滴 $0.10mol \cdot L^{-1}$ $FeCl_3$ 溶液和 1 滴 $0.10mol \cdot L^{-1}$ $K_3[Fe(CN)_6]$ 溶液，然后各加入 1 滴 $0.10mol \cdot L^{-1}$ KSCN 溶液，观察有何变化？两种化合物中都有 Fe（Ⅲ），为什么实验结果不同？

（2）$FeSO_4$ 与 $K_4[Fe(CN)_6]$ 性质的比较

在两支小试管中分别加入少许固体 $FeSO_4$ 和 1 滴 $0.10mol \cdot L^{-1}$ $K_4[Fe(CN)_6]$ 溶液，然后各加入 1 滴 $0.10mol \cdot L^{-1}$ Na_2S 溶液，是否都有 FeS 沉淀生成？为什么？

（3）取少量明矾 $[K_2SO_4 \cdot Al_2(SO_4)_3 \cdot 24H_2O]$ 晶体，放入试管中用蒸馏水溶解，分别用 $Na_3[Co(NO_2)_6]$ 饱和溶液、$2.0mol \cdot L^{-1}$ NaOH 溶液、$0.50mol \cdot L^{-1}$ $BaCl_2$ 溶液检出其中的 K^+、Al^{3+}、SO_4^{2-}。

比较以上实验结果，配离子和简单离子之间，配合物和复盐之间有何区别？

3. 配合物的稳定性

（1）中心离子对配合物稳定性的影响

在两支小试管中分别加入 2 滴 $0.10mol \cdot L^{-1}$ $ZnSO_4$ 和 $0.10mol \cdot L^{-1}$ $CdSO_4$ 溶液，再滴加 $2.0mol \cdot L^{-1}$ $NH_3 \cdot H_2O$，直到最初生成的沉淀溶解为止，比较所需氨水量的多少。每支试管中再加入过量氨水 1 滴，然后各加入 1 滴 $2.0mol \cdot L^{-1}$ NaOH 溶液，是否都有沉淀生成？

（2）配合剂对配合物稳定性的影响

在三支小试管中各加入 1 滴 $0.10mol \cdot L^{-1}$ $FeCl_3$ 溶液，在第一支试管中加入 1 滴 $0.10mol \cdot L^{-1}$ NaF 溶液，在第二支试管中加入 1 滴 $0.10mol \cdot L^{-1}$ KSCN 溶液，在第三支试管中加入 1 滴 $0.10mol \cdot L^{-1}$ KSCN 溶液，再滴加 $0.10mol \cdot L^{-1}$ NaF 溶液，直至红色褪去，观察现象。

4. 配合物的水合异构现象

（1）在小试管中加入 5 滴 $0.10mol \cdot L^{-1}$ $CrCl_3$ 溶液，加热试管，观察溶液颜色的变化，然后将溶液冷却，溶液的颜色又有何变化？

（2）在另一支小试管中加入 2 滴 $0.5mol \cdot L^{-1}$ $CoCl_2$ 溶液和 5 滴饱和 NaCl 溶液，重复以上实验，观察溶液颜色的变化。

$[Cr(H_2O)_6]^{3+}$ 和 $[Co(H_2O)_6]^{2+}$ 的水合异构反应为

$$[Cr(H_2O)_6]^{3+}+2Cl^- \Longrightarrow [Cr(H_2O)_4Cl_2]^++2H_2O$$

（蓝紫）   （绿）

$$[Co(H_2O)_6]^{2+}+4Cl^- \Longrightarrow [Co(H_2O)_2Cl_4]^{2-}+4H_2O$$

（紫红）　　　　　　　　　　　（蓝紫）

5. 配合平衡的移动

（1）配合平衡与沉淀反应

在小试管中加入 1 滴 $0.10mol \cdot L^{-1}$ NaCl 溶液和 1 滴 $0.10mol \cdot L^{-1}$ AgNO$_3$ 溶液，振荡试管，观察沉淀，再滴加 $2.0mol \cdot L^{-1}$ NH$_3 \cdot$H$_2$O 至沉淀刚好溶解，然后加 1 滴 $0.10mol \cdot L^{-1}$ NaCl 溶液，看有无沉淀生成？再加 1 滴 $0.10mol \cdot L^{-1}$ KBr，看有无 AgBr 沉淀生成？加入几滴 $0.10mol \cdot L^{-1}$ Na$_2$S$_2$O$_3$ 溶液，沉淀是否溶解？然后加入 1 滴 $0.10mol \cdot L^{-1}$ KBr，观察有无 AgBr 生成。再加 1 滴 $0.10mol \cdot L^{-1}$ KI 溶液，有无沉淀生成？解释以上沉淀生成及溶解的原因。

（2）配合平衡与氧化还原反应

在两支小试管中分别加入 1 滴 $0.10mol \cdot L^{-1}$FeCl$_3$溶液，在第一支试管中滴加 $0.10mol \cdot L^{-1}$ KI 溶液至出现红棕色，再加几滴 CCl$_4$，振荡后观察 CCl$_4$ 层颜色，解释现象。在第二支试管中滴加 $0.10mol \cdot L^{-1}$ NaF 溶液至无色，然后加入 $0.10mol \cdot L^{-1}$ KI 溶液（与第一支试管加的滴数相同），再加几滴 CCl$_4$，振荡后观察 CCl$_4$ 层颜色，比较两支试管有何不同？

（3）配合平衡与介质的酸碱性

在两支试管中各加入 1 滴 $0.10mol \cdot L^{-1}$ FeCl$_3$ 溶液，再加入 5~6 滴 $0.10mol \cdot L^{-1}$ NaF 至溶液变为无色，然后在一支试管中加 1 滴 $0.1mol \cdot L^{-1}$ NaOH，另一支试管中加 1 滴 $0.10mol \cdot L^{-1}$ KSCN 后，滴加 $3.0mol \cdot L^{-1}$ H$_2$SO$_4$，观察现象。

（4）配合平衡与配合剂的浓度

在试管中加入 1 滴 $0.5mol \cdot L^{-1}$ CoCl$_2$ 溶液，再加入几滴浓 HCl，观察溶液颜色的变化，然后加水稀释，至溶液刚变为粉红色时，停止加水，再滴加浓 HCl，观察溶液颜色变化。

6. 螯合物的形成和应用

① 在试管中加入硬水约 1mL，在酒精灯上加热煮沸约 1min，观察水中有无沉淀或浑浊。取另一支试管，加入硬水约 1mL 后，再加入几滴 $0.10mol \cdot L^{-1}$ EDTA 二钠盐溶液，加热煮沸约 1min，是否有浑浊现象？为什么？

② 在试管中加入 2 滴 $0.10mol \cdot L^{-1}$ H$_3$BO$_3$ 溶液，加入甲基橙指示剂 1 滴，观察颜色变化，再加入 2 滴甘油，摇匀后，颜色又有何变化？

7. 配合物在分析化学上的应用

（1）利用形成带色配合物来鉴定某些离子

① Fe^{2+}的鉴定　在试管中加入 1 滴 $0.10mol \cdot L^{-1}$ Fe^{2+}溶液，再加入 2 滴 0.2%邻菲罗啉溶液，观察现象。

② Ni^{2+}的鉴定　在试管中加入 1 滴 $0.10mol \cdot L^{-1}$ Ni^{2+}溶液及 5 滴水，再加入 $2.0mol \cdot L^{-1}$ 氨水，使溶液呈碱性，然后加 5 滴丁二肟溶液，观察现象。

（2）利用配合物掩蔽干扰离子

在试管中加入 1 滴 $0.10mol \cdot L^{-1}$ FeCl$_3$ 和 1 滴 $0.50mol \cdot L^{-1}$ CoCl$_2$ 溶液、10 滴 $1.0mol \cdot L^{-1}$

KSCN 溶液，再逐滴加入 $0.10mol \cdot L^{-1}$ NaF 溶液至溶液呈浅粉色，再加 5 滴戊醇（或丙酮）振荡试管，静置，观察戊醇（或丙酮）层的颜色。

预习思考题

1. 怎样根据实验来推测配合物的组成？结合本实验举例说明。

2. Cu 能从 Hg^{2+} 盐中置换出 Hg，能否从 $[Hg（CN）_4]^{2-}$ 中置换出 Hg？为什么？

3. 影响配合平衡的因素有哪些？

第四部分

提纯、提取和制备实验

无机合成方法简述

研究用人工方法制取无机化合物的学科称为无机合成化学，它是无机化学学科的一个重要组成部分。众所周知，天然资源总是有限的，而利用人工方法对自然物质进行深加工，可以彻底改变物质的面貌，并赋予其较高的价值。无机合成不仅能制备出许多一般物质，还能为新技术和高科技合成出种种新材料（如新的配合物、金属有机化合物和原子簇状化合物等）。因此无机合成化学的发展及应用涉及国民经济、国防建设、资源开发、技术的发展以及人类的衣食住行的各个方面。

1. 选择合成路线的基本原则

寻找新物质和新的合成路线是合成化学的两个方面。为实现把自然界存在的普通物质改变为满足人类需求的有用物质，要求寻找和选择新的合成路线。选择合成路线的基础和原则如下。

（1）无机合成的基础是无机化学反应

一个化学反应的实现从热力学方面考虑它的可能性，即首先根据元素在周期表中的位置和性质进行定性判断，并通过 $K_a(K_b)$、K_{ap}、$K_总$、φ、ΔG 等数据进行定量的判断，以确定反应的可能性和反应趋势的大小。另外，也要从动力学的角度分析它的可能性。

无机合成仅仅通过一个或几个化学反应是远远不够的，为使合成产品达到要求（或规定）的质量指标，还必须对产品进行分离和提纯。因此一个优化的合成路线同时要有解决产品纯化的合理方案。

（2）合成路线的先进性

合成路线的选择要求工艺简单，原料价廉、易得，转化率高，质量好、成本低，同时对环境污染少、生产安全性好。

（3）按照实际情况，选择最佳合成路线

某种产品常常可以有多种合成方法。各种合成方法常各有优、缺点。此时我们应该通过综合评述，选择适合实际情况的最佳合成路线。例如，$SbCl_3$ 的合成可以有以下两种方法。

① 金属锑法　金属锑在氯气中燃烧，得到 $SbCl_3$，同时有部分 $SbCl_5$ 生成，可以用蒸馏法除去。

$$锑+氯气 \rightarrow 反应 \rightarrow 减压蒸馏 \rightarrow 常压蒸馏 \rightarrow 冷却 \rightarrow 结晶 \rightarrow 粉碎 \rightarrow 三氯化锑$$

② 锑化物法　三氧化锑和三硫化二锑与盐酸反应后，经浓缩蒸馏而得。

两种方法相比较，金属锑法成本低、劳动保护易解决；锑化物法成本高、设备腐蚀严重，但所得产品纯度高。经综合评述，目前工业上多采用金属锑法生产三氯化锑。

又如 CuO 的合成，一般有以下两种方法。

① 直接法（铜粉氧化法）　铜和氧直接反应

$$2Cu+O_2 = 2CuO$$

② 间接法　将 Cu 先氧化为二价铜的化合物，然后再转化为 CuO，如

$$Cu \rightarrow Cu(NO_3)_2 \begin{cases} \rightarrow （方法 \; Ⅰ）CuO \\ \rightarrow （方法 \; Ⅱ）Cu(OH)_2 \rightarrow CuO \\ \rightarrow （方法 \; Ⅲ）[Cu(OH)]_2CO_3 \rightarrow CuO \end{cases}$$

比较两种合成方法，直接法虽然工艺简单，但由于工业铜杂质较多，因此所得产品纯度不高。若对产品要求不高可采用此法。在生产试剂级氧化铜时，一般采用间接法。比较三种间接法可以看出

方法Ⅰ：
$$Cu(NO_3)_2 \xrightarrow{\triangle} CuO+2NO_2+\frac{1}{2}O_2$$

有 NO_2 产生，污染严重，很少采用此种方法。

方法Ⅱ：
$$Cu(OH)_2 \xrightarrow{\triangle} CuO+H_2O$$

由于 $Cu(OH)_2$ 呈两性，易溶于过量碱，且 $Cu(OH)_2$ 胶体沉淀，难以过滤和洗涤，产率低，所得产品纯度低。

方法Ⅲ：
$$[Cu(OH)]_2CO_3 \xrightarrow{\triangle} 2CuO+CO_2+H_2O$$

基本无污染，所得产品纯度高。

因此，一般采用碱式碳酸铜热分解的途径生产 CuO。

2. 无机化合物制备的一般方法

由于无机化合物种类繁多，目前已知的化合物已达 800 多万种。各类化合物的制备方法差别也很大，即使是一种化合物往往也有许多制备方法。目前对无机物的合成从不同角度有多种分类方法。例如，按合成方法的不同分类有高温合成、低温合成、高压和超高压合成、高真空合成、电氧化合成、放电和光学合成、无氧无水实验技术合成、放射生同位素合成和制备、单晶的培养和具体的生产等；也有按合成物类型进行分类的，如合成单质、氧化物、卤化物、含氧酸盐、配合物等。下面主要介绍常见的无机化合物的制备原理和方法。通过相应制备实验的训练，加深对元素及其化合物性质、合成方法的了解，并熟悉和掌握无机合成的基本操作。

（1）利用水溶液中的离子反应来制备无机化合物

利用水溶液中的离子反应是制备无机化合物的重要方法。若生产物是沉淀或气体时，则通过分离沉淀和收集气体，很容易获得产品；若产物可溶于水，则可采用结晶法或重结晶法（提纯）获得产品。这种制备方法的主要操作包括溶液的蒸发浓缩、结晶、重结晶、过滤和沉淀的洗涤等。

（2）由矿石制备无机化合物

在自然界里，固体矿物有 3000 多种。以矿石为原料制备无机化合物时，首先必须精选矿石。精选是利用矿石中各组分之间物理及化学性质上的差异使有用成分富集的方法。精选的方法有手选、重力选、磁选、电选和浮选等。其中无机盐工业中用得较多的是手选。精选后的矿石通过酸（碱）熔、浸取、氧化或还原、灼烧等处理就可制得所需的化合物。例如，$KMnO_4$（碱熔法）、TiO_2（酸熔法）和 ZnO（酸浸法）等的制备均可供学习和参考。

（3）分子间化合物的制备

分子间化合物的范围十分广泛，有水合物，如胆矾 $CuSO_4 \cdot 5H_2O$；氨合物，如 $CaCl_2 \cdot 8NH_3$；复盐，如光卤石（$KCl \cdot MgCl_2 \cdot 6H_2O$）和明矾[$K_2SO_4 \cdot Al_2(SO_4)_3 \cdot 24H_2O$]；配合物，如 [$Cu(NH_3)_4$]$SO_4$；有机分子化合物，如 $CaCl_2 \cdot 4C_2H_5OH$ 等。它们是由简单化合物按一定化学计量关系结合而成的。

下面简单介绍铝钾矾（明矾）的制备。

铝钾矾[$K_2SO_4 \cdot Al_2(SO_4)_3 \cdot 24H_2O$]一般可由硫酸铝和硫酸钾的溶液相互混合而制得。如以铝粉为原料，可将铝粉先制成 $Al_2(SO_4)_3$，再与 K_2SO_4 溶液混合制得。具体方法是将铝粉溶于 NaOH 溶液中，要先制得 $Na[Al(OH)_4]$，再用稀硫酸调节溶液 pH 值，使其转化为 $Al(OH)_3$ 沉淀与其他杂质分离。将 $Al(OH)_3$ 用稀硫酸溶解即得 $Al_2(SO_4)_3$ 溶液。在此溶液中加入等物质的量的 K_2SO_4，即可制得铝钾矾。

（4）无水化合物的制备

有些化合物极易水解，因此制备这些化合物时从反应物到生成物都不能与水或水蒸气接触，整个制备过程必须防水，而且原料和整个设备装置要进行彻底的除水处理。本书以制备四氯化锡为例，介绍无水化合物的制备方法，可供学习和参考。

下面简单介绍有强烈吸水性的无水过渡金属氯化物（卤化物）的三种制备方法。

① 在干燥的 HCl 气流中加热脱水过渡金属氯化物的水合物，制得纯净的相应无水盐。如前所述，直接加热过渡金属氯化物的水合物，会引起氯化物水合物的水解

$$MCl_2 + H_2O \stackrel{\triangle}{=\!=\!=} M(OH)Cl + HCl$$

$$M(OH)Cl + H_2O \stackrel{\triangle}{=\!=\!=} M(OH)_2 + HCl$$

根据水解平衡的原理，在干燥的 HCl 气流中，加热脱水这类水合物即可制得相应的纯净无水盐，某些情况下也可以用 NH_4Cl 代替 HCl(g)，但必须注意维持必要的 HCl(g) 分压。

② 用比过渡金属离子对水分子具有更强亲和力的物质与过渡金属水合氯化物反应，夺取水合物中的配位水。例如，用氯化亚砜（$SOCl_2$）与六水三氯化铁（$FeCl_3 \cdot 6H_2O$）共热，氯化亚砜迅速水解生成 HCl 和 SO_2，即可得无水三氯化铁。

$$FeCl_3 \cdot 6H_2O + 6SOCl_2 \stackrel{\triangle}{=\!=\!=} FeCl_3 + 12HCl\uparrow + 6SO_2\uparrow$$

③ 过渡金属单质（氧化物或碳化物）与氯化剂作用制备无水氯化物。常用的氯化剂有 Cl_2、$HCl(g)$、CCl_4、NH_4Cl 等。

a. 金属与氯直接化合

$$2Mo+5Cl_2 \xrightarrow{\triangle} 2MoCl_5$$

$$Ti+2Cl_2 \xrightarrow{\triangle} TiCl_4$$

b. 金属与氯化氢化合

$$Cr+2HCl \xrightarrow{\triangle} CrCl_2+H_2$$

c. 金属氧化物的氯化

$$ZrO_2+2Cl_2+2C \xrightarrow{\triangle} ZrCl_4+2CO\uparrow$$

$$TiO_2+2Cl_2+2C \xrightarrow{\triangle} TiCl_4+2CO\uparrow$$

d. 金属氧化物与 CCl_4 反应

$$Cr_2O_3+3CCl_4 \xrightarrow{\triangle} 2CrCl_3+3COCl_2$$

（5）非水溶剂制备化学

水常被选作溶剂，对大多数溶质来说水是最好的溶剂。但在下述情况下则不宜以水为溶剂，如易强烈水解的化合物，有强还原性物质参加的反应（水会被还原），以及在高温（100℃）和低温下进行的反应等。因此，随之产生了非水溶剂的制备化学。常用的非水溶剂无机化合物有液氨、硫酸、氟化氢、某些液体氧化物（如液态 N_2O_4）等；常用的有机溶剂有四氯化碳、冰醋酸、乙醚、丙酮、汽油、石油醚等。如本书介绍的在石油醚溶剂中制备强烈水解的 SnI_4 即为一例。又如在液氨介质中，以无水三氯化铬为原料，可以制得 $[Cr(NH_3)_6](NO_3)_3$，其方法是首先将三氯化铬加入到有 $NaNH_2$（催化剂）存在的液氨溶液中进行反应，反应完毕即得棕色糊状物，继续搅拌待 NH_3 全部挥发后即得亮黄色物质 $[Cr(NH_3)_6]Cl_3$，然后在上述产物中加入稀 HCl 溶液，使沉淀溶解，过滤除去不溶物，将滤液迅速倒入浓硝酸中，在冰水中边冷却边搅拌，即析出黄色 $[Cr(NH_3)_6](NO_3)_3$ 沉淀，其反应如下

$$CrCl_3+6NH_3 \xrightarrow{NH_3} [Cr(NH_3)_6]Cl_3$$

$$[Cr(NH_3)_6]Cl_3+3HNO_3 = [Cr(NH_3)_6](NO_3)_3+3HCl$$

实验 22　硝酸钾的制备、提纯及其溶解度的测定

实验目的

1. 学习利用各种易溶盐在不同温度时溶解度的差异来制备易溶盐的原理和方法。
2. 学习重结晶法提纯物质的方法。
3. 学习测定易溶盐溶解度的方法。
4. 巩固溶解、过滤、结晶等操作。

实验原理

1．制备

在 KCl 和 $NaNO_3$ 的混合溶液中同时存在 Na^+、K^+、Cl^- 和 NO_3^- 四种离子，它们可组成 KNO_3、KCl、$NaNO_3$ 和 NaCl 四种盐，在溶液中构成一个复杂的四元交叉体系。关于这种复杂体系的状态与外界条件的关系——相平衡问题，将在物理化学中系统学习。这里简单介绍利用四种盐在不同温度下溶解度的差异，从 KCl 和 $NaNO_3$ 制备 KNO_3 和 NaCl 的原理。

四种纯净盐在水中的溶解度列于表 22-1（在混合溶液中由于物质间相互作用，溶解度有所不同）。

表 22-1　纯 KNO_3、KCl、$NaNO_3$、NaCl 在水中的溶解度（$g/100gH_2O$）

温度/℃	0	20	40	60	80	100
KNO_3	13.3	31.6	63.9	110.0	169.0	246.0
KCl	27.6	34.0	40.0	45.5	51.5	56.7
$NaNO_3$	73.0	87.6	102.0	122.0	148.0	180.0
NaCl	35.7	36.0	36.6	37.3	38.4	39.8

从表 22-1 的数据可以看出，在 20℃时，除 $NaNO_3$ 外其他三种盐的溶解度相差不大，因此不易使 KNO_3 单独结晶出来。但是随着温度升高，NaCl 的溶解度几乎没有多大改变，而 KNO_3 的溶解度却增大得很快。因此只要把 $NaNO_3$ 和 KCl 混合溶液加热蒸发，在较高温度下，NaCl 由于溶解度较小而首先析出，趁热把它滤去，然后将滤液冷却，利用 KNO_3 的溶解度随温度下降而急剧下降的性质，使 KNO_3 晶体析出。

2．易溶盐溶解度的测定

测定方法主要有两种：分析法和定组成法。分析法的原理是用分析化学的手段，测定在一定温度下饱和溶液中易溶盐组分的含量，从而计算出该温度下该盐的溶解度。此法结果精确，但操作比较复杂、费时。定组成法的原理是观察已知含量易溶盐溶液开始析出晶体的温度，从而计算出该温度下该盐的溶解度。根据定组成法，可用同一装置和一定量的溶质，通过连续补充定量水测定自高温到低温的一系列数据。

仪器、药品及材料

1．仪器

烧杯（25mL，250mL），量筒（10mL），吸量管（2mL），抽滤瓶（10mL），布氏漏斗（20mm），表面皿，台秤，分析天平。

2．药品

$NaNO_3(s)$，$KCl(s)$，$AgNO_3$（$0.1mol \cdot L^{-1}$），HNO_3（$2.0mol \cdot L^{-1}$）。

3．材料

滤纸。

实验步骤

1. 制备

在台秤上称取固体 $NaNO_3$ 5.0g，固体 KCl 4.4g，放入 25mL 烧杯中，加入 8.0mL 蒸馏水，加热溶解，继续小火加热并不断搅拌，使溶液蒸发至原体积的 2/3，这时有晶体析出（是什么晶体？），趁热用减压过滤（过滤前预先将布氏漏斗在蒸汽上或烘箱中预热），溶液转入 25mL 烧杯中（动作要迅速，若滤液在抽滤瓶中析出结晶，可水浴加热溶解之），自然冷却，随着温度下降，而有结晶析出（是什么结晶？）。注意不要骤冷，以免结晶过于细小。用减压过滤分离母液，所得 KNO_3 晶体置于表面皿中蒸汽浴烤干后称量，计算 KNO_3 粗产品的产率。

2. 提纯

将粗产品（先称取 0.5g 备纯度检验用）放入 25mL 烧杯中，加入计算量的蒸馏水（按 KNO_3 在 100℃时的溶解度计算）并搅拌，用小火加热至沸，使结晶全部溶解，然后自然冷却至室温，待大量晶体析出后减压过滤，晶体置于表面皿中用蒸汽浴烤干后称量，计算提纯率。

3. 产品纯度的检验

称取 KNO_3 粗产品 0.5g，放入盛有 20mL 蒸馏水的 25mL 烧杯中，溶解后取的 1mL 于 100mL 烧杯中，稀释至 100mL。取稀释液 1mL 于小试管中，加 1 滴 $2mol \cdot L^{-1}$ HNO_3 酸化后，加 2 滴 $0.1mol \cdot L^{-1}$ $AgNO_3$ 溶液，观察白色沉淀的生成和浊度。

用同样的方法检验 KNO_3 提纯品的纯度，与粗产品的结果作比较。

4. 溶解度测定

准确称取 KNO_3 提纯品 1.00g 放入一支干燥洁净的小试管中，用 2mL 吸量管加入蒸馏水 1.00mL，装上带有 100℃温度计的单孔软木塞，使温度计水银泡的位置处于接近试管的底部。将小试管置于水浴中加热，使试管内的液面略低于水浴的液面，轻轻摇动试管内溶液至晶体全部溶解（注意：不要长时间加热溶液，以免管内水分蒸发）。将试管自水浴中取出，自然冷却并轻轻地水平摇动试管，在黑色背景下观察开始析出晶体时的温度。再次在水浴中加热溶解和冷却使析晶温度重复为止。

再用吸量管加入蒸馏水 1.5mL，如前操作测定另一饱和溶液的温度。再加水，每次 1.5mL，如此取得四个饱和溶液的析晶温度数据，按表 22-2 整理，计算溶解度并作数据处理。

表 22-2　溶解度测定数据记录

编号	$W(KNO_3)$/g	$V(H_2O)$/mL	析晶温度/℃	$S/g \cdot (100gH_2O)^{-1}$
1				
2				
3				
4				

① 以实验测得的 KNO_3 溶解度为纵坐标，温度为横坐标，绘制溶解度-温度曲线 I。

② 根据表 22-3 中 KNO_3 溶解度的文献值，绘制标准溶解度-温度曲线 II。

表 22-3　纯 KNO_3 在水中的溶解度（$g/100gH_2O$）

温度/℃	30	40	50	60	70
溶解度	45.8	63.9	85.5	111.0	138.0

③ 比较曲线Ⅰ、Ⅱ，分析产生误差的原因。

预习思考题

1. 用 KCl 和 $NaNO_3$ 来制备 KNO_3 的原理是什么？

2. 根据溶解度数据，计算在本实验中应有多少 NaCl 和 KNO_3 晶体析出？（不考虑其他盐存在时对溶解度的影响。）

3. 如所用 KCl 或 $NaNO_3$ 的量超过化学计算量，结果怎样？

4. KNO_3 中混有 KCl 或 $NaNO_3$ 时，应如何提纯？

5. 本实验中为何要趁热过滤除去 NaCl 晶体？为何要小火加热？

6. 测定 KNO_3 溶解度时，水的蒸发对本实验有何影响？应采取什么措施？溶解和结晶过程为什么要摇动？

实验 23　硫酸铜的提纯

实验目的

1. 了解提纯硫酸铜的方法。
2. 了解重结晶法提纯物质的原理和操作。
3. 巩固过滤、蒸发、结晶等基本操作。

实验原理

粗硫酸铜中含有不溶性杂质和可溶性杂质。不溶性杂质可用过滤法除去。可溶性杂质主要为 $FeSO_4$ 和 $Fe_2(SO_4)_3$，一般是先用 H_2O_2 等氧化剂将 Fe^{2+} 氧化成 Fe^{3+}，然后调节溶液的 pH 值至 4，加热使 Fe^{3+} 水解成 $Fe(OH)_3$ 沉淀，再过滤除去。有关反应如下

$$2FeSO_4+H_2SO_4+H_2O_2 = Fe_2(SO_4)_3+2H_2O$$

$$Fe^{3+}+3H_2O \xrightarrow[\triangle]{pH \approx 4} Fe(OH)_3+3H^+$$

将除去杂质的 $CuSO_4$ 溶液蒸发，冷却结晶，可得蓝色 $CuSO_4 \cdot 5H_2O$。当 $CuSO_4 \cdot 5H_2O$ 晶体析出时，其他微量的可溶性杂质仍留在母液中，过滤时可与 $CuSO_4 \cdot 5H_2O$ 分离。

仪器、药品及材料

1. 仪器

台秤，研钵，普通漏斗和漏斗架，布氏漏斗（20mm），吸滤瓶（10mL），滴管，蒸发皿，小烧杯（50mL），玻璃棒，酒精灯，石棉网等。

2．药品

酸：HCl（2.0mol·L^{-1}），H$_2$SO$_4$（1.0mol·L^{-1}）。

碱：NaOH（2.0mol·L^{-1}），NH$_3$·H$_2$O（1.0mol·L^{-1}，6.0mol·L^{-1}）。

盐：粗硫酸铜，KSCN（1.0mol·L^{-1}）。

其他：H$_2$O$_2$（3%）。

3．材料

pH 试纸，滤纸。

实验步骤

1．粗硫酸铜的提纯

① 在台秤上称取用研钵研细的粗硫酸铜晶体 4g 作提纯用，另称 0.5g 用于比较提纯前后杂质的对照实验。

② 将粗硫酸铜放入 50mL 小烧杯中，加入 10mL 蒸馏水，加热使其溶解。在不断搅拌下加入 10 滴 3% H$_2$O$_2$ 溶液，然后用 2.0mol·L^{-1}NaOH 溶液调节 pH≈4（用玻璃棒蘸取溶液在 pH 试纸上检验 pH 值），再加热片刻，静置，使生成的 Fe（OH）$_3$ 沉降，溶液用普通漏斗过滤，滤液收集到洁净的蒸发皿中。从洗瓶中挤出少量水淋洗烧杯及玻璃棒，过滤，滤液合并到蒸发皿中。

③ 在滤液中加入 1～2 滴 1.0mol·L^{-1} H$_2$SO$_4$，使其 pH=1～2，然后在石棉网上加热蒸发（**注意：勿加热过猛以免液体溅失**），至液面出现一层结晶时停止加热。

④ 让蒸发皿冷却至室温，使 CuSO·5H$_2$O 晶体析出，用布氏漏斗过滤，尽量抽干，并用干净玻璃棒挤压布氏漏斗上的晶体，尽可能除去晶体间夹带的母液。

⑤ 停止抽滤，取出晶体，把它夹在两张滤纸中，吸干其表面水分，将吸滤瓶中的母液倒入回收瓶中。

⑥ 在台秤上称出产品质量，计算产率。

2．硫酸铜纯度检定

① 将 0.5g 粗硫酸铜用 5mL 蒸馏水溶解，加入 10 滴 1.0mol·L^{-1} H$_2$SO$_4$ 酸化，然后加入 1mL H$_2$O$_2$ 煮沸片刻，使其中 Fe^{2+}氧化成 Fe^{3+}。

② 待溶液冷却后，边搅拌边滴加 6.0mol·L^{-1}氨水，至沉淀溶解完全，溶液呈深蓝色为止，此时 Fe^{3+}成为 Fe(OH)$_3$ 沉淀，而 Cu^{2+}则成为配离子[Cu(NH$_3$)$_4$]$^{2+}$。

$$Fe^{3+}+3NH_3+3H_2O =\!=\!= Fe(OH)_3\downarrow +3\,NH_4^+$$

$$2CuSO_4+2NH_3+2H_2O =\!=\!= Cu_2(OH)_2SO_4\downarrow(蓝色)+(NH_4)_2SO_4$$

$$Cu_2(OH)_2SO_4+(NH_4)_2SO_4+6NH_3 =\!=\!= 2[Cu(NH_3)_4]SO_4+2H_2O$$

③ 用普通漏斗过滤，并用滴管将 1.0mol·L^{-1}氨水滴在滤纸上以洗涤沉淀，直到蓝色洗去为止，弃去滤液，此时 Fe(OH)$_n$黄色沉淀留在滤纸上。

④ 用滴管把 1mL 加热过的 2.0mol·L^{-1} HCl 滴在滤纸上，以溶解 Fe(OH)$_3$，如果一次不能完全溶解，可将滤下的滤液加热，再重新滴到滤纸上。

⑤ 在滤液中滴入 1 滴 1.0mol·L^{-1} KSCN，观察血红色的产生。

$$Fe^{3+}+nSCN^- \rightleftharpoons [Fe(SCN)_n]^{(n-3)-}$$

Fe^{3+}越多，血红色越深，因此可根据血红色的深浅比较含 Fe^{3+} 的多少，保留此溶液与下面作比较。

⑥ 称取 0.5g 提纯过的硫酸铜，重复上面的操作，比较两种溶液血红色的深浅，评定产品的纯度。

预习思考题

1. 溶解固体时加热和搅拌起什么作用？
2. 粗硫酸铜中杂质 Fe^{2+} 为什么要氧化为 Fe^{3+} 除去？
3. 除 Fe^{3+} 时，为什么要调节 $pH \approx 4$？pH 值太大或太小有什么影响？

实验 24　从紫菜中提取碘

实验目的

1. 了解并掌握从紫菜中提取碘的原理和方法。
2. 观察认识碘的升华性质。

实验原理

紫菜中碘的含量约为 $600\mu g \cdot L^{-1}$，且主要以化合物三维形式存在。工业上一般采用水浸取法提取碘。在实验室，可采用灼烧-氧化-升华法提取：首先将紫菜灼烧成灰烬，接着用固态无水 $FeCl_3$ 直接氧化

$$2KI+2FeCl_3 \longrightarrow 2FeCl_2+I_2+2KCl$$

然后用升华法提取碘单质。

仪器、药品及材料

1. 仪器
台秤，铁坩埚，研钵，小瓷坩埚，三脚架，石棉网，酒精喷灯等。

2. 药品
无水 $FeCl_3$，乙醇等。

3. 材料
紫菜。

实验步骤

1. 提取
称取 4g 紫菜放入铁坩埚中并加入 5mL 乙醇使紫菜浸湿，用酒精喷灯灼烧 30min，冷却

至室温后，取出灰烬放入研钵中，再加入质量与灰烬大致相等的无水 $FeCl_3$，研细，转移到小瓷坩埚内，在瓷坩埚上倒扣漏斗，漏斗顶端塞入少许玻璃棉，然后，将瓷坩埚置于石棉网上并用酒精喷灯加热，观察现象。

　　注：应控制灼烧程度，使灰烬呈灰白色，不能烧至白色，否则碘会大量损失。

　　2．鉴定

　　自行设计实验方案鉴定提取产物为碘单质。

预习思考题

　　1．为什么要用铁坩埚而不用镍坩埚灼烧紫菜？

　　2．如何鉴定提取产物为碘单质？

实验 25　从"盐泥"制取七水合硫酸镁

实验目的

　　1．了解以"盐泥"为原料，制取七水合硫酸镁的原理和方法。

　　2．初步了解七水合硫酸镁的性质和用途。

　　3．进一步熟练用酸溶解原料、除杂、蒸发、结晶、过滤等基本操作。

实验原理

　　七水合硫酸镁是一种无色、无嗅、有苦咸味、易风化的晶体或白色粉末，易溶于水，其水溶液呈中性，医药上俗称"泻盐"。七水合硫酸镁在超过 48℃的干燥空气中，会失去一个结晶水，成为六水合硫酸镁；温度再升至 200℃以上，会失去全部结晶水，成为无水硫酸镁。

　　七水合硫酸镁在印染、造纸、医药等工业中有广泛的应用，还可用于制革、肥料、化妆品和防火材料等。

　　本实验使用"盐泥"作原料制取七水合硫酸镁。"盐泥"是一种化工废弃物，含约 40%的 $MgCO_3 \cdot CaCO_3$，以它制取七水合硫酸镁既可有效地利用资源，变废为宝，又可消除对环境的污染，有一定的环境、经济效益。

　　用"盐泥"制备七水合硫酸镁的方法主要包括以下步骤。

　　1．酸解

　　盐泥用硫酸溶解，其主要反应如下

$$MgCO_3 \cdot CaCO_3 + 2H_2SO_4 \!=\!\!=\!\! MgSO_4 + CaSO_4\downarrow + CO_2\uparrow + 2H_2O$$

铁等杂质也会随反应一同溶解。为使酸解完全，加入硫酸的量应加以控制，使反应后浆液的pH 值为 1 左右。此时，碳酸镁转化为硫酸镁溶于溶液中、碳酸钙则转化为硫酸钙沉淀，留在残渣中。由于硫酸钙的溶解度较大，所以仍有少量的钙离子残存于溶液中。

　　2．除杂

　　在盐泥的酸解浆液中，主要杂质为 Fe^{3+}、Fe^{2+}、Ca^{2+} 等离子，本实验采用加入氧化剂

（H_2O_2 或 $KClO_3$）、调节浆液 pH 值和煮沸浆液的方法，除去这些杂质。首先用氧化剂将 Fe^{2+} 氧化为 Fe^{3+}

$$2Fe^{2+}+H_2O_2+2H^+ === 2Fe^{3+}+2H_2O$$

或

$$6Fe^{2+}+KClO_3+6H^+ === 6Fe^{3+}+3H_2O+Cl^-+K^+$$

然后，在 pH≈1 的浆液中加入少量盐泥，调节 pH 值至接近 6，使 Fe^{3+} 发生水解

$$Fe^{3+}+3H_2O === Fe(OH)_3\downarrow+3H^+$$

由反应式可见，随水解的进行浆液的酸度会不断增大，所以必须不断地添加盐泥，同时用力搅拌，以维持浆液的 pH 值，使水解反应进行完全，将杂质铁完全除去。

浆料中 Ca^{2+} 在 SO_4^{2-} 存在下，可形成 $CaSO_4$ 沉淀，它的溶解度随温度升高而降低，所以，将浆液煮沸，趁热过滤，可同时除去 Ca^{2+}、Fe^{3+}。母液经浓缩，冷却，结晶，可得到纯度较高的七水合硫酸镁产品。

仪器、药品及材料

1. 仪器

烧杯（50mL，100mL），玻棒，布氏漏斗（20mm，60mm），抽滤瓶（10mL，125mL），蒸发皿（50mm），加热装置，小试管（10mm×75mm）。

2. 药品

盐泥，H_2SO_4（$3.0mol \cdot L^{-1}$），H_2O_2（$3.0mol \cdot L^{-1}$），KSCN（$1.0mol \cdot L^{-1}$），HCl（$2.0mol \cdot L^{-1}$），NaOH（$2.0mol \cdot L^{-1}$），$BaCl_2$（$1.0mol \cdot L^{-1}$），镁试剂（对硝基偶氮间苯二酚）溶液，$(NH_4)_2C_2O_4$（$0.5mol \cdot L^{-1}$）。

3. 材料

pH 试纸。

实验步骤

1. 酸解

称取干燥"盐泥"5.0g 于 100mL 烧杯中，加入 30mL 水，缓慢滴加 5.0mL $3.0mol \cdot L^{-1}H_2SO_4$ 溶液，不断搅拌。由于反应激烈放出大量 CO_2 气体，所以滴加硫酸的速度要慢，以免使浆料冒出，造成损失，甚至导致实验失败。在反应进行到基本无气泡产生时，继续加热煮沸 20min 使反应进行完全，得酸解浆液。检验浆液的酸度，这时应为 pH≈1。

2. 氧化除杂

将酸解浆液适当加热，在不断搅拌下慢慢补加"盐泥"（以减量法计量），调节浆液的 pH 值接近 6，然后加热煮沸至无气泡冒出为止（所用盐泥与前合计，以便计算产量。由于加热过程蒸发失水，需适当补加，使浆液总体积维持在 50mL 左右）。再加入 3%H_2O_2 约 3mL，继续加热煮沸 5min 促使水解完全。趁热减压过滤，再用 5mL 沸水洗涤滤渣，收集滤液和洗水于蒸发皿中。检查溶液中 Fe^{3+} 是否除净（取滤液 0.5mL，用 2 滴 $3.0mol \cdot L^{-1}$ 硫酸酸化，加入 1 滴 $1.0mol \cdot L^{-1}$KSCN，如溶液近无色，说明 Fe^{3+} 已洗净）。若未除净，需再次除铁。（如何操作？）

3. 浓缩、结晶

将收集到蒸发皿中的滤液置于蒸气浴中（或酒精灯上），加热浓缩至表面明显出现晶膜为止（注意加热时火力不应太大，以防止溶液暴沸而溅出）。取下蒸发皿，室温下冷却结晶，然后减压抽滤，称量，计算产率。

$$产率/\% = \frac{实际产量}{理论产量} \times 100$$

4. 产品的定性鉴定

取产品的一半量，溶于 2mL 蒸馏水中，所得溶液进行产品的定性鉴定。

（1）硫酸根离子

取 2 滴产品溶液于小试管中，加入 2 滴 $2.0mol \cdot L^{-1}$ HCl 和 1 滴 $1.0mol \cdot L^{-1}$ $BaCl_2$ 溶液，观察有无白色沉淀生成。

（2）镁离子

取 2 滴产品溶液于小试管中，加入 2 滴 $2.0mol \cdot L^{-1}$ NaOH 溶液使溶液呈碱性，再加入 1 滴镁试剂（对硝基偶氮间苯二酚），如有蓝色沉淀产生，表示有 Mg^{2+} 存在。

（3）钙离子

取 2 滴产品溶液于小试管中，加入 1 滴 $0.5mol \cdot L^{-1}$ $(NH_4)_2C_2O_4$ 溶液，观察有无 CaC_2O_4 沉淀生成。

（4）铁离子

取 2 滴产品溶液于小试管中，加入 2 滴 $0.1mol \cdot L^{-1}$ KSCN 溶液，观察溶液颜色的变化。

根据以上实验结果，说明产品的组成。

注意： 在盐泥中，$MgCO_3 \cdot CaCO_3$ 占总量的 40%；在 $MgCO_3 \cdot CaCO_3$ 中，$MgCO_3$ 约占 45%（但不同来源的盐泥其组分不同，理论产量应以实用盐泥计）。

预习思考题

1. 从"盐泥"中提取七水合硫酸镁的基本原理是什么？

2. 本实验的主要工艺条件是什么？它们的理论依据是什么？可用什么方法把主要杂质铁和钙除去？

3. 酸解、浓缩、蒸发时应注意些什么？为什么？

实验 26　四氯化锡的制备

实验目的

1. 了解无水 $SnCl_4$ 的特性，掌握制备无水 $SnCl_4$ 的原理和方法。

2. 掌握实验室制备及净化氯气的方法和操作。

实验原理

熔融的金属锡（熔点231℃）在300℃左右，能直接和氯气反应生成四氯化锡

$$Sn+2Cl_2 \xrightarrow{\triangle} SnCl_4$$

制得的 $SnCl_4$ 由于溶有 Cl_2 而呈黄绿色（纯品为无色液体，熔点-36℃，沸点114℃）。

由于 Sn^{4+} 具有强极化力，$SnCl_4$ 基本上属于共价型化合物。$SnCl_4$ 易水解，在空气中易与水蒸气反应产生 HCl 气而冒白雾，同时生成 α-锡酸

$$SnCl_4+(x+2)H_2O === SnO_2 \cdot xH_2O+4HCl$$

因此，制备无水 $SnCl_4$ 必须在无水体系中进行，使用的容器必须绝对干燥，与大气相通的部分必须连接干燥装置。

仪器与药品

1. 仪器

具支试管（18mm×150mm），注射器（10mL），烧杯（200mL），酒精灯等。

2. 药品

$KMnO_4$（s），Sn 粒，HCl（浓），H_2SO_4（浓），NaOH（饱和）。

实验步骤

1. $SnCl_4$ 的制备

① 在注射器中装入 5mL 浓 HCl，按图 26-1 将干燥的仪器连接好。检验整个装置系统是否漏气（如何检验？），确认系统不漏气后，在制 Cl_2 管（2 号具支试管）中加入 3g $KMnO_4$，反应管中加入 0.5g 锡粒，使氯气导管几乎接触到金属锡。

图 26-1　$SnCl_4$ 的制备装置示意图

1—注射器（内装浓 HCl）；2—制氯管（内装固体 $KMnO_4$）；3—洗气管（内装 H_2SO_4）；4—反应管（内装 Sn 粒）；
5—产物接收管；6—冷却杯（内装冰水）；7—尾气吸收管（内装饱和 NaOH）；8—酒精灯

② 将浓 HCl 缓慢滴入 $KMnO_4$ 中，均匀地产生氯气并使其充满全部装置，借以排除装置中的空气和少量水分。然后加热锡粒，使其融化，熔化的锡与氯气发生反应而燃烧。慢慢滴加浓 HCl，控制氯气的流速，气流不宜太大。生成的 $SnCl_4$ 蒸气经冷阱冷却，成为液体储存

于接收管内。未反应的氯气由饱和的 NaOH 溶液吸收。

③ 待锡粒完全反应后，停止加热，取下接收管，迅速盖好，称量并计算产率。同时，停止滴加 HCl，剩余的少量氯气用 NaOH 吸收。

2. 产品检验

自行设计实验，验证产品为 $SnCl_4$ 而不是 $SnCl_2$。

预习思考题

1. 制备易水解的物质时，在操作上应注意些什么？
2. 反应前，如不排尽系统中的空气和水分对实验有何影响？
3. 本实验中如何防止 $SnCl_2$ 产生？

实验 27　高锰酸钾的制备

实验目的

1. 了解碱熔法分解矿石及电解法制备高锰酸钾的原理和操作方法。
2. 掌握锰主要价态之间的转化关系。
3. 注意使用碱熔法的安全操作。

实验原理

高锰酸钾又称灰锰氧，是一种黑紫色的晶体，可溶于水形成深紫红色的溶液，微溶于甲醇、丙酮和硫酸；遇乙醇、过氧化氢则分解；加热至 240℃ 以上放出氧气；在酸性介质中常用作强氧化剂。

高锰酸钾是一种重要的化工原料，在化学合成中，用作氧化剂；在医药上用作防腐剂、消毒剂；在水处理中用于控制嗅味和脱色，等等。工业上常以下述工艺制备高锰酸钾。

（1）制备锰酸钾

将软锰矿（主要成分为 MnO_2）、氯酸钾（氧化剂）与苛性碱共熔、制备锰酸钾（绿色）

$$3MnO_2+6KOH+KClO_3 \stackrel{\triangle}{=\!=\!=} KCl+3K_2MnO_4+3H_2O$$

（2）制备高锰酸钾

① 歧化法　将锰酸钾溶于水，通过发生歧化反应即可生成高锰酸钾

$$3K_2MnO_4+2H_2O=\!=\!=2KMnO_4+MnO_2+4KOH$$

为使歧化反应进行完全，必须降低介质的碱性，常用的方法是通入 CO_2

$$3K_2MnO_4+2CO_2=\!=\!=2KMnO_4+MnO_2+2K_2CO_3$$

② 电解法　由以上反应式可以看出，用歧化法制高锰酸钾时，锰酸钾的转化率最高只达到 66.7%。为提高高锰酸钾的转化率，较好的方法是用电解法。其电极反应如下

阳极：
$$2MnO_4^{2-} \longrightarrow 2MnO_4^- + 2e$$

阴极：
$$2H_2O+2e \longrightarrow H_2+2OH^-$$

总反应：
$$2K_2MnO_4+2H_2O === 2KMnO_4+2KOH+H_2$$

本实验采用电解法制备高锰酸钾。

仪器、药品及材料

1. 仪器

直流电源，托盘天平，铁坩埚（20mL），铁棒，铁圈，坩埚钳，酒精喷灯，布氏漏斗（20mm），抽滤瓶（10mL），烧杯（100mL），温度计。

2. 药品

软锰矿（或粉状 MnO_2），$KClO_3(s)$，$KOH(s)$。

3. 材料

滤布，镍电极，铁电极，防护眼镜。

实验步骤

1. 锰酸钾的制备

将 2.0g 氯酸钾和 10mL 40%氢氧化钠溶液及 3.0g 软锰矿（或 2.0g 二氧化锰粉末）放到 20mL 铁坩埚内，搅拌均匀后，缓慢烘干，逐渐升温至混合物熔融，干固后，再加热 5min，此时应注意翻动混合物，尽量使其分散。（此阶段实验应特别注意安全，勿使化合物蹦出）。

冷却后，取出熔块，粉碎后放入烧杯中，用约 40mL 的水浸取，微热，并用力搅拌，用滤布在布氏漏斗上减压过滤，即得到墨绿色的锰酸钾溶液。

2. 高锰酸钾的制备

把所制得的锰酸钾溶液移入烧杯中，以镍片为阳极，铁片为阴极，进行电解，可观察到阴极有气体析出，阳极区墨绿色溶液逐渐转变为紫红色。微微搅拌溶液，当溶液全部变为紫红色，并有高锰酸钾晶体析出时停止电解。将电解液在冷水中冷却，用滤布在布氏漏斗上减压过滤，用滤纸片吸干晶体后，称量。滤液回收。

预习思考题

1. 制备锰酸钾时用铁坩埚而不用瓷坩埚，为什么？

2. 由锰酸钾制备高锰酸钾，除本实验所用方法外，还有什么方法？（条件许可，可进行实验验证。）

05

第五部分

综合性实验

综合性实验是为了巩固强化学生在基础性实验中所学的基本实验操作、方法、技能和知识，进一步拓展学生的知识面，增强学生的创新意识，培养和提高学生思考问题、解决问题和独立工作的能力而安排的。本部分实验应在教师指导下，由学生独立完成。

实验 28　硫代硫酸钠的制备和应用

实验目的

1. 学习硫代硫酸钠的制备方法。
2. 进一步熟练无机制备基本操作。
3. 了解硫代硫酸钠的性质及其定性鉴定方法。

实验原理

硫代硫酸钠（$Na_2S_2O_3 \cdot 5H_2O$）又称大苏打、海波，是一种无色透明晶体。在干燥空气中易风化，在潮湿的空气中有潮解性。100℃以上则失去结晶水。易溶于水（0℃，79.4g/100gH_2O；45℃，291.1g/100gH_2O）、氨水和松节油等溶剂，不溶于乙醇。水溶液近中性。遇强酸分解。具有一定的还原性和配合能力。

$$S_2O_3^{2-} + 2H^+ = S\downarrow + SO_2\uparrow + H_2O$$

硫代硫酸钠的制备方法主要有以下几种。

1. 亚硫酸钠法

将亚硫酸钠溶液吸硫后，脱色、浓缩、结晶。

2. 硫化钠法

① 氧化法　硫化钠溶液加硫，通空气氧化。

② 中和法　硫化钠溶液吸收二氧化硫气体，然后加适量硫黄反应。

3．硫黄-纯碱法

使纯碱溶液与二氧化硫作用生成亚硫酸钠，再与硫黄反应。

在实际生产上常将各种方法综合使用，称为综合法。

硫代硫酸钠常用作照相定影剂、纸浆漂白后的除氯剂、棉织品漂白后的脱氯剂，是分析化学中的常用试剂，医药上用作消毒剂，食品工业中用作螯合剂、抗氧化剂。

仪器与药品

1．仪器

烧杯（20mL），漏斗，布氏漏斗（20mm），抽滤瓶（10mL），蒸发皿（35mL），酒精灯，石棉网，铁三脚架，酸式滴定管。

2．药品

$Na_2SO_3(s)$，硫粉，活性炭，HCl（2.0mol·L^{-1}），H_2SO_4（3.0mol·L^{-1}），$KMnO_4$（0.01mol·L^{-1}），$AgNO_3$（0.1mol·L^{-1}），碘水，碘标准溶液（0.1000mol·L^{-1}），醋酸-醋酸钠缓冲溶液，酚酞溶液，淀粉溶液。

实验步骤

1．硫代硫酸钠的制备

在小烧杯中放入 3.0g$Na_2SO_3(s)$、1.0g 研细的硫黄粉和 35mL 蒸馏水，搅拌下煮沸悬浮液，直至硫黄粉基本反应完全（需 25～30min）。反应结束后，加入少量活性炭粉，趁热过滤，弃去滤渣，蒸汽浴加热蒸发滤液直至开始有结晶析出，冷却，减压过滤，将所得晶体置于烘箱中于 40～50℃烘干，然后称量。

2．产品的定性鉴定

取少量产品溶于 5mL 蒸馏水，分别进行下列实验。

① 与高锰酸钾作用　取 2 滴产品溶液于小试管中，加入 2 滴已酸化的 $KMnO_4$ 溶液，观察现象。

② 与盐酸作用　取 2mL 产品溶液于小试管中，加入 2 滴稀盐酸，观察现象。

③ 与硝酸银作用　取 1 滴 0.1mol·$L^{-1}AgNO_3$ 溶液于小试管中，逐滴加入产品溶液，观察现象。

④ 与碘水作用　取 2 滴产品溶液于小试管中，加入 2 滴碘水，观察现象。

3．产品含量测定

精确称取约 0.0500g 产品，用少量水溶解，加入 1 滴酚酞，再加入 10mL 醋酸-醋酸钠缓冲溶液，以使溶液呈弱酸性。然后用 0.1000mol·L^{-1} 碘标准溶液滴定，以淀粉为指示剂，直到溶液出现蓝色并在 1min 内不退色为止。

4．洗印照片

在暗室里，将印相纸直接覆盖在感光箱的底片上进行感光。感光时间可根据底片情况进行选择。然后，将感光过的照相纸放入显影液中进行显影。待影像基本清晰后，用镊子将相纸拿出，放入水中清洗一次，紧接着再放入定影液中，定影 10～15min。再把相纸取出放入水中，用水冲洗。然后，由上光机烘干上光，或贴在平玻璃上自然晾干，最后把纸边剪齐。

【注】显影液和定影液配方

1．显影液配方

米吐尔 3g，无水亚硫酸钠 45g，无水碳酸钠 67.5g，溴化钾 2g，冷水加至 1000mL。

2．定影液配方（F-5）

海波 240g，无水亚硫酸钠 15g，醋酸（28%）47mL，硼酸 7.5g，钾矾 15g，冷水加至 1000mL。

预习思考题

1．提高本法所使用的制备反应的转化率，通常采用的方法是什么？
2．通过有关电对的电极电位的数值，说明制备反应能够进行的理论依据。

实验 29　三草酸根合铁（Ⅲ）酸钾的合成及性质

实验目的

1．了解 $K_3[Fe(C_2O_4)_3] \cdot 3H_2O$ 的制备方法和性质。
2．进一步巩固无机化学实验操作。
3．加深了解分光光度法和热分析法的原理和应用。

实验原理

三草酸根合铁（Ⅲ）酸钾（$K_3[Fe(C_2O_4)_3] \cdot 3H_2O$）是一种溶于水（溶解度：0℃，47g/100gH₂O；100℃，117.7g/100gH₂O）而不溶于乙醇的绿色晶体。极易感光，室温下光照时发生下列光化学反应而变为黄色

$$2[Fe(C_2O_4)_3]^{3-} \xrightarrow{h\nu} 2FeC_2O_4 + 3C_2O_4^{2-} + 2CO_2$$

由于它的光化学活性，能定量进行光化学反应，常用作化学光量计。

本实验以硫酸亚铁铵为原料，通过下列过程制取 $K_3[Fe(C_2O_4)_3] \cdot 3H_2O$。首先使硫酸亚铁铵和草酸作用制备出草酸亚铁沉淀

$$(NH_4)_2Fe(SO_4)_2 \cdot 6H_2O + H_2C_2O_4 \xrightarrow{\hspace{1cm}} FeC_2O_4 \cdot 2H_2O + (NH_4)_2SO_4 + H_2SO_4 + 4H_2O$$

然后在草酸根离子的存在下，用过氧化氢将草酸亚铁氧化为草酸高铁配合物。该配合物不溶于乙醇，故可从乙醇溶液中析出晶状的 $K_3[Fe(C_2O_4)_3] \cdot 3H_2O$。其总反应式如下

$$2FeC_2O_4 \cdot 2H_2O + H_2O_2 + H_2C_2O_4 + 3K_2C_2O_4 \xrightarrow{\hspace{1cm}} 2K_3[Fe(C_2O_4)_3] \cdot 3H_2O$$

三草酸根合铁（Ⅲ）配离子的生成常数为 1.58×10^{20}。

$K_3[Fe(C_2O_4)_3] \cdot 3H_2O$ 加热到 100℃时失去结晶水，230℃时分解，可根据质量随温度升高而改变的关系图（TG 曲线），确定配合物所含结晶水的个数。

仪器与药品

1. 仪器

离心试管（10mL），烧杯（50mL），吸量管（1mL，5mL），酒精灯，布氏漏斗（20mm），抽滤瓶（10mL），离心机，玻璃棒，电热恒温水浴锅，三脚架，石棉网。

2. 药品

硫酸亚铁铵（s），H_2SO_4（3.0mol·L^{-1}），草酸（1.0mol·L^{-1}），$K_2C_2O_4$（饱和），H_2O_2（3%），$K_3[Fe(CN)_6]$（s，3.5%），乙醇（95%）。

实验步骤

1. $K_3[Fe(C_2O_4)_3] \cdot 3H_2O$ 的合成

① 在 10mL 离心试管中加入 0.4g 硫酸亚铁铵、0.3mL 3.0mol·L^{-1} H_2SO_4 和 1.5mL H_2O，搅拌使其溶解，再加入 2.5mL 1.0mol·L^{-1} $H_2C_2O_4$，搅拌并摩擦试管壁使产生浅黄色的草酸亚铁沉淀（约需 15min）。

② 离心分离，小心除去上清液。用 2mL 蒸馏水洗涤沉淀一次，保留沉淀。

③ 往所得的草酸铁沉淀中加入 1mL 饱和草酸钾溶液，把试管放到水温 40℃的水浴中加热，边搅拌边滴加 2mL 3%H_2O_2，控制在 5min 左右加完。此时沉淀转为黄褐色。

④ 使水浴温度升至 90℃，往离心试管中缓慢加入 0.8mL 1.0mol·L^{-1}草酸，搅拌使沉淀溶解。得到的溶液为绿色，再往该溶液中加入 3.0mL 95%乙醇，立即移出水浴在暗处静置冷却。待绿色的 $K_3[Fe(C_2O_4)_3] \cdot 3H_2O$ 晶体析出后，吸去上清液，用 1∶1 乙醇洗涤沉淀，减压抽滤，称量，计算产率。

2. $K_3[Fe(C_2O_4)_3] \cdot 3H_2O$ 的鉴定

使用分光光度法测定产物的吸收光谱。将所得到的特征吸收峰的波长与文献值比较（查找理论吸收光谱）。

3. $K_3[Fe(C_2O_4)_3] \cdot 3H_2O$ 的性质

① 将少许产品放在表面皿上，在日光下观察晶体颜色的变化，与放在暗处的晶体比较。

② 制感光纸　按 0.3g $K_3[Fe(C_2O_4)_3]$·3H_2O、0.4g $K_3[Fe(CN)_6]$加 5mL 水的比例配成溶液，涂在纸上即成感光纸（黄色）。附上图案，在日光直照下（数秒钟）或红外灯光下，曝光部分呈深蓝色，被遮盖没有曝光部分即显影出图案来。

③ 配感光液　取 0.3～0.5g $K_3[Fe(C_2O_4)_3] \cdot 3H_2O$ 加 5mL 水配成溶液，用滤纸条做成感光纸。同上操作，曝光后去掉图案，用约 3.5%的 $K_3[Fe(CN)_6]$溶液湿润或漂洗即显影出图案来。

4. 结晶水及其热分解过程测定

在热重天平上测定产品的热重曲线。通过对曲线进行解析，得出产品中结晶水的数目，并写出热分解反应式。

预习思考题

1. 除 H_2O_2 外，还可用什么氧化剂？可选用的请写出其反应式。
2. 使用乙醇的作用是什么？

【注】

1. 在草酸存在的情况下，三氯化铁对光敏感，发生如下吸热反应

$$2FeCl_3+H_2C_2O_4\!=\!\!=\!\!=\!2FeCl_2+2CO_2+2HCl$$

2. $FeCl_3$ 与 $K_2C_2O_4$ 浓溶液共热时，发生反应

$$3FeCl_3+4K_2C_2O_4\!=\!\!=\!\!=\!K_3[Fe(C_2O_4)_3]+5KCl+2FeCl_2+2CO_2$$

3. 若浓缩的绿色溶液带有褐色，是由于含有氢氧化铁沉淀，应趁热过滤除去。
4. 产物见光变为黄色，是草酸亚铁和碱式草酸铁的混合物。

实验 30　硫酸二氨合锌的制备和红外光谱测定

实验目的

1. 对超细物质及其合成有初步的了解。
2. 学习在有机溶液中制备硫酸二氨合锌。
3. 测定硫酸二氨合锌的红外光谱，学习通过红外光谱来确定物质结构的方法。

实验原理

超细粒子是介于微观粒子和宏观物质之间的中间体系，其粒径为 $1\sim100nm$。超细材料在精细陶瓷、涂料、催化剂、发光材料等方面有重要的用途。本实验以硫酸锌和尿素为原料，乙二醇为溶剂制备 $Zn(NH_3)_2SO_4 \cdot H_2O$。在 $120℃$ 时，乙二醇中的尿素会缓慢分解，产生氨进行下列主要反应

$$ZnSO_4+2NH_3 \cdot H_2O\!=\!\!=\!\!=\!Zn(NH_3)_2SO_4 \cdot H_2O+H_2O$$

$Zn(NH_3)_2SO_4 \cdot H_2O$ 经水解可得到 ZnO 超微粒子，粒径在 $50nm$ 左右。

原子具有线状结构的原子光谱，它是由于原子中电子发生能级跃迁所产生的。原子构成分子后，同样存在分子光谱，但比原子光谱繁杂得多。这是因为在分子中除了有电子的运动外，还有组成分子的原子间的运动，以及分子作为整体的转动。如果不考虑这三种运动形式之间的相互作用，则分子的总能量可以认为是这三种运动能量的和，即

$$E=E_e+E_v+E_r$$

分子中这三种不同的运动状态都对应有一定的能级，这三种能级都是量子化的。分子也具有其特征的分子能级图。在能级图中可以看出转动能级的间距最小，其次是振动能级，电子能级的间距最大，即 $\Delta E_e > \Delta E_v > \Delta E_r$。

由于

$$\Delta E=h\nu$$

则可得 $\qquad\qquad\qquad\qquad\qquad\qquad \nu = \nu_e + \nu_v + \nu_r$

即分子吸收辐射的频率是由上述三者加合而成的。

电子能级的能量差一般为 1～20eV，相当于紫外和可见光的能量，因此由于电子能级的跃迁而产生的光谱叫作紫外-可见光谱，又称电子光谱。

振动能级的能量差一般比电子能级差要小 10 倍，为 0.05～1eV，相当于红外光的能量。因此由于振动能级的跃迁所产生的光谱叫作振动光谱，又称红外光谱。

转动能级间的能量差一般为 0.05～0.005eV，比振动能级差要小 10～100 倍相当于远红外甚至微波的能量，因此，由于转动能级的跃迁而产生的光谱叫作转动光谱或远红外光谱。分子光谱的类型和辐射区域见表 30-1。

表 30-1　分子光谱的类型和辐射区域

辐射区域	波长/μm	光谱类型	辐射区域	波长/μm	光谱类型
真空红外	10～200	电子光谱	红外	0.75～1000	振动转动光谱
紫外	200～400	电子光谱	微波	cm 数量级	振动光谱
可见	400～750	电子光谱			

$Zn(NH_3)_2SO_4 \cdot H_2O$ 红外光谱的吸收峰出现在 1400～800cm^{-1} 范围，位置分别为 1255cm^{-1}、1130cm^{-1}、1045cm^{-1}、972cm^{-1}，如图 30-1 所示。

游离的 SO_4^{2-} 结构属于四面体对称，在红外振动中有两个基频 ν_3 和 ν_4 是活性的，而 ν_1 是红外禁阻的。作为单齿配体，SO_4^{2-} 的对称性降低，属 C_{3v} 对称，此时 ν_3 和 ν_4 都分裂成两条谱带。在二齿配位时，SO_4^{2-} 属 C_{2v} 对称，ν_3 和 ν_4 各分裂为三条谱带，ν_3 谱带分裂出现在 1300～1000cm^{-1} 范围内。图 30-1 中的 1255cm^{-1} 是配位体氨的振动光谱，是由配位氨基对称形变产生的。而 972cm^{-1} 是属于 SO_4^{2-} 的 ν_1 基频带，留下的 1130cm^{-1} 和 1045cm^{-1} 属于 ν_3 基频谱带，因此在 $Zn(NH_3)_2SO_4 \cdot H_2O$ 中 SO_4^{2-} 以单齿配位，另外在 3400cm^{-1}（强）和 1640cm^{-1}（次强）有峰出现，说明存在水峰。故 $Zn(NH_3)_2SO_4 \cdot H_2O$ 有以下结构

图 30-1　$Zn(NH_3)_2SO_4 \cdot H_2O$ 的红外光谱图

$$\begin{array}{ccc} H_3N & & OH_2 \\ & \diagdown Zn \diagup & \\ H_3N & & O-SO_3 \end{array}$$

仪器与药品

1. 仪器

圆底烧瓶（25mL），烧杯（100mL），直型冷凝管，温度计（150℃），布氏漏斗（20mm），抽滤瓶（10mL）。

2．药品

$ZnSO_4$，尿素，乙二醇，无水乙醇。

实验步骤

1．$Zn(NH_3)_2SO_4 \cdot H_2O$ 的制备

实验装置如图 30-2 所示。在烧瓶内加入 1.5g $ZnSO_4$、1.5g 尿素和 5.0mL 乙二醇，油浴加热，控制温度在 120℃ 以下回流。加热时溶液澄清，继续反应 30min 有固体析出，再反应 30min，冷却，减压过滤，用无水乙醇洗涤数次，在 100℃ 下烘干，即得产品，称量，计算产率。

2．测定 $Zn(NH_3)_2SO_4 \cdot H_2O$ 的红外光谱

用 KBr 压片法测定产品的红外光谱，确认在 1400～800cm^{-1} 范围内的几个主要峰的位置，与标准曲线对照比较。

3．$Zn(NH_3)_2SO_4 \cdot H_2O$ 组成验证

自行设计，用化学方法测定 $Zn(NH_3)_2SO_4 \cdot H_2O$ 中 Zn^{2+}、SO_4^{2-}、NH_3 的含量，据此验证其组成。

图 30-2　制备
$Zn(NH_3)_2SO_4 \cdot H_2O$
实验装置

4．自行设计，用 $Zn(NH_3)_2SO_4 \cdot H_2O$ 制备超细 ZnO（选做）。

预习思考题

为什么 $Zn(NH_3)_2SO_4 \cdot H_2O$ 制备实验的温度需控制在 120℃ 以下而不能过高？

 阅读材料：红外光谱和拉曼光谱

红外光谱法和拉曼光谱是现代实验技术中应用较为广泛的方法之一。这两种光谱方法可以在一般反应条件下使用的特点，是其他一些在超高真空或极低温条件下才能检测的实验手段所不及的，因此不但可以用于分子组成的分析和结构的研究，而且还可以用于动态的物理行为和化学反应行为的研究。由于计算技术和激光技术的发展，近年来出现的傅里叶变换红外光谱仪和激光拉曼光谱仪已经深入到各个科学研究领域，特别是新兴的表面科学和分子生物学领域。

红外吸收光谱最突出的特点是具有高度的特征性，除光学异构体外每种化合物都有自己特征的红外吸收光谱。因此红外光谱法特别适用于鉴定有机物、高聚物以及其他复杂结构的天然及人工合成产物。在生物化学中还可快速鉴定细菌，甚至对细胞和其他活性组织的结构进行研究。固态、液态、气态样品均可测定，测试过程不破坏样品，分析速度快，样品用量少，操作简便。

分子的每一个简正振动对应于一定的振动频率，红外光谱中就可能出现该频的谱线。但并不是每一种振动都对应于一条吸收谱带。分子吸收红外辐射必须满足两个条件：

① 只有在振动过程中，偶极矩发生变化的那种振动方式才能吸收红外辐射，从而在红外吸收光谱中出现吸收谱带；

② 当吸收的红外辐射的能量与能级间的跃迁相当时才会产生吸收谱带。

红外光谱大致可分为两个区域，即官能团区（4000～1330cm^{-1}）和指纹区（1330～400cm^{-1}）。

实验 31　$K_3Fe(CN)_6$ 与 KI 的室温固相反应

实验目的

1. 了解 $K_3Fe(CN)_6$ 与 KI 的室温固相反应。
2. 学习和掌握有机溶剂萃取技术。
3. 学习和掌握化学物质的红外光谱鉴定方法。

实验原理

固相配位化学是配位化学与固相化学的一门交叉学科，主要研究在室温或低热温度下（<100℃）配位化合物在固态下的反应特性、规律和机理。传统的固相化学主要研究高温条件下的无机反应。20 世纪 80 年代以来的研究表明，不少固体化合物实际上在室温或低热温度下也能发生反应。令人惊讶的是，某些在溶液中不能发生的反应，在室温或低热温度和固态下却能顺利进行。例如，$K_3[Fe(CN)_6]$ 与 KI 在水溶液中不发生反应，但在固相中即使在室温下也能反应生成 $K_4[Fe(CN)_6]$ 与 I_2：

$$K_3[Fe(CN)_6]+KI \longrightarrow K_4[Fe(CN)_6]+1/2\ I_2$$

当把橙黄色的 $K_3[Fe(CN)_6]$ 粉末和 KI 细粉在研钵中一起研磨时，可以观察到反应物颜色逐渐加深，并有棕色碘蒸气逸出。

关于室温或低热温度固相反应的确切热力学和动力学原理，目前还不十分清楚。但是，室温或低热温度固相反应作为一种软化学技术，已在原子簇化合物、新的多酸化合物、新的配合物、功能材料、纳米材料以及有机化合物的合成、制备中获得广泛应用，并可能发展成为绿色化学的首选技术之一。

仪器与药品

1. 仪器

分析天平，傅里叶红外分光光度计，玻璃（或陶瓷）研钵，塑料药勺，比色管（25mL），小试管，烧杯（50mL），碘量瓶（100mL），塑料密实袋，烘箱。

2. 药品

铁氰化钾（$K_3[Fe(CN)_6]$），碘化钾（KI），碘（I_2），氯化铁（$FeCl_3 \cdot 6H_2O$），四氯化碳（或三氯甲烷），均为分析纯。

实验步骤

1. 反应

称取 80～100 目干燥铁氰化钾和碘化钾各 0.500g 和 0.504g，置于玻璃（或陶瓷）研钵中，套上塑料密实袋，于室温下研磨并不时用塑料药勺翻动反应混合物 60min，然后转移至通风橱内，取下塑料密实袋。注意观察研磨过程中反应混合物的颜色变化和气体的逸出。

2．萃取

将研磨后的反应混合物全部转移到 50mL 烧杯中，加入 10mL 四氯化碳（或三氯甲烷），用玻璃棒搅拌至溶液颜色不再加深，静置 10min，用倾析法将溶液转移到碘量瓶中。重复上述萃取操作 4 遍，萃取液合并于碘量瓶中。

3．萃取液碘浓度测定

首先，在 25mL 比色管中，以四氯化碳作溶剂，配制碘含量分别为 0.1、1.0、1.5、2.0、3.0mg·mL^{-1} 的碘标准溶液各 10mL，保存备用。

然后，量取萃取液的总体积，从中取出 10mL 置于 25mL 比色管中，将此试样溶液与碘标准溶液进行比色，确定试样溶液的含碘浓度。

4．亚铁氰化钾检验

首先配制 0.1mol·L^{-1} FeCl$_3$ 水溶液，然后取萃取后的反应混合物少量，置于小试管中，加水 10mL 并摇荡使其溶解，往小试管中加入 5 滴 FeCl$_3$ 溶液，摇荡，观察现象。

5．萃余物红外光谱测定

首先，抽滤分离萃取后的反应混合物中的溶液，并用烘箱干燥萃余物（**注意：不要把含大量有机溶剂的样品放在烘箱中烘干**）。然后，取干燥萃余物测定红外光谱。作为对照用，同时测定试剂铁氰化钾和亚铁氰化钾的红外光谱。

实验结果处理

1．根据比色测定结果，计算回收碘的量，并计算最低反应转化率。
2．根据亚铁氰化钾的检测结果，判断在固相反应条件下，下列反应能否正向进行？

$$K_3[Fe(CN)_6]+KI \longrightarrow K_4[Fe(CN)_6]+1/2 \ I_2$$

3．根据反应混合物的红外光谱特征，判断上述反应能否正向进行？

预习思考题

试根据化学反应速率碰撞理论解释为什么下列反应在溶液中不能进行，而在固相条件下却能进行。

$$K_3[Fe(CN)_6]+KI \longrightarrow K_4[Fe(CN)_6]+1/2 \ I_2$$

阅读材料：软化学合成法

软化学合成法（soft chemistry）是 20 世纪 70 年代初由德国固体化学家舍费尔（H.Schafer）提出来的一种制备无机固体化合物及其材料的温和合成方法。

在高温、高压、高真空、强辐射、冲击波、无重力等极端条件下进行的反应称为硬化学反应。通过硬化学反应实现合成的方法即硬化学合成法，如传统制备陶瓷材料的高温固相合成。相对于硬化学合成法，在常压、室温或低热温度（<100℃）等较温和条件下进行的反应称为软化学反应。通过软化学反应实现合成的方法即软化学合成法。

目前已研究开发的软化学合成法有先驱物法、水热/溶剂热法、溶胶-凝胶法、室温/低热固相反应法、拓扑化学反应法、助溶剂法、流变相反应法等。

因为软化学合成是通过较温和条件下进行的反应而实现的合成，因此具有以下突出优点：

① 设备要求低；

② 反应过程、路径、机制易于控制，有利于对产物的组成和结构进行设计，进而达到剪裁其性能的目的；

③ 可得到高温下不稳定的介稳、低熵、低焓或低对称性化合物及材料。

软化学合成将无机固体化合物技术从条件苛刻的传统方法中解放了出来，是极富发展前景的化学和材料学前沿领域。可以预期，随心所欲地设计和剪裁固体化合物及材料的结构和性能这一梦想将随软化学合成法的崛起而成为可能，而这无疑将对 21 世纪的高技术产生深远影响。

参考文献

[1] 宋毛平，樊耀亭. 综合化学实验. 郑州：郑州大学出版社，2002，183.

[2] 袁进华，王晓平，忻新泉，等. 固相配位化学反应——XXX. 室温下铁氰化钾的固相反应. 无机化学学报，1991，7(3)：281-284.

[3] 张克立，孙聚堂，袁良杰，等. 无机合成化学. 武汉：武汉大学出版社，2004，127-179.

[4] 周济. 软化学：材料设计与剪裁之路. 科学，1995，47(3)：17-20.

[5] 郭琳琳. 无机合成化学中的硬化学和软化学. 沧州师范专科学校学报，2010，26(3)：91-94.

实验 32 氢氧化镧和氧化镧纳米管的制备

实验目的

1. 了解氢氧化镧纳米管的制备方法。
2. 了解透射电子显微镜（TEM）的原理和使用方法。
3. 学习使用 TEM 观测纳米管。

实验原理

在纳米材料制备和应用研究所产生的纳米技术成为 21 世纪主导技术的今天，对纳米材料的研究已从单分散纳米颗粒发展到了纳米管、纳米线、纳米棒和纳米膜的制备与应用研究。它们在纳米尺度电子器件、敏感器件、生物器件、纳米医药胶囊、纳米化学、电极材料和储氢能源材料等领域的潜在应用已成为国际研究的焦点。

稀土氧化物由于其独特的光、电、化学性质，已被广泛用于激光材料、荧光粉、催化剂。以氧化铕为代表的稀土发光材料具有优良的性能。稀土氧化物众多功能均受其形态、组成的影响，如果能得到如同碳纳米管一样的纳米级管状结构，兼具量子尺寸效应、特殊形态效应，很有可能大大增强稀土氧化物各方面的性能，这具有极其重要的意义。氢氧化镧纳米管和氧化镧纳米管可能在半导体元件、显示器件、高性能陶瓷、催化等领域显示良好的应用前景。

最近有研究发现，将摩尔比为（0.1～2）：（1～20）的水溶性镧盐和尿素溶于水，在 50～120℃常压反应 0.1～168h，所得沉淀经过滤、洗涤、脱水，于 80～90℃常压烘干后，可得白色粉末状氢氧化镧纳米管。将氢氧化镧纳米管在 200～900℃灼烧 0.5～8h，可得白色粉末状氧化镧纳米管。采用微波加热可缩短反应时间并得到更细小的氢氧化镧纳米管。

1. 仪器

台秤，透射电子显微镜（TEM），瓷坩埚，马弗炉，减压过滤装置，烘箱。

2. 药品

酸：HNO_3（$1.0mol \cdot L^{-1}$）。

盐：$LaCl_3 \cdot 6H_2O(s)$，$AgNO_3$（$0.1mol \cdot L^{-1}$）。

其他：尿素$[(NH_2)_2CO](s)$。

1. 氢氧化镧纳米管的制备

用台秤分别称取 0.002mol 氯化镧和 0.02mol 尿素，置于小烧杯中，加入 10mL 去离子水，搅拌使其溶解，然后，将其置于 50℃恒温水浴中加热反应 30min，生成的沉淀用减压过滤装置过滤，并用去离子水洗涤至滤液用酸化硝酸银溶液检查不出 Cl^-，滤饼置于 80~90℃烘箱常压烘干至恒重。

2. 氧化镧纳米管的制备

取一半上述制备的氢氧化镧纳米管产物于瓷坩埚中，置于 900℃马弗炉灼烧 0.5h。

3. 氢氧化镧和氧化镧纳米管的观测

用透射电子显微镜（TEM）观测所制备氢氧化镧和氧化镧纳米管产物的形貌、内外径和长度。

查阅参考文献，简介已发现纳米管的种类和应用价值。

 阅读材料：透射电子显微镜

透射电子显微镜（TEM）是一种现代综合性大型分析仪器，在现代科学、技术的研究、开发工作中被广泛使用。

顾名思义，所谓电子显微镜是以电子束为照明光源的显微镜。由于电子束在外部磁场或电场的作用下可以发生弯曲，形成类似于可见光通过玻璃时的折射现象，所以我们就可以利用这一物理效应制造出电子束的"透镜"，从而开发出电子显微镜。而作为透射电子显微镜（TEM）其特点在于利用透过样品的电子束来成像，这一点有别于扫描电子显微镜（Scanning electron microscope，SEM）。由于电子波的波长远远小于可见光的波长（100kV 电子波的波长为 0.0037nm，而紫光的波长为 400nm），根据光学理论，我们可以预期电子显微镜的分辨本领应大大优于光学显微镜。事实上，现代电子显微镜的分辨本领已经可达 0.1nm。

通过 TEM 中的荧光屏，可以瞬时观察到样品的图像或衍射花样。我们可以一边观察一边改变样品的位置及方向，从而找到我们感兴趣的区域和方向。在得到所需图像后，可以利用相机照相的方法把图像记录下来。新一代 TEM 装备了数字记录系统，可以将图像直接记录到计算机中，这样可以大大提高工作效率。

对于材料科学的研究而言，TEM 已经成为一种不可或缺的研究工具，以至于在今天，已经很难想象没有 TEM 的帮助，我们如何深入开展材料科学的研究工作。

由于篇幅的原因，下面只简单地列举 TEM 在材料科学研究中的 6 个常见用途。

（1）利用质厚衬度（又称吸收衬度）像，对样品进行一般形貌的观察；

（2）利用电子衍射、微区电子衍射、会聚束电子衍射等技术对样品进行物相分析，从而确定材料的物相、晶系，甚至空间群；

（3）利用高分辨电子显微术可以直接"看"到晶体中原子或原子团在特定方向上的结构投影这一特点，确定晶体结构；

（4）利用衍衬像和高分辨电子显微像技术，观察晶体中存在的结构缺陷，确定缺陷的种类、估算缺陷密度；

（5）利用 TEM 所附加的能量色散 X 射线谱仪或电子能量损失谱仪对样品的微区化学成分进行分析；

（6）利用带有扫描附件和能量色散 X 射线谱仪的 TEM，或者利用带有图像过滤器的 TEM，对样品中的元素分布进行分析，确定样品中是否有成分偏析。

参考文献

[1] 夏川茴. 稀土氧化物纳米管的制备方法及应用. 重庆交通大学学报(自然科学版), 2007, 26(增刊): 144-146.

[2] 李亚栋, 王训, 孙晓明. 稀土氢氧化物纳米管及系列稀土氧化物纳米管的合成方法. CN1424257, 2003.

[3] 乐治平, 代丽丽, 黄艳秋. 氢氧化镧纳米管和氧化镧纳米管的制备方法. CN1972696, 2006.

[4] 马如飞, 李铁虎, 赵廷凯, 等. 碳纳米管应用研究进展. 炭素技术, 2009, 28(3): 35-39.

[5] 魏明真, 霍建振. 非碳纳米管的合成进展与应用. 机械研究与应用, 2006, 19(5): 55-56, 63.

[6] 吴晓京. 透射电子显微镜. 上海计量测试, 2002, 29(3): 33-35.

实验 33　离子交换法制取碳酸氢钠

实验目的

1. 了解离子交换法制取纯碱的原理。
2. 初步掌握离子交换法制取纯碱的操作方法。
3. 巩固滴定操作。

实验原理

纯碱是一种重要的工业原料。多年来，广泛采用氨碱法和联碱法制取纯碱。近年来，一种新的方法——离子交换法开始用于制取纯碱。此法具有工艺设备简单、产品质量好、原料来源充足并能被充分利用等优点。

离子交换法制取纯碱的主要过程是：先将碳酸氢铵溶液通过钠型阳离子交换树脂转变为碳酸氢钠溶液，然后将碳酸氢钠溶液浓缩、结晶、干燥为固体碳酸氢钠，最后将碳酸氢钠煅烧便得到纯碱。

从碳酸氢铵转变为碳酸氢钠是在钠型阳离子交换树脂上完成的。离子交换树脂是有机高分子聚合物，它是由交换体和交换基团两部分组成的。例如，季铵盐型碱性阴离子交换树脂

R≡NOH 是由交换剂本体 R 和交换基团≡NOH 组成，其中 OH⁻可在溶液中游离并与阴离子进行交换；而聚苯乙烯磺酸型强酸性阳离子交换树脂 R—SO₃H 是由交换剂本体 R 和交换基团—SO₃H 组成，其中 H⁺可以在溶液中游离并和金属离子 M⁺进行交换，其交换反应为

$$R—SO_3H+M^+ \Longleftrightarrow R—SO_3M+H^+$$

本实验使用的 732 型树脂就是聚苯乙烯磺酸型强酸性阳离子交换树脂。经预处理、转型后，把它从氢型完全转换为钠型。这种钠型树脂可表示为 R—SO₃Na。交换基团上的 Na⁺可与溶液中的阳离子进行交换。当碳酸氢铵溶液流经树脂时，发生下列交换反应

$$R—SO_3Na+NH_4HCO_3 \Longleftrightarrow R—SO_3NH_4+NaHCO_3$$

离子交换反应是可逆反应，可以通过控制反应温度、溶液浓度、溶液体积等因素使反应按所需要的方向进行，从而达到完成离子交换的目的。由实验和理论计算可以确定由碳酸氢铵溶液完全转化为碳酸氢钠溶液的最佳工艺条件。

本实验是在常温下，使一定浓度的碳酸氢铵溶液流过钠型阳离子交换树脂而得到碳酸氢钠溶液。

仪器、药品及材料

1. 仪器

交换柱（5mL 碱式滴定管，其下端的橡皮管用螺旋夹夹住），秒表，烧杯（5mL，10mL），量筒（5mL），小试管（10mm×75mm），锥形瓶（20mL），移液管（1mL），酸式滴定管（5mL）。

2. 药品

酸：HCl（2.0mol·L⁻¹，浓），标准 HCl 溶液（0.1000mol·L⁻¹）。

碱：Ba（OH）₂（饱和），NaOH（2mol·L⁻¹）。

盐：NH₄HCO₃（1.0mol·L⁻¹），NaCl 溶液（10%，3mol·L⁻¹），AgNO₃（0.1mol·L⁻¹）。

其他：萘斯勒试剂，甲基橙（1%）。

3. 材料

732 型阳离子交换树脂，铂丝，pH 试纸。

实验步骤

1. 制取碳酸氢钠溶液

732 型树脂经预处理和装柱后，再用 10%NaCl 转变为钠型阳离子交换树脂。树脂的预处理、装柱和转型的方法见下文注释。

（1）调节流速

取 1mL 去离子水慢慢注入交换柱中，调节螺旋夹控制流速 2～3 滴/min，不宜太快。用 10mL 烧杯承接流出水。

（2）交换和洗涤

用 5mL 量筒量取 1mL 1.0mol·L⁻¹NH₄HCO₃溶液；当交换柱中水面下降到高出树脂约 1cm 时，将 NH₄HCO₃溶液加入交换柱中。先用小烧杯（或量筒）接收流出液，当柱内液面下降到高出树脂 1cm 时，继续加入去离子水。在整个交换过程中要严禁空气进入柱内。（为什么？）

开始交换后，不断用 pH 试纸检查流出液，当其 pH 值稍大于 7 时，换用 5mL 量筒承接

流出液（开始所收集的流出液基本上是水，可弃去不同）。当流出液为 2.5mL 左右时，再用 pH 试纸检查其 pH 值，接近 7 时，可停止交换。记下所收集的流出液的体积 V（NH_4HCO_3），将其留作定性检验和定量分析用。

用去离子水洗涤交换柱的树脂，洗涤时，流速保持在 3 滴/min 左右，直至流出液 pH 值为 7。这样的树脂仍有一定的交换能力，可重复进行上述交换操作 1～2 次。树脂经再生后可反复使用。交换柱始终要浸泡在去离子水中，以防干裂、失效。

2. 定性检验

通过定性检验进柱液和流出液，以确定流出液的主要成分。

分别取 $1.0mol \cdot L^{-1} NH_4HCO_3$ 溶液和流出液进行以下项目的检验：

① 用萘斯勒试剂检验 NH_4^+；

② 用铂丝做焰色反应检验 Na^+；

③ 用 $2mol \cdot L^{-1}$ HCl 溶液和饱和 $Ba(OH)_2$ 溶液检验 HCO_3^-；

④ 用 pH 试纸检验溶液的 pH 值。

检验结果填入表 33-1。

表 33-1 定性检验结果

样品	检验项目				
	NH_4^+	Na^+	HCO_3^-	实测 pH 值	计算 pH 值
NH_4HCO_3 溶液					
流出液					

结论：流出液中含有_____。

3. 定量分析

用酸碱滴定法测定 $NaHCO_3$ 溶液的浓度，并计算 $NaHCO_3$ 的收率。

（1）操作步骤

用 1mL 移液管吸取所得到的 $NaHCO_3$ 溶液置于锥形瓶中，加 1 滴甲基橙指示剂，以标准 HCl 溶液滴定，溶液由黄色变为橙色时即为终点。记下所用 HCl 溶液的体积 V（HCl）。并计算 $NaHCO_3$ 的收率。

（2）滴定反应

$$NaHCO_3 + HCl === NaCl + CO_2 \uparrow + H_2O$$

（3）$NaHCO_3$ 溶液浓度的计算

$$c(NaHCO_3) = \frac{c(HCl)V(HCl)}{V(NaHCO_3)}$$

（4）$NaHCO_3$ 收率的计算

NH_4^+ 和 Na^+ 为等电荷阳离子，当交换溶液中的 NH_4^+ 和树脂上的 Na^+ 达到完全交换时，则交换液中总的 NH_4^+ 的物质的量应等于流出液中总的 Na^+ 的物质的量。但由于没有全部收集到流出液等原因，$NaHCO_3$ 的收率低于 100%。$NaHCO_3$ 收率计算公式

$$NaHCO_3 \text{ 收率（\%）} = \frac{c(NaHCO_3)V(NaHCO_3)}{c(NH_4HCO_3)V(NH_4HCO_3)} \times 100$$

4．树脂的再生

离子交换树脂交换达到饱和后，不再具有交换能力。此时可先用去离子水洗涤树脂到无 NH_4^+ 和 HCO_3^- 为止。再用 $3mol \cdot L^{-1}NaCl$ 溶液以 3 滴/min 的流速流经树脂，直至流出液中无 NH_4^+，使树脂恢复到原来的交换能力，这个过程称为树脂的再生。再生时，树脂发生了交换反应的逆反应

$$R—SO_3NH_4 + NaCl \rightleftharpoons R—SO_3Na + NH_4Cl$$

由此，再生时又可得到 NH_4Cl 溶液。再生后的树脂，要用去离子水洗至无 Cl^-，并浸泡在去离子水中，留下次实验使用。

> **预习思考题**

1．离子交换法制取纯碱的基本原理是什么？
2．为什么要严禁空气进入交换柱内？
3．$NaHCO_3$ 的收率为什么低于 100%？

【注】树脂的预处理、装柱和转型的方法

1．预处理

取 732 型阳离子交换树脂 2g 放入 10mL 烧杯中，先用 5mL 10%NaCl 溶液浸泡 24h，再用去离子水洗 2～3 次。

2．装柱

用一支 5mL 碱式滴定管作为交换柱，在柱内的下部放一小团玻璃纤维，柱的下端通过橡皮管与尖嘴玻璃管连接，橡皮管用螺旋夹夹住，将交换柱固定在铁架台上。在柱中充入少量去离子水，排出管内底部的玻璃纤维中和尖嘴玻璃管中的空气。然后将已用 10%NaCl 溶液浸泡过的树脂和水搅匀，从上端慢慢注入柱中，树脂沿水下沉，当其全部倒入后，保持水面高出树脂 2～3cm，在树脂顶部也装上一小团玻璃纤维，以防止注入溶液时将树脂冲起。在整个操作中要始终保持树脂被水覆盖。如果树脂层中进入空气，会使交换效率降低，若出现这种情况，就要重新装柱。

离子交换柱装好以后，用 5mL 2.0mol·L^{-1}HCl 溶液以 3～4 滴/min 的流速流过树脂，当流出液到达 1.5～2.0mL 时，旋紧螺旋夹，用余下的 HCl 溶液浸泡树脂 3～4h。再用去离子水洗至流出液的 pH 值为 7。最后用 5mL 2.0mol·L^{-1}NaOH 溶液代替 HCl 溶液，重复上述操作，用去离子水洗至流出液的 pH 值为 7，并用去离子水浸泡树脂，待用。

3．转型

在已先用 2.0mol·L^{-1}HCl 和 NaCH 溶液处理过的钠型阴离子交换树脂中，还可能混有少量氢型树脂，它的存在将使交换后流出液中的 $NaHCO_3$ 溶液浓度降低，因此，必须把氢型进一步转化为钠型。

用 5mL 10%NaCl 溶液以 3 滴/min 的流速流过树脂，然后用去离子水以 5～6 滴的流速洗涤树脂，直到流出液中不含 Cl^-（用 0.1mol·L^{-1}AgNO$_3$ 溶液检验）。

以上工作必须在实验课前完成。

第六部分

设计性实验

设计性实验是为了使学生进一步了解科学研究工作的方法、进一步培养独立从事无机化学实验的技能而安排的。本部分实验应由学生自己查阅文献资料，设计具体实验方案（包括实验方法、步骤、仪器及规格、试剂及用量等），经教师审阅认可后，由学生独立完成实验并撰写实验报告。设计性实验的实验报告建议以科技论文的形式撰写，内容可包括前言、实验路线和方法、实验结果与讨论、结论、参考文献等。

实验 34　离子的鉴定和未知物的鉴别

实验目的

运用所学的元素及化合物的基本性质，进行常见物质的鉴定和鉴别，进一步巩固常见阳、阴离子的重要反应。

提示

当一个试样需要鉴定或一组未知物需要鉴别时，通常可根据以下几个方面进行判定。

1. 物态

① 观察试样在常温时的状态。如果是晶体要观察它的晶型。

② 观察试样的颜色。这是判定的一个重要因素。溶液试样可根据离子颜色，固体试样可根据化合物颜色以及配成溶液后的离子的颜色，预测哪些离子可能存在而哪些离子不可能存在。

③ 嗅、闻试样的气味。

2. 溶解性

固体试样的溶解性也是判定的一个重要因素。首先试验是否溶于水，冷水中怎样？热水中怎样？不溶于水的再依次用盐酸（稀、浓）、硝酸（稀、浓）试验其溶解性。

3. 酸碱性

酸或碱可直接通过对指示剂的反应加以判定。两性物质借助于既能溶于酸，又能溶于碱加以判别。可溶性盐的酸碱性可用它的水溶液加以判别。有时也可以根据试液的酸碱性来排除某些离子存在的可能性。

4．热稳定性

物质的热稳定性是有差别的，有的物质常温时就不稳定，有的物质灼热时易分解，还有的物质受热时易挥发或升华。

5．鉴定或鉴别反应（参见附录一）

经过前面对试样的观察和初步试验，再进行相应的鉴定或鉴别反应，就能给出更准确的判定。在基础无机化学实验中鉴定反应大致采用以下几种方式。

① 通过与某试剂反应，生成沉淀，或沉淀溶解、或放出气体。必要时再对生成的沉淀和气体进行性质试验。

② 显色反应。

③ 焰色反应。

④ 硼砂珠反应。

⑤ 其他特征反应。

（以上只是提供一个途径，具体问题可灵活运用）。

仪器、药品及材料

学生自行开出清单。

实验内容

可选做或另行确定。

1．怎样证明某一晶体是明矾？

2．有两片银白色的金属片，一片是铝片，一片是锌片，如何用实验区分？

3．有四种黑色或近于黑色的氧化物：CuO、Co_3O_3、PbO_2、MnO_2，如何用实验鉴别？

4．有十种固体样品，试加以鉴别。

$CuSO_4$、Fe_2O_3、Cu_2O、$NiSO_4$、$CoCl_2$、NH_4HCO_3、NH_4Cl、PbS、$FeSO_4$、CuO。

5．盛有十种以下硝酸盐溶液的试剂瓶标签被腐蚀，试加以鉴别。

$AgNO_3$、$Hg(NO_3)_2$、$Hg_2(NO_3)_2$、$Pb(NO_3)_2$、$NaNO_3$、$Cd(NO_3)_2$、$Zn(NO_3)_2$、$Al(NO_3)_3$ KNO_3、$Mn(NO_3)_3$。

6．盛有十种以下固体钠盐的试剂瓶标签脱落，试加以鉴别。

$NaNO_3$、Na_2S、$Na_2S_2O_3$、Na_3PO_4、$NaCl$、Na_2CO_3、$NaHCO_3$、Na_2SO_4、$NaBr$、Na_2SO_3。

实验 35　氯化铵的制备

实验目的

应用已学过的溶解和结晶等知识，以食盐和硫酸铵为原料，制备氯化铵。

实验要求

1．查阅有关资料，列出氯化钠、硫酸铵和硫酸钠（包括十水硫酸钠）在水中不同温度下的溶解度。

2. 设计出制备 2g（理论量）氯化铵的实验方案，进行实验。

3. 用简单方法对产品质量进行鉴定。

预习思考题

1. 食盐中的不溶性杂质在哪一步除去？

2. 食盐和硫酸铵的反应是一个复分解反应，因此在溶液中同时存在氯化钠、硫酸铵、氯化铵和硫酸钠。根据它们在不同温度下的溶解度差异，可采用怎样的实验条件和操作步骤，使氯化铵与其他三种盐分离？在保证氯化铵产品纯度的前提下，如何来提高它的产量？

3. 假设有 15mL $NH_4Cl-Na_2SO_4$ 混合溶液（质量为 18.5g），其中氯化铵为 3g，硫酸钠为 4g，在 90℃ 左右加热，分别浓缩至 12、10、8、7mL。根据有关溶解度数据，通过近似计算，判定在上述情况下有哪些物质能够析出。如果过滤后的母液冷却至 60℃ 和 35℃ 时，又有何种物质析出？根据这种计算，应如何控制蒸发浓缩的条件来防止氯化铵和硫酸钠同时析出？

4. 本实验要注意哪些安全操作问题？

实验 36　碱式碳酸铜的制备

实验目的

通过碱式碳酸铜制备条件的探求和生成物颜色、状态等的分析，研究反应物的合理比例并确定制备反应的浓度和温度条件，从而培养独立设计实验的能力。

提示

碱式碳酸铜[$CuCO_3 \cdot Cu（OH）_2$]为孔雀绿色、细小无定形粉末，难溶于冷水，在沸水中易分解。水合碱式碳酸铜[$CuCO_3 \cdot Cu（OH）_2 \cdot xH_2O$]为结晶状固体。

在反应中，形成 $2CuCO_3 \cdot Cu（OH）_2$ 时，呈孔雀蓝色；形成 $CuCO_3 \cdot Cu（OH）_2$ 时，呈孔雀绿色。

仪器、药品及材料

学生自行列出清单。

实验步骤

1. 反应物溶液配制

配制 $0.5mol \cdot L^{-1}$ 硫酸铜和 $0.5mol \cdot L^{-1}$ 碳酸钠溶液各 10mL。

2. 制备实验反应条件的探求

（1）硫酸铜与碳酸钠溶液的合适比例

分别取 4 滴 $0.5mol \cdot L^{-1}$ 硫酸铜溶液置于四支试管内。分别取 3、4、5、7 滴 $0.5mol \cdot L^{-1}$ 碳酸钠溶液于另外四支试管中。将八支试管均放在沸水浴中。几分钟后，依次将硫酸铜溶液分别倒入碳酸钠溶液中，振荡试管，观察各支试管中生成沉淀的现象。思考后说明以何种比例相混合，碱式碳酸铜生成速度较快，含量较高。

（2）反应温度

在一支试管中加入 4 滴 0.5mol·L^{-1} 硫酸铜溶液，在另一支试管中加入合适比例的 0.5mol·L^{-1} 碳酸钠溶液，将两支试管置于水浴中加热至一定温度，然后混合振荡进行反应。观察反应温度分别为室温、50℃、75℃、100℃时的现象，从而确定合成反应的合适温度。

3．碱式碳酸铜的制备

取 20mL 0.5mol·L^{-1} 硫酸铜溶液，根据上述探求得到的合适比例与适宜温度制备碱式碳酸铜。待生成物沉淀完全后，用蒸馏水洗涤沉淀物数次，直到沉淀中不含离子为止，吸干。将所得产品在烘箱中烘干，控制温度在 100℃，称量，计算产率。

4．设计一个简单的实验，来测定碱式碳酸铜中铜的质量分数，以评价碱式碳酸铜的质量。

预习思考题

1．写出硫酸铜与碳酸钠溶液的反应方程式，分析在不同浓度、温度条件下进行反应的可能生成物。

2．欲制得碱式碳酸铜，估计反应物的合适比例和该比例时的合适温度。

3．实验步骤 2（1）各试管中生成物的颜色有何区别？反应中生成的褐色物质是什么？为什么会生成这种物质？

4．将碳酸钠溶液倒入硫酸铜溶液中沉淀物颜色是否与将硫酸铜溶液倒入碳酸钠溶液中相同？为什么？

5．反应温度过高或过低对实验步骤 2（2）的结果有何影响？

实验 37　由废铁屑制备三氯化铁试剂

实验目的

运用所学的知识设计由废铁片或铁屑用氯化法来制取三氯化铁试剂，进一步掌握单质铁的还原性，以及有关无机盐制备的一般原理和方法。

提示

1．三氯化铁是无机化学实验中的重要化学试剂，也是印刷电路的良好腐蚀剂，用途很广。

2．它可以利用廉价的原料废边角铁片或铁屑、工业级盐酸、氯气来制取。

3．铁片或铁屑应尽可能纯些，但有可能含有少许铜、铅等杂质。

仪器、药品及材料

学生自行开出清单。

实验要求

1．设计合理的制备路线和提纯方法。（Fe $\longrightarrow$ FeCl$_2$ $\longrightarrow$ FeCl$_3$ $\longrightarrow$ FeCl$_3$·6H$_2$O）

2．确定合适的实验条件。

3．制取 2g 左右的三氯化铁。

实验 38　无机化学实验废液的初步处理

实验目的

了解处理无机化学实验废液的一般原理和方法。

提示

在化学实验中所产生的废液，若不加以处理而随意排放，将会带来不良后果。特别是含有害、有毒成分的废液，势必造成环境污染。因此必须将废液处理后再排放。

无机化学实验的废液大致可分为以下几类：①含酸废液；②含碱废液；③含铬化合物的废液；④含银化合物的废液；⑤含汞、锌、铜、铅、锰等重金属化合物的废液；⑥含砷或氰化合物的（极毒）废液。

一般废液可采用以下几种方法进行处理。

1．分别处理法

① 含稀酸和含稀碱的废液可相互中和，溶液 pH 达到 6～8 时即可排放。

② 对含有锌、铬、汞、锰等重金属离子的废液，可用碱液沉淀法，使这些金属离子转化为氢氧化物或碳酸盐沉淀而分离。

③ 对含铬（Ⅵ）废液，可以在酸性条件下先用硫酸亚铁或硫酸+铁屑还原至铬（Ⅲ）后，再转化为氢氧化物沉淀而分离。

④ 对于含砷废液，可加入 Fe（Ⅲ）盐溶液及石灰乳，使其转化为砷化物沉淀而分离。

⑤ 含有氰化物的废液，可先加入混合碱液，使金属离子沉淀而分离，然后调节滤液到 pH6～8，再往滤液中加入过量的次氯酸钠溶液或漂白粉，充分搅拌，静置 12h 以上，使氰化物分解。反应式如下

$$ClO^- + CN^- \rule[0.5ex]{2em}{0.4pt} OCN^- + Cl^-$$
$$2OCN^- + 3ClO^- + 2OH^- \rule[0.5ex]{2em}{0.4pt} 2CO_3^{2-} + N_2 + 3Cl^- + H_2O$$

2．铁酸盐法

此法适应于处理含重金属离子的混合溶液。在废液中加入过量的 10%FeSO$_4$ 溶液（Fe^{2+} 总量与重金属离子总量按摩尔比要大于 5 倍以上），然后加入 10%NaOH 溶液，使重金属离子与亚铁离子生成氢氧化物沉淀，将溶液加热并保持在 60℃以上，通入空气，促进氢氧化亚铁向铁酸盐转化，静置，过滤。

实验内容

（可选做或另行确定）

1．含铁、锌、钡、铅、铜等离子的酸性废液的处理。

2．含钠、镁、重铬酸根的废液的处理。

3．含钙、钡、镉、锌、铅、汞、锰、铬、镍等离子的废液的处理。

实 验 内 容

下篇　应用无机化学实验

第七部分

在材料中的应用

实验 39　氧化铁黄的制备与着色作用

实验目的

1. 了解氧化铁黄颜料的特性和应用。
2. 学习并掌握用亚铁盐制备氧化铁黄的原理和方法。
3. 认识氧化铁黄的着色性能。

实验原理

在各类无机颜料中，氧化铁颜料的产销量仅次于钛白粉，是世界上第二个量大面广的无机颜料，属第一大彩色无机颜料。氧化铁颜料颜色多，色谱较广，遮盖力较高，主色颜料有铁黄 $[Fe_2O_3 \cdot H_2O$ 或 $FeO(OH)]$、铁红（Fe_2O_3）和铁黑（Fe_3O_4）三种，通过调配还可以得到橙、棕、绿等系列色谱的复合颜料。氧化铁颜料有很好的耐光、耐候、耐碱及耐溶剂性，还具有无毒性等特点，广泛应用于建筑材料、涂料、油墨、塑料、陶瓷、造纸、磁性记录材料等行业中。

本实验采用湿法亚铁盐氧化法制备氧化铁黄，原理如下。

（1）晶种的形成

氧化铁黄是晶体结构，要得到晶体，首先要形成晶核，晶核长大成为晶种。晶种生成过程的条件决定了氧化铁黄的颜色和质量，所以制备晶种是关键的一步。氧化铁黄晶种的形成由以下两步反应完成。

① 生成氢氧化亚铁胶体　在一定的温度下，向硫酸亚铁铵（或硫酸亚铁）溶液中加入碱液，立即有胶体氢氧化亚铁生成，反应如下

$$Fe^{2+} + 2OH^- \longrightarrow Fe(OH)_2 \downarrow$$

由于氢氧化亚铁溶解性非常小，晶核形成的速度非常快。为使晶核粒子细小而均匀，反应要在充分搅拌下进行，并在溶液中留有硫酸亚铁晶体，以维持溶液的饱和度。

②FeO(OH)晶核的形成　要生成铁黄晶种，需将氢氧化亚铁进一步氧化，反应如下

$$4Fe(OH)_2+O_2 \longrightarrow 4FeO(OH)\downarrow +2H_2O$$

但应注意，这是一个复杂的过程，要得到特定的晶种，反应温度和 pH 必须严格控制在规定的范围内。反应温度控制在 10～25℃，最高不超过 35℃，溶液 pH 保持在 3～4，可得到氧化铁黄晶种；如果溶液的 pH 接近中性或是偏碱性，可得到棕黄至棕黑甚至是黑色的一系列的过渡色晶种；若溶液 pH＞9 则形成棕红色的氧化铁红晶种；若 pH＞10，则失去形成晶种的作用。

（2）FeO(OH)晶体的生成

在含有铁黄晶种的 Fe^{2+} 溶液中加氧化剂 $KClO_3$，控制温度在 80～85℃，溶液的 pH 为 4～4.5，可使晶种长大为晶体，其反应如下

$$6Fe^{2+}+ClO_3^-+9H_2O \longrightarrow 6FeO(OH)\downarrow +12H^++Cl^-$$

在这一过程中，空气中的氧也参加氧化反应

$$4Fe^{2+}+O_2+6H_2O \longrightarrow 4FeO(OH)\downarrow +8H^+$$

由上述反应式可见，伴随反应的进行，溶液的酸度会逐渐增大，因此需不断加入碱液以维持溶液的 pH 为 4～4.5。氧化反应过程中可以见到沉淀的颜色由灰绿→墨绿→黄棕→土黄变化。

氧化铁黄产物的着色作用以石膏为基质进行试验。

仪器、药品及材料

1. 仪器

台秤，烧杯（50mL），加热装置（酒精灯、三脚架、石棉网），温度计，离心机（10mL），离心管（10mL），小蒸发皿，研钵，表面皿等。

2. 试剂

碱：NaOH（$2.0mol \cdot L^{-1}$）。

盐：$(NH_4)_2Fe(SO_4)_2 \cdot 6H_2O(s)$或 $Fe(SO_4)_2 \cdot 7H_2O(s)$，$KClO_3(s)$，$BaCl_2$（$0.1mol \cdot L^{-1}$）。

其他：S313 氧化铁黄标准品，模具用 α 型熟石膏粉。

3. 材料

精密 pH 试纸。

实验步骤

1. 氧化铁黄的制备

（1）晶种的形成

称取 2.0 g $(NH_4)_2Fe(SO_4)_2 \cdot 6H_2O$，加入 50mL 的烧杯中，加水 4.0mL，用水浴调节溶液温度至 20～25℃，搅拌使部分晶体溶解（需留有部分晶体不溶！），检验溶液的 pH，接着，

边搅拌边慢慢滴加 5 滴 2mol·L^{-1} NaOH，继续搅拌直至反应物料转变为土黄色（约需 20min，注意观察并记录反应过程中反应物料性状和颜色的变化），然后放置 10min。

（2）氧化铁黄的制备

将完成了晶种形成反应的烧杯转移至温度为 80～85℃ 的水浴加热，当反应物料温度达到约 80℃时，加入约 0.1g KClO$_3$，搅拌均匀后检验 pH 值，然后，边搅拌边慢慢滴加约 2.5mL 2.0mol·L^{-1} NaOH 溶液（当反应物料变得太稠而难以搅拌，适当补加少量水以恢复流动性），直至反应物料 pH 达到 4（先每滴加 10 滴碱液后检测 pH，当 pH 接近 4 时，每加入 1 滴碱液后检测 pH），继续搅拌反应 30min。

反应结束，将反应物料转移至 10mL 离心管并用离心机进行离心分离，沉淀用 60℃ 的自来水反复洗涤至母液基本无 SO$_4^{2-}$（以自来水为参照），然后移入蒸发皿，在蒸汽浴上搅拌干燥至恒重，称量产物，计算产率。

2. 着色作用试验

（1）标准色板制作

称取 0.10g S313 氧化铁黄标准品和 10.0g 模具用 α 型熟石膏粉，置于研钵中，充分研磨至颜色均匀后，转移至 50mL 小烧杯中，加入 3.5mL 水，立即搅拌调糊，然后，从中心点慢慢倒入表面皿中，观察物料自然摊开并发热凝固。

（2）试样色板制作

按标准色板的制备方法，以自制氧化铁黄产品代替 S313 氧化铁黄标准品制备试样色板。

（3）着色性能比较

目视比较试样色板和标准色板的色调和色深。

预习思考题

1. 在氧化铁黄制备过程中，随着氧化反应的进行，为何虽然不断滴加碱液，溶液的 pH 值还是逐渐降低？

2. 以自来水洗涤氧化黄色产物，如何确定已基本洗涤干净？

阅读材料：无机颜料及其应用

1. 无机颜料的基本特点

颜料分无机和有机两大类。无机颜料是指其主要成分为无机物的颜料，是传统的着色剂，其着色力相对来说较有机颜料差，但是其耐热性、耐候性、耐迁移性优越，且价格低廉。因此无机颜料被广泛用于涂料、塑料、合成纤维、橡胶、建筑材料、文教用品、绘画颜料、油墨、纸张等领域。在涂料工业中它是应用量最大、应用面最广的原材料之一。

2. 无机颜料的分类

无机颜料有天然无机颜料与合成无机颜料。天然无机颜料完全来自矿物资源，如天然产朱砂、红土、雄黄等。合成无机颜料则是通过化学反应合成所得，如钛白粉、钴蓝、铬黄、铁蓝、镉红、镉黄、立德粉、炭黑、氧化铁红、氧化铁黄等。

按化学结构分，无机颜料主要有以下几类：金属氧化物，如二氧化钛、三氧化二铬、氧化铁、氧化锌、氧化锑等；金属氧化物混相颜料，如钛镍黄、钛铬棕、钴蓝、钴绿、铜铬黑、铁锌铬棕、铋黄等；炭黑；金属硫化物，如硫化镉、硫化汞等；铬酸盐，如铬黄和铬橙；钼酸盐，如钼红；其他如群青等。

3．无机颜料的主要种类

（1）传统无机颜料

① 二氧化钛　本品是目前最重要的无机颜料之一。纳米级超细二氧化钛不仅起到着色作用还可以起到杀菌作用。二氧化钛的分散性较差，一般需要采用有机处理剂对其表面进行一定处理。

② 炭黑　炭黑的品种繁多，不仅具有着色性能，还具有优良的耐候性和抗热氧化作用，并可提高聚合物的导电性能。

③ 镉系颜料　镉系颜料是一种以硫化镉为主要组分的特别稳定的无机颜料，其色谱很宽广，主要包括镉黄、镉橙、镉红与镉紫等。镉系颜料色泽鲜艳，具有耐光、耐晒、耐高温、遮盖力强、着色力强、不迁移、不渗色等特点。镉系颜料属于非环保无机颜料，欧盟和美国等发达国家已明确限制作用，但是由于其性能优异，尤其是耐热性，一些特别的领域仍在使用。

④ 氧化铁颜料　氧化铁颜料是用量最大的彩色无机颜料之一。氧化铁颜料颜色多，色谱较广，遮盖力较高，主色有红、黄、黑三种，通过调配还可以得到橙、棕、绿等系列色谱的复合颜料，具体品种主要有氧化铁红、氧化铁黄、氧化铁黑、氧化铁蓝、氧化铁绿、氧化铁棕等。氧化铁颜料有较好的耐光、耐候、耐碱及耐溶剂性，还具有无毒性等特点。

⑤ 铬系颜料　铬系颜料主要成分为铬酸盐，有铅铬黄、钼铬红、防锈颜料三大系列 20多个品种，广泛应用于涂料、塑料、橡胶、油黑工业，具有着色力高、稳定性好、耐光性、耐化学品性好等特点。由于该产品具有一定毒性，因此仅限于工业用，不能用于食品、玩具等行业。

（2）新型无机颜料

① 金属氧化物混相颜料（环保型彩色混相无机颜料）　金属氧化物混相颜料即环保型彩色混相无机颜料，是由多种金属氧化物经高温固相反应而生成的具有环保无毒特点的高性能无机颜料。

环保型彩色混相无机颜料与大部分塑料与树脂具有良好的相容性，在几乎所有的有机溶剂中均不渗色、不迁移，其耐光性、耐候性、耐高温性、耐酸耐碱性均达到最高级，即使在用白色颜料冲淡时也对光、热、气候和化学品同样具有优良牢度。

此外由于属于无毒颜料，环保型彩色混相无机颜料非常适用于对环保要求高的场合，如食品包装容器、塑料餐具、塑料玩具、铬黄与钼铬红替代品等。

② 包膜无机颜料　经有机硅或无机硅包膜的硒、铬颜料，硒、镉元素不会溶出，是新型的无毒无机颜料。

参考文献

[1] 陈玉杰，魏琦峰. 透明氧化铁黄制备工艺现状. 上海涂料，2009，47(7)：16-19.
[2] 朱骥良，吴申年. 颜料工艺学. 北京:化学工业出版社，2002
[3] 孙军，孟磊，周琼辉，等. 环保型无机颜料的现状和前景. 涂料技术与文摘，2012,(9)：8-10.

实验 40　红色荧光粉和发光玻璃的制备与发光特性

实验目的

1. 了解无机发光材料及其应用。
2. 学习并掌握 ZnO:Eu 荧光粉和$(Eu_2O_3)_1(Na_2O)_{10}(P_2O_5)_{25}(ZnO)_{50}$ 发光玻璃的制备原理与方法。
3. 认识 ZnO:Eu 荧光粉和$(Eu_2O_3)_1(Na_2O)_{10}(P_2O_5)_{25}(ZnO)_{50}$ 发光玻璃的发光特性。

实验原理

由于微观粒子运动具有能级结构，物质可以适当方式吸收某种形式的能量（电磁辐射、高能粒子、电子束、外电场等）而发生激发，激发态是不稳定的，体系会自动以适当的方式消散激发能。体系以发射可见、紫外或近红外电磁辐射的方式消散激发能的现象，称为发光。能够受激而发光的物质叫做发光材料。通常，纯化合物是不易被激发而发光的，但在纯化合物中掺入某些杂质就能引起发光，这种纯化合物称为基质，如 ZnO；使原来不发光或发光很弱的材料产生发光的杂质称为激活剂，如 Eu^{3+}，它是发光中心的重要组成部分。与作为激活剂的作用相反，有些杂质则会严重损害发光材料的发光性能，使发光亮度降低，这类杂质叫猝灭剂或毒化剂，如重金属 Fe、Co、Ni 等就是这类杂质的典型代表。发光材料在现代科学技术中具有非常广泛而重要的应用。

发光玻璃是指由于外界的激发，玻璃物质中的电子由低能态跃迁至高能态，然后当电子返回到低能态时，以辐射跃迁的形式发射出光的一类玻璃。在基质玻璃中添加少量稀土离子，稀土离子常以+3 价的形式形成发光中心，不同稀土激活剂发出不同颜色的光。与晶体、粉末状材料相比，发光玻璃具有透明度高、成本较低、容易加工（如纤维和大尺寸平板）以及发光效率高等许多优点。玻璃的结构特点是近程有序而长程无序，稀土离子在玻璃中的掺杂量可相对较高，所以玻璃是一种良好的发光基质材料。近年来，稀土离子掺杂的发光玻璃广泛应用于激光、光学放大器、光通信、储能和显示等光电领域。

1. ZnO:Eu 荧光粉的制备

可在紫外线、可见光或电场作用下发光的粉末发光材料称为荧光粉。本实验以 $Zn(NO_3)_2 \cdot 2H_2O$、$Eu(NO_3)_3$ 和 $CO(NH_2)_2$ 为原料，通过共沉淀法制备 ZnO:Eu 荧光粉，方法原理如下。

通过以下反应可制备得到 $Zn(OH)_2$ 和 $Eu(OH)_3$ 共沉淀（称前驱体）：

$$CO(NH_2)_2 + H_2O \longrightarrow CO_2 + NH_3 \cdot H_2O$$
$$Zn^{2+} + 2NH_3 \cdot H_2O \longrightarrow Zn(OH)_2 \downarrow + 2NH_4^+$$
$$Eu^{3+} + 3NH_3 \cdot H_2O \longrightarrow Eu(OH)_3 \downarrow + 3NH_4^+$$

所得 $Zn(OH)_2$ 和 $Eu(OH)_3$ 共沉淀经过适当形式的焙烧即可制得 ZnO:Eu 荧光粉。在焙烧的过程中组分间发生化学反应或相互扩散而形成固溶体，其中基质形成了一定的晶体结构，激活剂进入基质晶格，同时晶体长大并完善。

本实验制得的 ZnO:Eu 荧光粉具有六方晶系 ZnO 晶体结构，其主要 XRD 特征衍射峰数据（PDF 标准卡片 36-1451）见表 40-1:

表 40-1   XRD 特征衍射峰数据

d	2.814	2.603	2.475	1.911	1.624	1.477	1.378	1.358
I/I_0	57.0	44.0	100.0	23.0	32.0	29.0	23.0	11.0

注：d 为结晶面间隔；I/I_0 为衍射线的相对强度。

本实验制得的 ZnO:Eu 荧光粉的主发射峰位置在 611nm 处，以 611nm 波长为检测波长，在 392nm 附近有较强的吸收峰，在 408nm 附近也有一个吸收峰。

2. $(Eu_2O_3)_1(Na_2O)_{10}(P_2O_5)_{25}(ZnO)_{50}$ 发光玻璃的制备

将 Na_2CO_3、$NH_4H_2PO_4$、ZnO 和 Eu_2O_3 以一定的升温速率加热至熔融，然后在空气中淬冷即可形成 $(Eu_2O_3)_1(Na_2O)_{10}(P_2O_5)_{25}(ZnO)_{50}$ 发光玻璃。为了保证玻璃的机械性能，成型后的玻璃需要经历退火过程来释放在成型过程中产生的内应力。

3. 发光特性观察

用紫外线照射 ZnO:Eu 荧光粉和 $(Eu_2O_3)_1(Na_2O)_{10}(P_2O_5)_{25}(ZnO)_{50}$ 发光玻璃，可观察到发射红光。

仪器与药品

1. 仪器

台秤或天平，电磁搅拌器，滴液漏斗，5mL 吸量管，20mL 量筒，50mL、100mL 烧杯，抽滤瓶，布氏漏斗，一次性药勺，烘箱，马弗炉（1600℃），刚玉坩埚，玻璃研钵，耐高温手套，坩埚钳，加热台，黄铜板，X-射线衍射仪，荧光光谱仪，紫外灯（365nm），载玻片，透明样品袋。

2. 药品

盐：$Zn(NO_3)_2 \cdot 2H_2O(AR)$，$Eu(NO_3)_3(AR)$，$NH_4H_2PO_4$ (99%)，Na_2CO_3 (99.99%)。
其他：$CO(NH_2)_2$，C_2H_5OH，ZnO（99.9%），Eu_2O_3（99.99%）。

实验步骤

1. ZnO:Eu 荧光粉的制备与发光特性观察

（1）前驱物的制备

在 100mL 烧杯中，将 4.32g $Zn(NO_3)_2 \cdot 2H_2O$ 和 1.55 g $CO(NH_2)_2$ 溶于 5mL 去离子水中，并与 4mL $0.2mol \cdot L^{-1}$ $Eu(NO_3)_3$ 溶液（pH=3～4）混合 [混合液中，$nZn(NO_3)_2 : nCO(NH_2)_2 = 1 : 3.5$]，掺杂 Eu^{3+} 的浓度为 5%，然后，将所得混合液置于 90℃的恒温水浴中保温搅拌反应 2 h，反应生成物用减压过滤装置过滤，沉淀用纯水洗涤至母液 pH 稳定，再用无水乙醇润洗，然后抽干，滤饼移入小蒸发皿，置于烘箱中于 80℃烘干，得到前驱物。

（2）荧光粉的制备

将前驱物转移至刚玉坩埚，然后置于马弗炉，在 700℃下煅烧 2 h，取出，冷却，研磨，得白色的 ZnO:Eu 荧光粉。

（3）荧光粉的物相鉴定

取少量 ZnO:Eu 荧光粉合成产物，用 X-射线衍射仪测定 X-射线衍射图谱。

（4）ZnO:Eu 荧光粉发光特性表征

取少量 ZnO:Eu 荧光粉合成产物，用荧光分光光度计测定荧光光谱。

（5）荧光粉发光特性观察

取少量荧光粉置于载玻片上，用紫外灯（365nm）照射，目视观察荧光粉所发光的光色和亮度。

2. $(Eu_2O_3)_1(Na_2O)_{10}(P_2O_5)_{25}(ZnO)_{50}$ 发光玻璃的制备与发光特性观察

（1）发光玻璃的制备

用分析天平准确称取 4.6010g $NH_4H_2PO_4$、1.6278g ZnO、0.1408g Eu_2O_3 和 0.4240g Na_2CO_3，置于洁净的玛瑙研钵中充分研磨、混合至均匀，转移至刚玉坩埚中，将坩埚置于马弗炉内，以 $5℃·min^{-1}$ 的升温速率，经 290min 从室温升温至 1400℃，然后立即取出，将熔制好的玻璃液倾倒至事先预热至 290℃ 的黄铜模具中，在空气中淬冷成型，然后在 290℃ 退火 3h。

注意事项：

① 原料研磨顺序依次为 $NH_4H_2PO_4$、ZnO、Eu_2O_3、Na_2CO_3，即先研磨 $NH_4H_2PO_4$，再加入 ZnO 研磨，依此类推。

② 研磨时，在研钵下面垫一张干净的白纸，收集研磨时少量溅出的药品。

③ 坩埚置于马弗炉内炉膛中央位置。

（2）发光玻璃的物相鉴定

取$(Eu_2O_3)_1(Na_2O)_{10}(P_2O_5)_{25}(ZnO)_{50}$ 发光玻璃，用 X-射线衍射仪测定 X-射线衍射图谱。

（3）发光玻璃的发光特性观察

将发光玻璃置于透明样品袋中，用紫外灯（365nm）照射，目视观察荧光玻璃所发光的光色和亮度。

实验结果处理

1. 分析 ZnO:Eu 荧光粉和$(Eu_2O_3)_1(Na_2O)_{10}(P_2O_5)_{25}(ZnO)_{50}$ 发光玻璃产物的 X-射线衍射图谱，判断是否形成了目标产物。

2. 根据荧光光谱和目视观察的实验结果，讨论 ZnO:Eu 荧光粉和$(Eu_2O_3)_1(Na_2O)_{10}(P_2O_5)_{25}(ZnO)_{50}$ 发光玻璃的发光特性。

预习思考题

查阅有关参考文献回答以下问题：

1. 稀土发光材料在现代科学技术中有哪些重要应用？

2. 本实验为何采用尿素而非直接采用氨水作沉淀剂制备 ZnO:Eu 荧光粉前驱物？

3. 采用共沉淀法制备 ZnO:Eu 荧光粉时，为获得高品质产物，应注意控制哪些因素？

4. 在制备发光玻璃的升温过程中，原料可能会发生哪些化学反应？为什么要控制较慢的速率升温？

 阅读材料：稀土发光材料及其应用

稀土元素是 Sc、Y 和镧系共 17 种元素的总称，大多数的稀土离子含有能级相近且未充满的 4f 电子层，具有特殊电子构型，具有独特的光、电、磁等性质。稀土发光材料被广泛应用在显示、照明和检测三大领域，形成大规模工业化生产和消费市场，并且逐渐向着新兴的领域拓展。

1. 稀土发光材料分类和发光机理

（1）分类

稀土发光材料可根据稀土元素的作用和激发的方式、稀土材料应用范围以及形态的不同作以下分类。

① 按稀土元素作用的不同，可分为稀土化合物作为基质材料、稀土与过渡元素共同构成的化合物作为基质材料、稀土离子作为激活剂型。

② 按激发方式不同，可分为光致发光（紫外线激发）、阴极射线发光（高能电子束的轰击）、电致发光（直流电或交流电激发）、放射线发光（核辐射的照射）、高能量光子激发发光（X射线或γ射线激发）型等。

③ 按应用范围不同，可分为照明材料、显示材料、检测材料型等。

④ 按形态不同，可分为粉末材料、单晶材料、玻璃材料和陶瓷材料型等。

（2）发光机理

稀土发光材料的发光属固体发光，其一般机理为：第一步，基质晶格吸收激发能；第二步，基质晶格将激发能传递给待激活离子，令其激发；第三步，处于激发态的离子发射荧光返回基态。

2. 稀土发光材料的优点

稀土发光材料具有很多优点，如发光谱带窄、颜色艳丽、光吸收能力强、转换效率高、发射波长范围广、荧光寿命跨度大、物理与化学性能稳定、抗高温能力强，对于大功率电子束、高能辐射和强紫外线等的承受能力较强。

3. 稀土发光材料的应用

正是因为稀土发光材料具有一般发光材料无法替代的优点，所以它广泛地应用于电光源照明、电视机显色材料、农用光转换材料、X-射线荧光粉、发光涂料及发光油墨等方面。其中电光源照明是其应用的最主要方面，灯用荧光粉的产量在所有荧光粉中占据首位。

（1）稀土阴极射线发光材料的应用

稀土阴极射线发光材料是应用较为广泛的发光材料之一。它主要应用于示波器、电视机、计算机、雷达等的显示器和荧光屏。其中荧光粉在彩色电视机中发展得最快。主要包括红色荧光粉、绿色荧光粉、蓝色荧光粉等。

（2）稀土光致发光材料的应用

光致发光是指利用紫外线、可见光或红外光激发发光材料而产生的发光现象。具有这种性能的材料为光致发光材料。光致发光材料主要有紧凑型荧光灯用稀土三基色荧光粉、高压汞灯用稀土荧光粉、稀土金属卤化物灯用荧光粉、稀土长余辉发光材料、稀土激活的长余辉发光材料等，主要应用于电影、电视的拍摄，室内照明，军事设施等。

（3）稀土电致发光材料的应用

电致发光是指稀土材料在电场作用下的发光。换句话说，它的发光过程就是将电能转化为光能的过程。电致发光材料在生产中的应用非常广泛，它能够对化合物进行化学修饰，从而改变其发射波长，协调发光的颜色。同时，实现各种颜色的发光。

（4）稀土 X-射线发光材料的应用

稀土 X-射线发光材料是指通过 X-射线而发光的材料，主要有 X-射线透射用的荧光粉和 X 射线拍照用的增感屏荧光粉两种类型，具体应用主要有计算机 X-射线摄影、X 光胶片数字化扫描仪、线阵探测器数字化 X-射线机等。

参考文献

[1] 王玲玲, 赵世华, 刘晃清, 等. 沉淀法制备 ZnO:Eu³⁺纳米晶及其发光性能的研究. 湖南大学学报(自然科学版), 2008, 35(7): 51-54.

[2] 胡文远, 杨定明, 刘勋, 等. 机械力固相化学反应法制备纳米氧化锌基红色荧光粉. 发光学报, 2007, 28(6): 919-922.

[3] 李庆福, 黄世华, 刘舒曼, 等. ZnO:Eu³⁺纳米晶的制备及其光谱分析. 激光与红外, 2003, 33(2): 145-147.

[4] 孙彦彬, 邱关明, 陈永杰, 等. 稀土发光材料的合成方法. 稀土, 2003, 24(1): 43-48.

[5] 刘苏, 王月影, 孙燕. 稀土发光材料的研究进程与展望. 西部皮革, 2016, (18): 17.

[6] 王姝婷, 杨继凯. 稀土发光材料的发光机理及其应用. 科技展望, 2015, (36): 132.

[7] 张中太, 张俊英, 等. 无机光致发光材料及应用. 2 版. 北京:化学工业出版社, 2011.

实验 41　四氧化三铁粉末的制备与磁性

实验目的

1. 了解四氧化三铁的基本特性及其应用。
2. 学习并掌握共沉淀法制备四氧化三铁粉末的原理与方法。
3. 认识四氧化三铁的磁性。

实验原理

四氧化三铁，化学式为 Fe_3O_4，为黑色晶体，具有磁性，着色力和遮盖力强，是重要的磁性材料和黑色颜料。另一方面，由于当 Fe_3O_4 颗粒小至超顺磁临界尺寸时具有高矫顽力，因此，纳米 Fe_3O_4 已在磁记录材料、磁流体、生物医学材料、催化剂载体、高梯度磁分离器、吸波材料、静电复印等领域获得了广泛的应用。

Fe_3O_4 的制备方法较多，具体采用什么制备方法，要视应用需要选择。本实验采用空气气氛共沉淀法，在空气气氛中由可溶性亚铁盐、铁盐和碱溶液反应制备磁性 Fe_3O_4，反应式如下

$$Fe^{2+}+2Fe^{3+}+8OH^- \longrightarrow Fe_3O_4+4H_2O$$

产物的磁性用磁铁试验。

仪器与药品

1. 仪器

台秤，恒温电磁搅拌器，滴液漏斗，50mL 烧杯，滴管等。

2. 药品

$FeCl_2 \cdot 4H_2O(s)$，$FeCl_3(s)$，$NaOH(s)$。

3. 材料

广泛 pH 试纸，强力磁铁磁座。

实验步骤

1. 1.0mol L^{-1}NaOH 溶液的配制

在 50mL 烧杯中，加入 1.0g NaOH 和 25mL 纯水，搅拌溶解。

2. 制备 Fe_3O_4

在 100mL 烧杯中，加入 0.5g $FeCl_3$、0.6g $FeCl_2 \cdot 4H_2O$ 和 15mL 纯水，置于恒温电磁搅拌器上，搅拌溶解（此时溶液 pH≈1），接着，慢慢滴加 1.0mol L^{-1}NaOH 溶液，至反应物料变黑、溶液 pH≈11（约 1mol L^{-1} NaOH 溶液 15mL），然后，用保鲜膜封住烧杯口，启动加热，升温至 60℃恒温搅拌 1h。

3. 产物磁性试验

取 2 支 10mL 比色管，置于比色管架，将一块强力磁铁磁座垫在其中一支比色管底，然后，在 2 支比色管中加入已搅匀的反应物料至刻度，观察黑色沉淀的沉降。

4. 产物分离

将比色管中的反应物料并回反应小烧杯，将其置于强力磁铁磁座上使沉淀沉降，接着，倾去上层清液，并用纯水和乙醇交替洗涤至 pH≈7，然后，将沉淀转移至小培养皿，室温空气晾干（或真空 75℃加热干燥）至恒重，称重。

5. 产物物相鉴定

取少量 Fe_3O_4 合成产物，用 X-射线衍射仪测定 X-射线衍射图谱，与标准图谱对比。

实验结果处理

根据实验结果说明：
1. 合成产物是否具有磁性；
2. 合成产物否为目标产物。

预习思考题

查阅有关参考文献说明以下问题：
1. 本实验中，为何投料比 $n(Fe^{2+}):n(Fe^{3+})$ 为 1：1 而非 1：2？
2. 本实验中，为何要采用室温空气晾干或真空加热干燥产物？

阅读材料：磁流体及其应用

磁流体即磁性流体（magnetic fluid），也称磁性液体（magnetic liquid）。它是一种具有随外加磁强而有可控流变特性的特殊的智能材料。该流体在静态时无磁吸引力，当外加磁场作用时，才表现出有磁性。磁流体既有固体磁性材料的强磁性，又有液体的流动性，还有许多其他固体磁性材料与液体物质所不具有的特殊性质，因此，自 20 世纪 60 年代初期美国 NASA

在宇宙飞船的活动仓和过渡仓密封中获得成功应用后发展迅猛，并且开始转向民用。

1. 磁流体的组成

精确意义上的磁流体是由超微粒子、表面活性剂和载液构成的，构成磁粒子的材料可以是磁铁矿（Fe_3O_4）、氧化钴或其他铁磁性氧化物，其粒径要求在 20nm 以内，表面活性剂起稳定磁粒子并防止磁粒子聚集的作用，常用的有明胶、油酸、聚乙二醇等，载液的类型根据密封介质和工况选择，可以是水、煤油、石蜡油等。

2. 磁流体的应用

磁流体是一种很有诱惑力的新型液态磁性材料，孕育着无限的应用前景。

（1）工程领域

在工程领域，磁流体的应用主要体现在磁流体密封技术、研磨技术、润滑技术等应用中。磁流体技术早期最成功的应用是真空密封，这种密封技术不仅具有接触式和非接触式技术的优点，而且又能克服这两种技术各自的缺点。磁流体研磨是将粒径在微米级的磨料混入水或油基磁流体中，通过外磁场控制磁流体的流动，从而带动磨料的运动，使磨料对加工件的表面进行研磨，其效率是通常研磨技术的 1 倍。在润滑油中掺入磁性纳米颗粒可实现磁流体润滑。在摩擦副中应用磁流体润滑，由于磁性颗粒尺寸比表面粗糙度小得多，具有不会磨损摩擦副的优点，另外，分散在载液中的磁性纳米颗粒能较好地改善润滑油的稳定性，提高抗磨性能。

（2）生物医药领域

磁流体在生物医药学领域也有着较为广泛的应用前景，主要涉及磁流体热疗、定向给药、基因治疗等。磁流体热疗是指应用磁流体使纳米磁性颗粒进入肿瘤细胞然后施加交变磁场使其产生热量从而使肿瘤细胞温度升高的热疗。磁流体热疗具有生物相容性和靶向性好的优点，能协同提高肿瘤化疗或放疗的有效性。磁流体中的磁性纳米颗粒的表面可吸附大量药物，在外加磁场的作用下具有靶向性，可用于定向给药。由于磁流体中的纳米颗粒有巨大表面能和多个结合位点，携带能力优于其他载体，因此是较好的基因载体。

（3）物质分选领域

磁流体分选原理是建立在重介质分选基础上的，磁流体就相当于重介质，但是不同于重介质分选的是，磁流体作为分选介质是通过磁场调节表观密度梯度从而实现多密度级分选的，其密度调节更为简单便捷。

（4）环境治理

目前，利用其所含磁性纳米粒子的强吸附性和对外磁场的响应性，磁流体在环保领域的应用也在不断地开拓，可应用的领域包括清除水体油污染、废水中染料的去除、重金属元素及放射性元素的吸附和富集等。

参考文献

[1] 张杰，胡登华. 磁性纳米 Fe_3O_4 粒子的制备与应用. 武汉工程大学学报, 2011, 33(10): 4-8.

[2] 杨瑞成，郧栋，穆元春. 纳米 Fe_3O_4 磁流体的制备及表征. 兰州理工大学学报, 2008, 34(1): 22-25.

[3] 国秋菊，郑少华，陶文宏. 纳米磁流体及其应用. 企业技术开发, 2005, 24 (7): 8-10.

[4] 韩调整，黄英，黄海舰. 磁流体的制备及应用. 材料开发与应用, 2012, 27 (4): 86-91, 98.

实验 42　低水合硼酸锌的制备与阻燃作用

实验目的

1. 了解低水合硼酸锌的性质和用途。
2. 掌握由硼酸和氧化锌制备低水合硼酸锌的原理和方法。
3. 了解含结晶水无机盐中结晶水数目的测定方法。
4. 认识低水合硼酸锌的阻燃性能。

实验原理

现代工业的发展和人民生活水平的提高，高分子材料（包括天然和合成的）的应用越来越广泛，但绝大多数高分子材料存在易燃的缺点，因此，对高分子材料进行必要的阻燃改性，以减小火灾损失，提高人类环境安全水平，已越来越受到世界各国的重视。大量研究表明，应用阻燃剂是降低高分子材料可燃性的有效措施。硼酸锌是一种新型无毒高效无机阻燃剂，它在 250℃以上仍能保留结晶水，热稳定性好，既能阻燃，又能抑烟，并能消灭电弧，既可广泛应用于高层建筑的橡胶配件、电梯电缆、电缆塑料护套、电器塑料、地毯、电视外壳和零件、船舶涂料、纤维织物等合成高分子材料的阻燃改性，还可用于木材及其制品等天然高分子材料的阻燃。

硼酸锌的组成随着合成工艺条件的不同而变化，有 $2ZnO \cdot 3BO_3 \cdot 7H_2O$、$2ZnO \cdot 3BO_3 \cdot 3.5H_2O$、$3ZnO \cdot 3BO_3 \cdot 5H_2O$、$ZnO \cdot BO_3 \cdot 2H_2O$ 等。其中，$2ZnO \cdot 3BO_3 \cdot 3.5H_2O$ 称为低水硼酸锌，是常用的硼酸锌阻燃剂，其特点是在 350℃的高温下，仍然保持其结晶水，而这一温度高于大多数聚合物的加工温度，因此广泛适用于各种高分子材料的阻燃改性。

据有关研究，硼酸锌之所以具有阻燃作用，主要因为其在火焰作用下可脱水、熔化并吸热，同时形成玻璃体覆盖层。吸热可降低材料的温度，脱水可稀释空气中的氧气和其他可燃性气体，形成玻璃体覆盖层可使材料与氧气隔离。

已提出的低水合硼酸锌工业生产方法有：硼砂-锌盐合成法，氢氧化锌-硼酸合成法，氧化锌-硼酸合成法等。其中，氧化锌-硼酸合成法具有工艺简单、易操作、产品纯度高、母液可循环使用、无三废污染等优点。实验室制备低水合硼酸锌一般采用这种方法，其化学反应式为

$$2ZnO + 6H_3BO_3 \Longrightarrow 2ZnO \cdot 3B_2O_3 \cdot 3.5H_2O + 5.5H_2O$$

低水合硼酸锌为白色结晶粉末状物质，熔点980℃，密度为 $2.71 \times 10^3 \, kg \cdot m^{-3}$，折射率1.58，分子量为434.66，毒性为 LD_{50}（口服、大鼠）>10000 mg $\cdot$ kg^{-1}，没有吸入性和接触性毒性，对皮肤、眼睛不产生刺激，没有腐蚀性；不溶于水，易溶于盐酸、硫酸及二甲亚砜，可溶于氨水生成配合物；不溶于乙醇、正丁醇、苯及其他有机溶剂；受热至约 290℃时开始失去结晶水，到600℃时完全失去结晶水。

仪器、药品及材料

1. 仪器

台秤，烧杯（50mL），锥形瓶（15mL），加热装置（酒精灯，三脚架，石棉网），温度计，

离心机（10mL），离心管（10mL），小蒸发皿，烘箱，马弗炉，瓷坩埚，研钵等。

2．药品

$H_3BO_3(s)$，$ZnO(s)$。

3．材料

桦木粉（在50℃干燥6h，粉碎至60目以下），石蜡，灯芯。

实验步骤

1．细微粉末状低水合硼酸锌的制备

在15mL锥形瓶中加入6mL水和1.6g H_3BO_3，摇荡使 H_3BO_3 溶解，然后加入0.7g ZnO，摇匀，置于温度为80～90℃的水浴上加热并不停摇荡反应1.5h。取下锥形瓶，用冷水浴将反应生成物料冷却至室温，接着，将反应物料转移至10mL离心管并用离心机进行离心分离，沉淀用水洗涤两次，然后移入蒸发皿，置于105℃烘箱中烘干至恒重（或在蒸汽浴上搅拌干燥至恒重），得白色细微粉末状低水合硼酸锌产品。

2．产品含水率和结晶水数目的测定

用分析天平准确称量一洁净干燥瓷坩埚，加入约0.2g产品，并准确称量，然后将其置于700℃马弗炉灼烧1h，取出，冷却至室温，准确称量，计算产品的含水率和结晶水数目。

3．阻燃性能模拟实验

（1）木粉阻燃试验

在一小蒸发皿中加入1.8g桦木粉和0.2g已经充分研细的低水合硼酸锌产品，充分混合均匀；在另一小蒸发皿中加入2.0g桦木粉空白样。然后，点燃桦木粉，观测比较两者的燃烧性。

（2）石蜡阻燃试验

在一小蒸发皿中加入2.7g石蜡，加热使石蜡熔化，加入0.3g已经充分研细的低水合硼酸锌产品，充分混合均匀，插入灯芯，冷却，待石蜡凝固后将其从小蒸发皿中取出，得试验蜡烛；在另一小蒸发皿中加入2.7g石蜡，加热使石蜡熔化，插入灯芯，冷却，待石蜡凝固后将其从小蒸发皿中取出，得参照蜡烛。然后，点燃蜡烛，观测比较两者的燃烧性。

预习思考题

1．按本实验方案，低水合硼酸锌产品的含水率和结晶水数目如何计算？

2．查阅有关文献，说明为什么低水合硼酸锌对木粉和石蜡具有阻燃作用。

阅读材料：无机环保阻燃剂及其阻燃作用

预防火灾，是现代社会安全的一个主题。聚合物材料制品（包括天然和合成）大多数易燃，在一定情况下易诱发火灾。传统的阻燃剂主要为含卤素阻燃剂，其阻燃效率高且适应性广，但在燃烧过程中会生成大量的烟雾和有毒且具腐蚀性的气体，可导致单纯由火所不能引起的对电路开关和其他金属物件的腐蚀及对环境的污染。更为严重的是，有研究表明，火灾中80%死亡者是材料燃烧放出的烟雾和有毒气体造成的。因此，研制无卤、无毒、低烟、高

效的环境友好型无机阻燃剂就成为当前阻燃研究的热点之一。目前已开发出来的无机阻燃剂主要有氢氧化物、无机磷系化合物、氧化锑、硼酸盐、钼化合物以及近年来颇受关注的纳米层状硅酸盐。据研究，它们可通过下列效应而发挥阻燃作用。

（1）无机阻燃剂的"冷却效应"

某些无机阻燃剂，如氢氧化铝（ATH）、氢氧化镁（MH）、层状双氢氧化物（LDHs）等，在受热时会分解，这类分解反应会吸收大量的潜热，由此会降低材料表面的实际温度而使聚合物降解为低分子的速率减慢，减少可燃物的产生。

（2）无机阻燃剂的"稀释效应"

多数无机阻燃剂在燃烧温度下都能释放出 H_2O、CO_2、NH_3、N_2 等非可燃性气体，这些气体可同时稀释可燃性气体和表面氧气的浓度而使得燃烧不能进行，起到气相阻燃效果；此外无机阻燃剂的填充量大，不挥发，一定程度下可稀释固相中可燃物质的浓度，从而提高制品的阻燃性。

（3）无机阻燃剂的"隔断效应"

无机阻燃剂形成隔离膜的方式有两种：其一，利用阻燃剂的热降解产物促使聚合物表面迅速脱水炭化，进而形成炭化层，单质碳不会发生蒸发燃烧和分解燃烧，因此具有阻燃效果。其二，某些无机阻燃剂在燃烧温度下会分解生成不挥发的玻璃状物质包覆在聚合物表面，这种致密的玻璃态保护层也起到了隔离膜的作用。多数含磷阻燃剂的阻燃作用就是通过这两种方式来实现的。

（4）无机阻燃剂的"抑烟效应"

无机阻燃剂的另一突出功能是抑烟效应，如 ATH、MH、LDHs 等水合金属化合物的阻燃作用主要发生在固体降解区外层，对固体降解区和预燃区的作用很小，这就使得可燃物质的燃烧不受影响，故产生的烟雾也相对较少。除此之外，其外层的燃烧所释放的烟雾也会被这些化合物分解所释放的水汽稀释或吸收，故具有较好的消烟作用；另外，某些钼类、铁类、锡类化合物也常作为抑烟剂使用，钼类化合物的抑烟是通过 Lewis 酸机理的催化原理，使聚合物在燃烧时不能通过环化反应生成芳香族环状结构，而此环状结构化合物是烟的主要组成部分。

参考文献

[1] 张亨. 硼酸锌的性质、生产及阻燃应用. 合成材料老化与应用, 2002, (4): 39-42.

[2] 宋振轩. 低水合硼酸锌的阻燃机理与应用. 华北水利水电学院学报, 2008, 26(3): 83-84.

[3] 苏达根, 区翠花, 钟明峰, 等. 纳米硼酸锌的制备及对木材阻燃性能影响研究. 贵州工业大学学报(自然科学版), 2008, 37(3): 61-64.

[4] 骆介禹, 苗国平. 硼酸锌的合成及对木材阻燃性的研究. 阻世材料与技术, 1992, (1): 5-9.

[5] 汪关才, 卢忠远, 胡小平. 无机阻燃剂的作用机理及研究现状. 材料导报, 2007, 21(2): 47-50.

实验 43　半水硫酸钙的制备与水化凝结成型

实验目的

1. 了解硫酸钙（石膏）的特性和应用。
2. 学习并掌握半水硫酸钙（熟石膏）的制备原理与方法。

3. 认识半水硫酸钙的水化凝结成型特性。

实验原理

半水硫酸钙，化学式为 $CaSO_4 \cdot 1/2H_2O$，难溶于水，与水混合后可形成塑性易浇砌浆体，经一定时间后可凝结硬化成坚固石状体，并伴有轻微的体积膨胀及放热。半水硫酸钙有 α 型和 β 型两种，前者俗称高强石膏，后者俗称熟石膏或烧石膏。

半水硫酸钙作为一种气硬性胶凝材料，具有多方面的重要应用。例如，α 型半水硫酸钙可用于建筑用高强石膏构件和石膏板、铸造用模型、机械加工用固定胶凝加工件等，β 型半水硫酸钙可于建筑材料，粉饰石膏构件、石膏塑像，陶瓷，精密机械铸件型模，粉笔，胶凝剂等。

半水硫酸钙可用二水硫酸钙（$CaSO_4 \cdot 2H_2O$，俗称生石膏）加热脱水得到。理论条件下，二水硫酸钙在加热至 128℃时会脱水，在干燥的空气中形成 β-半水硫酸钙（β-$CaSO_4 \cdot 1/2H_2O$），在饱和的蒸气压下则形成 α-半水硫酸钙（α-$CaSO_4 \cdot 1/2H_2O$），两者在加热至 163℃时脱去全部的结晶水形成无水硫酸钙（$CaSO_4$）。

本实验以硫酸钠和氯化钙为原料，先在水溶液中常温反应并分离合成二水硫酸钙，然后，在烘箱中常压加热脱水合成 β-$CaSO_4 \cdot 1/2H_2O$，反应如下

$$Na_2SO_4 + CaCl_2 + 2H_2O \longrightarrow CaSO_4 \cdot 2H_2O + 2NaCl$$

$$CaSO_4 \cdot 2H_2O \xrightarrow{\triangle} CaSO_4 \cdot 1/2H_2O + 3/2H_2O$$

将合成产物与适量水调成浆，倒入模具，即可观测其水化凝结成型。

仪器与药品

1. 仪器

台秤，小烧杯（50mL，100mL），减压过滤装置［抽滤瓶（10mL），布氏漏斗（20mm），洗耳球］，小蒸发皿（30mL），加热装置（酒精灯，三脚架，石棉网），烘箱等。

2. 药品

$Na_2SO_4(s)$ 或 $Na_2SO_4 \cdot 10H_2O(s)$，$CaCl_2(s)$ 或 $CaCl_2 \cdot 2H_2O(s)$。

实验步骤

1. 半水硫酸钙的合成

在一个小烧杯中加入 10mL 水和 6.7g $CaCl_2$［或 8.8g $CaCl_2 \cdot 2H_2O(s)$］，搅拌溶解；在另一个小烧杯中加入 20mL 水和 8.5g Na_2SO_4（或 19.3g $Na_2SO_4 \cdot 10H_2O$），搅拌溶解。接着，边搅拌边将 $CaCl_2$ 溶液滴加到 Na_2SO_4 溶液中，继续搅拌 10min，反应生成的物料用减压过滤装置过滤，并用自来水洗涤沉淀至母液基本无 Cl^-（以自来水为参照），抽干，滤饼移入小蒸发皿，置于蒸汽浴上搅拌干燥至呈流动性粉末状，然后，转移至 150℃烘箱中热烘至恒重（约30min），取出，冷却，称量产物，计算产率。

2. 半水硫酸钙产品含水率和结晶水数目测定

用分析天平准确称量一洁净干燥瓷坩埚，加入约 0.2g 产品，并准确称量，然后将其置于 250℃烘箱热烘 1h，取出，冷却至室温，准确称量，计算产品的含水率和结晶水数目。

3. 半水硫酸钙水化凝结成型观测

称量 2.0g 半水硫酸钙产品，置于小烧杯中，加入 4mL 水，迅速搅拌使产品润湿分散成浆，然后，倒入事先准备好的硬纸膜，每隔 1min 从一边将纸膜提起，触摸纸膜周边，观测并记录浆料的流动性和温度变化，当温度不再上升，取下纸膜，可得具有特定外形的构件。

预习思考题

1. 按本实验方案，半水硫酸钙产品的含水率和结晶水数目如何计算？
2. 查阅有关文献，回答以下问题：(1)为什么半水硫酸钙水化会凝固成型？(2)为什么半水硫酸钙水化凝固会伴随放热？

 阅读材料：石膏的特性与用途

石膏是自然界中分布比较广泛的一种矿物，由于它易开采和加工，人们从很早以前就开始利用石膏了。我国已探明的石膏储量居世界之首，遍布全国 23 个省区。

石膏是硫酸盐矿物，其化学式为 $CaSO_4 \cdot 2H_2O$。石膏可以脱水形成硬石膏，在自然界中它们都呈一种亚稳定状态，在一定条件下可互相转化。

天然石膏主要价值是它在不同温度条件下加热的煅烧产物具有不同的特性。如将天然石膏加热到 65～70℃时开始脱水，变成半水石膏；加热到 200℃以内逐渐脱水，半水石膏部分变为无水石膏，但与水接触很快凝结变为二水石膏；加热到 200～300℃，主要成为无水石膏，凝结变慢，但强度增大；加热到 300～450℃时的产物为无水石膏，凝结变快，但强度较低；加热到 400～700℃之间，化学成分不变，但成为一种新变体——"烧死"石膏，极难溶于水，加水后也不凝结；继续加热到 800℃时，无水石膏变得凝结缓慢和硬化；加热到 800～1000℃时，生成游离石灰，获得正常的极有价值的普通煅烧石膏。

石膏的用途主要包括：

① 可用作建筑材料，用于制造石膏预制品，如石膏板、墙体构件、隔热筒瓦、建筑装饰品等，具有防火、隔热、吸音、收缩率小和可钉、可锯、可黏结及体重轻、抗震性能好等特点。

② 可用于水泥工业，用作硅酸盐水泥缓凝剂（可以提高水泥强度、抗冻性、抗化学性和安定性）及制造水泥的原料。

③ 可用于化学工业，用作生产硫酸、硫酸铵化肥的原料和生产油漆、颜料和塑料等的填料。

④ 可用于轻工业，用作造纸填料和生产模型石膏、粉笔的原料及玻璃制品研磨料等。

⑤ 可用于农业，江南地区用作肥料，北方则用于改良土壤。

⑥ 可以入药，具有抗癌、清热消炎、疗伤敛疮等功效。

⑦ 可用于食品工业，具有使豆浆凝固为豆腐作用。

参考文献

[1] 林宗寿. 胶凝材料学. 武汉：武汉理工大学出版社，2014.
[2] 侯云芬. 胶凝材料. 北京：中国电力出版社，2012.
[3] 石膏的特征及用途. 科普园地，2005, 21(2): 46.
[4] 韩跃新. 石膏的应用及其深加工研究. 矿产保护与利用，1998, (1): 10-13.

第八部分

在日用化学品中的应用

实验 44　4A 沸石的制备与硬水软化作用

实验目的

1. 了解 4A 沸石的结构、特性和应用。
2. 学习并掌握微波介入合成 4A 沸石的原理和方法。
3. 认识 4A 沸石的阳离子交换软水作用和效果。

实验原理

　　三聚磷酸钠(STPP)由于能螯合钙、镁和其他重金属离子从而使水软化，同时还具有去污和防止污垢再沉积作用，是合成洗涤剂的优良助剂，在洗涤剂工业中已获得广泛应用。但是，由于含磷洗衣粉使用过程中的残磷容易引起江河、湖泊等的"富营养化"，从而对生态、环境造成不良影响（1970 年日本的琵琶湖和濑户内海等封闭水域出现水草茂盛而鱼类死亡、饮用水发臭等现象，经过各方面专家的分析、诊断和论证，确认其原因就在于水中磷酸盐含量超过正常值而产生的富营养化现象，在这种情况下，水生植物疯长使水中溶解氧过度消耗从而造成了上述现象），因此，20 世纪 70 年代，人们开始寻找三聚磷酸钠（STPP）的代用品。经过大量探索研究，20 世纪 80 年代发现，4A 沸石分子筛在性能、经济及环保等方面均是合乎要求的三聚磷酸钠替代品。目前，市场上供应的无磷洗涤剂主要就是采用 4A 沸石取代三聚磷酸钠而得的产品。

　　4A 沸石又称 Na A 沸石，是一种多孔性晶态铝硅酸钠，化学式为 $Na_2O \cdot Al_2O_3 \cdot 2SiO_2 \cdot 4.5H_2O$。洗涤剂用 4A 沸石为白色粉末，一般要求粒径为 1～4μm 的粒子占 90% 左右，密度为 2.07g·cm^{-3}，折射率为 1.463，正交偏光镜下呈均质消光。4A 沸石不溶于水，呈碱性（1% 分散液 pH=10～11.5），在硬水中可通过离子交换降低钙、镁和其他重金属离子的浓度从而使水软化,对一些低分子色素有一定的吸附作用从而可避免其在被洗织物上的沉积,在洗衣粉生产中可增加料浆的流动性,调节黏度,产品外观、流动性和抗结块能力与 STPP 不相上下,可用于生产高浓缩洗衣粉,现已成为首选的 STPP 替代助剂。

4A 沸石具有立方晶系晶体结构,初级结构单元为 SiO_4 和 AlO_4 四面体,晶胞组成为 $Na_{12}[(AlO_2)_{12} \cdot (SiO_2)_{12}] \cdot 27H_2O$,具有如图 44-1 所示的 LTA 型骨架结构。

在 4A 沸石晶胞中,SiO_4 和 AlO_4 四面体交替相连形成 β 笼,8 个位于立方晶胞顶点的 β 笼彼此通过双四元环连接构成 LTA 型骨架结构并在中心围成一个 α 笼,α 笼通过三维八元环孔道联通,八元环孔道的有效孔径为 4.1Å(1Å=0.1nm,4A 沸石因此而得名)。在 4A 沸石中,由 SiO_4 和 AlO_4 四面体组成的三维骨架状结构带负电荷(SiO_4 四面体中性,AlO_4 四面体带一个负电荷),为保持电中性,空穴中存在一定数目 Na^+。这些起平衡电荷作

图 44-1 LTA 型骨架结构

用的 Na^+ 与骨架的作用力较弱,可被其他阳离子交换。合成 4A 沸石的 Ca^{2+} 交换能力一般为 290~320mg(CaCO_3) \cdot (g 干基)^{-1}$。

4A 沸石可以各种含活性 SiO_2、Al_2O_3 和 Na_2O 的化合物为原料在水介质中进行加热反应合成。但是,采用常规的加热方式进行合成时,由于初生沉淀结晶度较低,必须进行较长时间的水热晶化处理,因此生产效率较低,能耗也较高。最近有文献报道,在超声波作用下合成 4A 沸石,可降低反应温度并大幅度缩短反应时间。本实验以硅酸钠和偏铝酸钠为反应物在超声波作用下合成 4A 沸石,反应原理如下:

$$2Na_2SiO_3 + 2NaAlO_2 + 6.5H_2O \longrightarrow Na_2O \cdot Al_2O_3 \cdot 2SiO_2 \cdot 4.5H_2O + 4NaOH$$

但应注意,合成时反应物料的投料比要依工艺方法、条件以及对产物质量的要求而定。本实验采用超声波合成 4A 沸石,反应物料按 $n(Na_2O):n(2SiO_2):n(Al_2O_3):n(H_2O)=12:1:2:360$ 投料,可快速得到超细 4A 沸石产物。

4A 沸石产物可用粉末 X-射线衍射(XRD)和红外光谱(IR)定性鉴定。

NaA 沸石的主要 XRD 特征衍射峰数据(JCPDS11-590 号标准卡)见表 44-1。

表 44-1 NaA 沸石的主要 XRD 特征衍射峰数据

序号	d/nm	I/I_1	hkl
1	1.23	100	100
2	0.871	70	110
3	0.711	35	111
4	0.3714	50	311
5	0.3293	45	321
6	0.2987	55	410

注:hkl 为表征晶面的晶面指数。

4A 沸石的红外光谱在 400~1200cm^{-1} 范围有 4 个特征峰,其位置分别为 1001cm^{-1}、665cm^{-1}、550cm^{-1} 和 464cm^{-1}。

硬水是指含有较多可溶性钙、镁化合物的水。4A 沸石可通过阳离子交换软化硬水,效果

可用以下方法判别：

取少量水样于烧杯中，加入适量肥皂水，搅拌，水面泡沫多而水体混浊轻则为软水，水面泡沫少而水体混浊重则为硬水（图 44-2）。

(a) 软水　　(b) 硬水

图 44-2　水样

仪器、药品及材料

1. 仪器

分析天平，台秤，超声波清洗器，X-射线衍射仪，红外光谱仪，烘箱，小烧杯，减压过滤装置，常压过滤装置，研钵，小蒸发皿，三脚架，石棉网，酒精灯，小试管，量筒（10mL），25mL 比色管，50mL 碘量瓶等。

2. 药品

酸：乙酸（36%）。

碱：NaOH (s)，10%NaOH 溶液，0.05mol·L^{-1}NaOH 溶液。

盐：Na$_2$SiO·5H$_2$O(s)或 Na$_2$SiO·9H$_2$O(s)，NaAlO$_2$ (s)，CaCl$_2$ 溶液（0.05mol·L^{-1}），(NH$_4$)$_2$C$_2$O$_4$ 溶液（0.05mol·L^{-1}），CaCl$_2$ 溶液（1mol·L^{-1}），MgCl$_2$ 溶液（1mol·L^{-1}）。

其他：肥皂。

3. 材料

广泛 pH 试纸。

实验步骤

1. 4A 沸石的合成

将 3.3g NaAlO$_2$ 和 6.4g NaOH 溶于 30mL 纯水中，边搅拌边加入事先由 4.2g Na$_2$SiO·5H$_2$O（或 5.7g Na$_2$SiO·9H$_2$O）溶于 35mL 纯水而得的溶液中，加热升温至 50℃左右，搅拌 30min，然后放入超声波清洗器中，控制超声波功率为 300W，于 70℃晶化 30min，反应生成物用减压过滤装置过滤，沉淀用纯水洗涤至母液 pH=10～11，然后抽干，滤饼移入小蒸发皿，置于 105℃烘箱烘干至恒重（或在蒸汽浴上搅拌干燥至恒重），冷却，用研钵充分研细，得 4A 沸石产物。

2. 4A 沸石的定性鉴定

取少量 4A 沸石产物，分别测定 X-射线衍射和红外光谱。

3. 4A 沸石 Ca^{2+}交换容量的测定（目视比浊法）

（1）标准 CaC$_2$O$_4$ 悬浮液系列的配制（由实验室统一配制）

分别量取 1.0mL、2.0mL、3.0mL、4.0mL、5.0mL 0.05mol·L^{-1} CaCl$_2$ 溶液于 5 支 25mL 比色管中，各加入 1mL 36%乙酸和 10mL 0.05mol·L^{-1} (NH$_4$)$_2$C$_2$O$_4$ 溶液，用纯水稀释至刻度，盖好管塞，摇匀，备用。

（2）4A 沸石 Ca^{2+}交换容量的测定

称取 0.5g 4A 沸石产物于 50mL 碘量瓶中，加入 30mL 0.05mol·L^{-1} CaCl$_2$ 溶液，盖好瓶盖，摇荡 20min，然后常压过滤，取 10mL 滤液于 25mL 比色管中，加入 1mL 36%乙酸和 10mL

0.05mol·L^{-1} (NH$_4$)$_2$C$_2$O$_4$ 溶液，用纯水稀释至刻度，盖好管盖，摇匀，放置 10min，与标准 CaC$_2$O$_4$ 悬浮液系列进行目视比浊（注意比浊时悬浮液要充分摇匀），以估算 4A 沸石产物的 Ca^{2+} 交换容量。

4．4A 沸石对硬水的软化作用试验

（1）模拟硬水的配制

在 1 个 50mL 小烧杯中加入 40mL 纯水，滴加 1mol·L^{-1}CaCl$_2$ 和 MgCl$_2$ 溶液各 2 滴，搅匀。

（2）模拟硬水的 4A 沸石软化处理

称取约 50mg 4A 沸石产物于 1 个 25mL 小烧杯中，加入 15mL 模拟硬水，搅拌 20min，常压过滤，得 4A 沸石软化水。

（3）4A 沸石的硬水软化效果检验

① 配制肥皂水　称取 1.0g 肥皂，置于 25mL 小烧杯中，加入 10mL 纯水，加热至约 85℃，搅拌使其溶解。

② 检验水硬度　在 6 支已编号的 25mL 比色管中，各加入体积如表 44-2 的纯水、模拟硬水、4A 沸石软化水和肥皂水，塞紧管塞，充分摇荡，观察并比较水面泡沫的多少和水体混浊的轻重。

表 44-2　水硬度检验数据表

比色管编号	1	2	3	4	5	6	7
纯水体积/mL	10.0	9.5	9.0	7.0	4.0	0	0
模拟硬水体积/mL	0	0.5	1.0	3.0	6.0	10.0	0
4A 沸石软化水体积/mL	0	0	0	0	0	0	10.0
肥皂水体积/mL	1.0	1.0	1.0	1.0	1.0	1.0	1.0

实验结果处理

1．分析 4A 沸石产物的 X-射线衍射图谱和红外光谱，判断是否形成了目标产物。

2．根据有关的实验结果，讨论 4A 沸石对硬水的软化效果。

预习思考题

1．若以 mg(CaCO$_3$)·(g-干基)$^{-1}$ 为单位，4A 沸石的理论钙交换能力为多少？

2．何谓目视比浊法？

3．若以 mg(CaCO$_3$)·L^{-1} 为单位，本实验配制的模拟硬水的硬度为多少？

4．查阅有关资料，说明为什么可用肥皂水检验水硬度。

 阅读材料：4A 沸石分子筛及其应用

1．沸石与分子筛的概念

1756 年，瑞典矿物学家 Cronstedt 发现，有一类天然铝硅酸盐矿石在灼烧时，由于晶体内部的水被赶出，产生类似起泡沸腾的现象。他形象地称之为"沸腾的石头"，简称"沸石"（zeolite）。

1932 年，McBain 提出了"分子筛"（molecular sieves）的概念，即分子筛是指可以在分子大小尺寸上对物质进行筛分的多孔材料。分子筛具有均匀的内部微孔，其孔径与一般分子大小相当。分子直径小于分子筛晶体孔穴直径的物质可以进入分子筛晶体内，从而被吸附，否则被排斥，达到对分子进行筛分的目的。分子筛可根据不同物质分子的极性决定优先吸附的次序。

虽然沸石只是分子筛的一种，但它在分子筛中最具代表性。因此，"沸石"和"分子筛"这两个词经常被人混用。为了准确地表达分子筛的类别，应在分子筛前面加上物质的名称，如沸石分子筛、碳分子筛等。

2. A 型沸石分子筛的结构与性质

A 型沸石具有类似氯化钠的四方结构，化学式为 $Na_2O \cdot Al_2O_3 \cdot 2SiO_2 \cdot 4.5H_2O$ 的 A 型沸石称 4A 沸石（内部孔径为 4.2Å，1Å=0.1nm）；当 4A 沸石中 60%以上的钠离子被钾离子取代时，称 3A 沸石；当 4A 沸石分子筛中 70%以上钠离子被钙离子取代时，称 5A 沸石。

4A 沸石骨架中的每一个氧原子都为相邻的两个四面体所共有，这种结构具有可容纳阳离子和水分子等物质的内部孔穴，可进行阳离子交换和可逆脱水。

3. 4A 沸石的应用

基于其独特的阳离子交换和吸附性能，4A 沸石的应用十分广泛。

在日用化工中，4A 沸石可用于替代三聚磷酸钠作洗涤助剂以解决水环境的富营养化问题，同时还可用作香皂的成型剂和牙膏的摩擦剂等。

在环保行业中，4A 沸石可用于海水淡化、硬水软化、选择性去除或降低某些饮用水源中存在的对人体有害的元素以及细菌和病毒等，也可用于去除污水中的 NH_4^+、Pb^{2+}、Cu^{2+}、Zn^{2+} 和 Cd^{2+} 等，还可用于工业制气纯化、工业和生活废气环境治理。

在塑料加工中，4A 沸石可作为氯化氢中和吸收剂用于聚氯乙烯（PVC）热稳定剂。

在石化行业中，4A 分子筛可用于如水、甲醇、乙醇、硫化氢、二氧化硫、二氧化碳、乙烯、丙烯等分子直径小于 4Å 的物质的吸附，也可用于天然气以及各种化工气体和液体、冷冻剂、药品、电子材料及易变物质的干燥。

在农业中，4A 沸石可用于改善作物所需有益微量元素的供给状况，降低土壤酸性，提高土壤的盐基交换容量，也可用肥料缓释剂作饲料添加剂，还可用于防治作物的病虫害，提高蔬菜果品等农产品以及水产品的保鲜防腐能力。

在冶金工业中，4A 沸石可作为分离剂用于分离、提取卤水中的钾、铷、铯等元素和富集、分离和提取金属，它也可用于某些气体或液体的精制和提纯。

在医药工业中，4A 沸石可用于制造缓释药物，也可用于负载特定的病菌、病毒杀灭或抑制剂以有效且无毒副作用地杀灭致病细菌与病毒，还可用于负载适宜重金属离子而成为具有高度活性和耐久性的无机杀菌剂。

在造纸行业中，用 4A 沸石作填料，可使纸张的孔隙度增大、吸水性增强，从而更易裁切，书写性能也得到改善，并且可以使纸张具有一定的耐火性。

在涂料行业中，用 4A 沸石充填剂及体质颜料，可赋予涂料抗菌、耐磨、耐腐蚀、耐热和耐气候变化等特性。

参考文献

[1] 李军, 刘延东. 4A 沸石分子筛的性质及其应用. 中国洗涤用品工业, 2013, (6): 21-23.

[2] 钟声亮, 张迈生, 苏锵. 超声波低温快速合成球形 4A 分子筛. 材料导报, 2005, 19(4): 113-114, 117.

[3] 钟声亮, 张迈生, 苏锵. 超细 4A 分子筛的超声波低温快速合成. 高等学校化学学报, 2005, 26(94): 1603-1606.

[4] 邢冬强, 曹吉林, 刘秀伍, 等. 超声波条件下合成小粒度 4A 沸石. 河北师范大学学报(自然科学版), 2007,31(4): 484-487.

[5] 冯若, 赵逸云. 声化学——一个引人注目的新的化学分支. 自然杂志, 2004, 26(3): 160-163.

实验45　四水过硼酸钠的合成与漂白作用

实验目的

1. 了解氧化型漂白剂及其漂白原理和应用。
2. 学习并掌握四水过硼酸钠的合成原理与方法。
3. 认识四水过硼酸钠的漂白作用。

实验原理

四水过硼酸钠，分子式 $NaBO_3 \cdot 4H_2O$，为白色单斜晶系结晶颗粒或粉末。在冷而干燥的空气中，纯度较高的四水过硼酸钠较稳定，在 40℃以上或潮湿的空气中分解，并释放氧气。四水过硼酸钠可溶于酸、碱及甘油，微溶于水，水溶液呈碱性（pH 值 10～11），不稳定，易分解释放活性氧，具有强漂白性。氧化铅、二氧化锰、高锰酸钾、硝酸银、氧化铜、氧化钴及铂黑等可催化四水过硼酸钠在水溶液中分解。

四水过硼酸钠是一种重要的含氧类漂白剂，已广泛用于配制高效彩漂洗衣粉，与普通洗衣粉相比具有更强的去污力和增白性，且不会损伤原物颜色，并能有效除去血渍、茶锈、汗迹等难洗涤污垢，使白色衣物更加洁白，花色更加鲜艳。

根据文献报道，四水过硼酸钠的制备有化学法和电解法，而化学法又有硼酸法、硼砂法。本实验选用硼砂法，以硼砂（$Na_2B_4O_7 \cdot 10H_2O$）、氢氧化钠和过氧化氢为原料制备四水过硼酸钠，反应式为

$$Na_2B_4O_7 \cdot 10H_2O + NaOH + H_2O_2 + H_2O \longrightarrow NaBO_3 \cdot 4H_2O$$

活性氧含量（可转化为氧气的氧含量）是四水过硼酸钠的关键质量指标。按文献报道，过氧化物的活性氧含量可用高锰酸钾氧化还原滴定法测定。但实验表明，四水过硼酸钠的活性氧含量也可采用一种更为简便的方法，即催化分解量气法测量。在 MnO_2 等重金属化合物的催化作用下，四水过硼酸钠在水溶液中可迅速且完全地发生分解反应并生成 O_2，所生成的 O_2 的质量即活性氧的质量

$$2NaBO_3 \cdot 4H_2O \longrightarrow 2NaBO_2 \cdot 4H_2O + O_2\uparrow$$

因此，通过在密闭容器中进行上述分解反应，并测量所生成 O_2 的体积，即可计算四水过

硼酸钠的活性氧含量。实验装置如图45-1所示。

采用如图45-1所示的实验装置，可以测量由反应产生的含饱和水蒸气的 O_2 在室温（T）和大气压（p）下的体积（V），因此，四水过硼酸钠的活性氧含量可按下式计算

$$\omega(O)\,/\,\% = \frac{m(O)}{m} \times 100 = \frac{m(O_2)}{m} \times 100$$
$$= \frac{100[p - p(H_2O)]VM(O_2)}{mRT}$$

式中，m 为四水过硼酸钠的质量；$p(H_2O)$ 为室温下水的饱和蒸气压。

四水过硼酸钠的漂白作用根据其在水溶液中对染墨水渍和茶水渍污布的脱色效果的目视观测结果评价。

图45-1　四水过硼酸钠活性氧
含量测定实验装置
1—量筒；2—吸量管；3—胶管；
4—止水夹；5—小试管

仪器与药品

1. 仪器

台秤，分析天平，恒温水浴，小烧杯（25mL，100mL），减压过滤装置，小蒸发皿，烘箱，量筒（10mL），吸量管（10mL），医用乳胶管，止水夹，小试管等。

2. 药品

碱：NaOH(s)。

盐：$Na_2B_4O_7 \cdot 10H_2O(s)$，$MgSO_4(s)$，$Na_2SiO_3 \cdot 9H_2O(s)$。

其他：H_2O_2（27.5%），$MnO_2(s)$。

实验步骤

1. 四水过硼酸钠的制备

在25mL小烧杯中加入5.5mL 2mol·L^{-1} NaOH溶液、5.0mL纯水，搅拌，加热升温至36～42℃，停止加热，加入2.0g硼砂，搅拌，当温度降至30～32℃时，加入45mg $MgSO_4$ 和50mg $Na_2SiO_3 \cdot 9H_2O$，然后，将小烧杯置于常温冷却水浴，边搅拌边滴加 27.5% H_2O_2，控制滴加速度使反应温度不超过35℃，待总共2.4mL的 H_2O_2 滴加完后，继续搅拌冷却使温度降至30℃以下（从开始滴加 H_2O_2 至此约需25min），静置20～30min使产物晶体析出，然后减压过滤，将滤饼移入小蒸发皿，置于105℃烘箱烘干至恒重（约需2h）。

2. 四水过硼酸钠活性氧含量测定

① 用分析天平分别称取0.03～0.04g四水过硼酸钠产品和约1mg MnO_2。

② 将吸量管放进盛有约100mL水的量筒中，用胶管将吸量管与小试管连接，然后将吸量管提起一段距离后固定。如果吸量管中水面只在开始时稍有下降，以后维持不变（观察3～5min），即表明装置不漏气；如果水面不断下降，应检查原因并排除，直至确认不漏气为止。

③ 取下小试管和胶管，在小试管中加入2mL纯水和已称量好的四水过硼酸钠产品，摇

荡使其溶解，在小试管上套上胶管并在胶管上套上止水夹，然后从胶管的另一端放入已称量好的 MnO_2，小心套上吸量管，调节吸量管的高度，使吸量管和量筒内的水面持平，读取吸量管内水面的读数。

④ 松开胶管上的止水夹并将其夹在小试管口上，让 MnO_2 落入小试管的四水过硼酸钠溶液中。这时，反应随即开始，吸量管内水面开始下降。为避免吸量管内压力增大而造成漏气，在水面下降的同时应慢慢提起吸量管，使吸量管和量筒内的水面基本保持持平。

⑤ 反应完毕，待小试管中溶液冷却至室温，将止水夹夹回胶管原位，调节吸量管和量筒内的水面持平，读取吸量管内水面的读数。

3. 四水过硼酸钠漂白作用试验

（1）染墨水渍污布漂白

在一个 100mL 烧杯中加入 50.4mL 自来水和 0.15g 普通洗衣粉，另一个 100mL 烧杯中加入 50.0mL 自来水、0.15g 普通洗衣粉和 0.40g 四水过硼酸钠合成产物，接着，在两个烧杯中各放入 1 片尺寸为 2cm×2cm 的染蓝黑墨水渍污布片（由实验室预选准备好），并将其放入 60℃ 水浴恒温处理 1h，然后，将污布试片取出，冲洗并晾干，目视观测污渍去除效果。

（2）染茶水渍污布漂白

以染茶水渍污布片代替染蓝黑墨水渍污布片，实验操作与上述染墨水渍污布漂白相同。

实验结果记录及处理

1. 记录四水过硼酸钠产品质量并计算产率（以硼砂为基准）。
2. 记录活性氧含量测定实验的有关条件和结果，计算所合成四水过硼酸钠产品的活性氧含量。
3. 根据有关的实验结果，评价四水过硼酸钠的漂白作用。

预习思考题

1. 四水过硼酸钠的理论活性氧含量为多少？
2. 若实验装置漏气，将使活性氧含量产生怎样的误差？

阅读材料：氧化型漂白剂及其漂白原理和应用

常见的漂白剂主要可分为吸附型，还原型和氧化型三类。氧化型漂白剂通过将有色物质的"生色基团"氧化破坏而使其褪色，因其漂白效果好、相对环境友好，因而应用较广泛。氧化型漂白剂主要分为含氧型和含氯型漂白剂两类。

1. 含氧型漂白剂

含氧型漂白剂主要指含过氧化氢或会释放过氧化物的漂白剂，例如过硼酸钠或过碳酸钠等。

（1）过氧化物

① 过氧化氢（H_2O_2） 过氧化氢俗称双氧水，在酸性条件下比较稳定，而在碱性条件下易分解产生过羟基阴离子 HOO^- 或新生氧 [O] 而具有漂白作用。

双氧水作为漂白剂，具有反应时间短、白度高、放置久不返黄、对环境污染小、废水便于处理等优点，广泛用于涤棉、丝绸、棉、麻织物、羊毛、纸浆及油画等的漂白。但是，过氧化氢漂白需配用强碱，对棉，麻，纸浆等具有破坏性。

② 过氧化钠（Na_2O_2）　本品因可溶于水并生成过氧化氢 [式（1）]，而具有漂白作用。

$$Na_2O_2 + 2H_2O \longrightarrow 2NaOH + H_2O_2 \tag{1}$$

本品是有效的漂白剂，但由于漂白过程会产生强碱，也对被漂白物品有腐蚀作用，因此只能用于耐强碱物品的漂白。

③ 过硼酸钠（$NaBO_3 \cdot 4H_2O$）　本品因可溶于水并缓慢水解生成硼砂、氢氧化钠及过氧化氢 [式（2）] 而具有漂白作用。

$$4NaBO_3 + 5H_2O \longrightarrow Na_2B_4O_7 + 2NaOH + 4H_2O_2 \tag{2}$$

本品广泛应用于洗涤剂和造纸以及牙科等行业，同时对棉制品可进行漂白与光白的联合处理，对含有染色纱的棉布有补充漂白和脱氯的作用，对羊毛织品可用作硫化物漂白后的脱臭，并可代替硫化物漂白。

④ 过碳酸钠（$2Na_2CO_3 \cdot 3H_2O_2$）　本品因可溶于水并分解产生 H_2O_2 和 Na_2CO_3 而具有漂白作用。

（2）臭氧

臭氧（O_3）常用作纸浆的漂白剂，因可迅速分解为氧气和新生氧 [式（3）]，具有很强的漂白效果。

$$O_3 \longrightarrow O_2 + [O] \tag{3}$$

臭氧的漂白过程不产生任何污染性物质，是一种环保漂白剂。但是，由于臭氧漂白具有选择性，这导致其应用受到限制。

2. 含氯型漂白剂

（1）次氯酸盐

① 次氯酸钠（$NaClO$）　本品因能吸收 CO_2 生成次氯酸（$HClO$），而 $HClO$ 会分解产生新生氧 [O] 而具有漂白作用。

次氯酸钠是漂白液的有效成分，可用于漂白棉、麻、涤棉混纺、维棉混纺等织物。但是，次氯酸钠会破坏纤维并且使纤维泛黄，因此不能用于蚕丝、羊毛等蛋白质的漂白。

② 次氯酸钙 [$Ca(ClO)_2$]　本品漂白原理与次氯酸钠相似，通常以漂白粉使用，广泛用作食品杀菌消毒剂，也常用于油脂、淀粉、果皮等食物的漂白，还可用于废水脱臭、脱色处理上。

（2）二氧化氯（ClO_2）　本品的有效含氯量约为漂白粉的 5 倍，次氯酸钠的 1.6 倍，漂白效率高，自 20 世纪 40 年代起就逐步在纸浆和纺织品漂白、消毒杀菌及自来水净化、工业废物处理等行业得到应用。二氧化氯不会造成 C—C 键断裂，因此，被漂白的织物、纸浆纤维强度不受影响，且白度高，不返黄，另外，漂白液中不含致癌性有机氯化物，对环境污染很小。

参考文献

[1] 谢雯. 常用氧化型漂白剂的漂白原理、制备方法及其应用. 广东化工, 2017, 44(10): 141-142.

[2] 杨世传, 刘春兰. 硼砂法合成过碳酸钠方法的改进. 中国化工, 1997, (12):29-30.

[3] 李健玲, 何东培. 彩漂液的配方研究及性能测试. 日用化学品工业, 2000, 30(5): 14-17.

实验 46　纳米氧化锌的制备与紫外线吸收作用

实验目的

1. 了解纳米氧化锌的紫外-可见吸收特性及其应用。
2. 了解氧化锌的紫外-可见吸收特性与粒径的关系。
3. 了解纳米氧化锌的制备方法并学习掌握用均匀沉淀法制备纳米氧化锌。
4. 了解并掌握纳米氧化锌紫外-可见光吸收特性的测定方法。

提示

太阳光中的紫外线按其波长可分为 UVA（320～400nm）、UVB（290～320nm）、UVC（200～290nm）。UVB 是导致灼伤、间接色素沉积和皮肤癌的主要根源，目前防晒化妆品中的防晒指数就是针对 UVB 的防护。随着全球紫外线辐射强度的不断增加和皮肤科学的发展，UVA 对人体的伤害逐渐引起人们的关注。UVA 的穿透能力强且具有累积性，长期作用于皮肤可造成皮肤弹性降低、皮肤皱纹增多等光老化现象，UVA 还能加剧 UVB 造成的伤害。

纳米氧化锌属于 N 型半导体，其禁带宽度为 3.2eV。当受到紫外线照射时，价带上的电子可吸收紫外线而被激发到导带上，同时产生空穴-电子对，因此具有吸收紫外线的功能。纳米氧化锌在防晒化妆品中应用，可有效防护皮肤免受 UVA 伤害，同时还具有优良的抗菌性、抗炎性以及吸收人体皮肤所分泌出的油脂等功效。基于其优异的紫外线吸收能力，纳米氧化锌也是有效的高分子材料光稳定剂。

氧化锌的紫外-可见吸收特性与粒径有关，粒径为 20～50nm 时紫外吸收最强，最大吸收波长约370nm，可见光透过性则随粒径的减小而提高。

纳米氧化锌可以用诸如机械粉碎、电火花爆炸等物理方法制备，也可以用液相法、气相法和固相法等化学方法制备。这些制备方法各具特点，适用于特定条件下制备具有特定性能的纳米氧化锌产品。

实验要求

查阅有关文献，设计实验方案完成以下实验内容。
1. 以均匀沉淀法制备 2g 粒径在 20～50nm 的纳米氧化锌；
2. 用 X 射线衍射（XRD）法测定产物的粒径；
3. 用紫外-可见分光光度法分别测定产物和市售普通氧化锌的紫外-可见吸收特性。

预习思考题

1. 什么是均匀沉淀法？用于制备纳米粉体时有何特点？
2. 如何由 X 射线衍射（XRD）实验数据计算试样的粒径？

阅读材料：纳米粒子、纳米材料与纳米效应

纳米是长度单位，符号 nm，$1nm=10^{-9}m$。

从认识世界的精度来看，人类的文明发展进程可以划分为模糊时代（工业革命之前）、毫米时代（工业革命到 20 世纪初）、微米和纳米时代（20 世纪 40 年代开始至今）。自 20 世纪 80 年代初，德国科学家 Gleiter 提出"纳米晶体材料"的概念，随后采用人工制备首次获得纳米晶体，并对其各种物性进行系统的研究以来，纳米材料已引起世界各国科技界及产业界的广泛关注。

纳米粒子也称超微粒子，指粒径为 1～100nm 的微细粒子，由亚稳态原子群或分子群组成，热力学不稳定，处于宏观物质和微观粒子之间的介观领域。纳米粒子多为单晶，故纳米粒子也称作"纳米晶"。

纳米材料则是指组分特征尺寸在纳米量子级（1～100nm）的材料。狭义上，是原子团簇、纳米颗粒、纳米线、纳米薄膜、纳米管和纳米固体材料的总称；广义上，指在三维空间中至少有一维处于纳米尺度范围，或由它们作为基本单元构成的材料。

固体材料的纳米化可带来一系列奇异的物理-化学性质变化，如比表面积大大增大、熔点下降、顺磁性物质磁性增强、抗磁性物质变为顺磁性、光吸收蓝移、颜色加深、出现新的谱带、超导临界温度提高、离子导电性提高、低温热导性提高、比热容增大、化学反应活性提高、催化活性增强、力学性能增强等等。目前的理论认为，造成纳米材料呈现上述这些奇异特性的原因，可归结于以下四个方面的纳米效应。

① 表面与界面效应　纳米微粒尺寸小，表面大，表面的原子所占比例大，而表面粒子配位不足，这就导致纳米粒子与普通粒子相比活性（化学、吸附等）大大提高，这就是纳米粒子的表面与界面效应。

② 小尺寸效应　当超微粒子的尺寸与传导电子的德布罗意波长相当或更小时，周期性的边界条件将被破坏，声、光、电、磁、热、力学、化学等特性均会发生显著变化，这种现象就是纳米粒子的尺寸效应。

③ 量子尺寸效应　日本科学家久保所下定义：当粒子尺寸下降到一定值时，费米能级附近的电子能级由准连续能级变为分立能级现象。

④ 宏观量子隧道效应　隧道效应是量子力学中的微观粒子所具有的特性，即在电子能量低于它要穿过的势垒高度的时候，由于电子具有波动性从而具有穿过势垒的可能性。宏观物理量，如微粒的磁化强度、量子相干器件中的磁通量及电荷等也显示隧道效应。它们可以穿越宏观系统的热垒而产生变化，称为宏观量子隧道效应。

由于纳米材料具有源于表面效应、小尺寸效应、量子尺寸效应和宏观量子隧道效应的奇异力学、电学、磁学、热学、光学和化学特性，使其在国防、电子、核技术、冶金、航空、轻工、医药等领域中具有重要的应用价值，一场纳米材料基础和应用研究高潮正在全球掀起。

参考文献

[1] 杜媛媛, 丘克强. 纳米氧化锌的制备和应用研究.材料导报, 2007, 21(专辑Ⅷ): 104-107.

[2] 陈传志, 周祚万. 纳米氧化锌的制备及其中红外、紫外-可见光吸收特性.功能材料, 2004, 35(1): 97-98, 104.

[3] 黄林清, 黄婧, 张恩娟, 等. 纳米氧化锌的制备及紫外吸收特性考察.中国药业, 2011, 20(6): 48-49.

[4] 王肖鹏, 薛永强. 均匀沉淀法制备不同粒径的纳米氧化锌.广东化工, 2010, 37(4): 37-39.

[5] 刘家祥, 丁德玲, 王震, 等. 均匀沉淀法制备纳米氧化锌.有色金属, 2006, 58(1): 49-52.

[6] 汤皎宁, 龚晓钟, 李均钦. 均匀沉淀法制备纳米氧化锌的研究.无机材料学报, 2006, 21(1): 65-69.

[7] 朱世东, 周根树, 蔡锐, 等. 纳米材料国内外研究进展Ⅰ: 纳米材料的结构、特异效应与性能.热处理技术与装备, 2010, 31(3): 1-5, 26.

[8] 朱世东, 徐自强, 白真权, 等. 纳米材料国内外研究进展Ⅱ: 纳米材料的应用与制备方法.热处理技术与装备, 2010, 31(4): 1-8.

09

第九部分

在环境治理和资源回收中的应用

实验 47 聚合氯化铝的制备与絮凝净水作用

实验目的

1. 了解无机絮凝剂及其用途。
2. 学习并掌握聚合氯化铝制备原理与方法。
3. 认识聚合氯化铝的絮凝净水作用。

实验原理

聚合氯化铝又称聚氯化铝、碱式氯化铝，简称聚铝，化学通式为

$$[Al_2(OH)_nCl_{6-n}]_m \quad (1 \leqslant n \leqslant 5, \ m \leqslant 10)$$

是一种水溶性多羟基多核配阳离子型无机高分子絮凝剂，由于可中和水中的胶体物质，对水中悬浮物具有架桥吸附作用，并能选择性吸附溶解性物质，因此具有混凝能力强、用量少、净水效能高、适应能力强的特点，既能有效去除水中的悬浮颗粒和胶状污染物，又能有效去除水中的微生物、细菌、藻类及高毒性重金属铬、铅等，是已获得广泛应用的高效水处理絮凝剂。

聚合氯化铝可用含金属铝、氧化铝、氢氧化铝或铝盐的合成或天然物质为原料合成。若以氯化铝为原料，合成方法如下：将氯化铝溶于水，取一半所得 $AlCl_3$ 溶液，用氨水调至 pH=6，使之转变成 $Al(OH)_3$，过滤并洗去 NH_4Cl，然后在 $Al(OH)_3$ 中加入另一半 $AlCl_3$ 溶液使之溶解，于 60℃保温反应 12h，得到黏稠状液体，将该液体于 90℃烘箱中干燥，可得白色固体产品。

仪器、药品及材料

1. 仪器

台秤，恒温水浴，普通过滤装置，表面皿，小蒸发皿，小量筒，三脚架，石棉网，酒精灯等。

2．药品

结晶氯化铝（AlCl$_3$·6H$_2$O），氨水［NH$_3$·H$_2$O(6mol·L^{-1})］。

3．材料

精密 pH 试纸，泥土。

实验步骤

1．Al(OH)$_3$ 的制备

称取 1.0g AlCl$_3$·6H$_2$O 于 25mL 烧杯中，加入 6mL 水使之溶解，然后，在不断搅拌下慢慢滴入 6mol·L^{-1}氨水，用精密 pH 试纸监测溶液的 pH 值，直至溶液由稠变稀，pH 值为 6～6.5 为止（记录氨水的用量），用普通过滤装置过滤反应生成物并用水洗涤至无氨味，滤渣备用，滤液回收。

2．液体聚合氯化铝的制备

称取 1.0g AlCl$_3$·6H$_2$O 于 25mL 烧杯中，加入 6mL 水使之溶解，然后，加入已制备好的 Al(OH)$_3$，小火加热搅拌，直至混合物溶解转变为透明溶液后，盖上表面皿，在恒温水浴上（或烘箱中）于 60℃保温聚合反应 12h，得液体聚合氯化铝。

3．固体聚合氯化铝的制备

将液体聚合氯化铝（留少量用于净水效果实验）移至小蒸发皿，蒸汽浴加热蒸发至干，得固体聚合氯化铝。固体聚合氯化铝易吸潮，称重后应及时装入瓶中或放入干燥器内保存。

4．絮凝净水作用试验

取两个 500mL 烧杯，各加入 0.5g 泥土，加水至 50mL，搅拌均匀，在一烧杯中加入少许聚合氯化铝产品，搅拌均匀，观察现象，记录两个烧杯中泥水澄清所需时间。

预习思考题

1. 由本实验方案制备聚合氯化铝涉及什么化学反应？请写出有关的化学方程式。
2. 除聚合氯化铝外，还有哪些无机化合物可用作水处理絮凝剂？
3. 无机高分子絮凝剂具有什么优缺点？

阅读材料：无机高分子絮凝剂及其特点

絮凝沉降法是目前国内外常用的提高水质处理效率的一种简便的水质处理方法。在现代用水和废水处理中，絮凝剂的种类不下两三百种，分为无机及有机两大类。有机类的品种很多，主要是高分子化合物，但应用不如无机类广。无机类主要是铝和铁的盐类及其水解聚合产物，应用相当广。目前，许多研究者在纯铝盐、铁盐絮凝剂的基础上做了进一步改进，主要可归纳为两个方面：一是在铝盐或铁盐的制造过程中引入一种或一种以上的阴离子，从而在一定程度上改变聚合物的组成和结构，研制出新型絮凝剂；二是依据协同增效的原理将铝盐和铁盐与一种或多种其他化合物（包括有机的和无机的）复配制得复合高效絮凝剂。由于

无机高分子絮凝剂比低分子絮凝剂处理效果更好，且生产成本和价格相对较低，因此在水处理中已逐渐成为主流药剂。

无机高分子絮凝剂是 20 世纪 60 年代后期才兴起的，但发展很快。近年来出现的无机高分子絮凝剂品种很多，就其主要化学成分而言，一般都是铝盐和铁盐在水解过程的中间产物与不同阴离子和负电溶胶的聚合体，即各种类型的羟基多核络合物或无机高分子化合物。实质上，就是利用这种羟基化的有更高聚合度的聚铝、聚铁、聚硅及其复合聚合体的絮聚作用，而达到废水处理的效果。

目前已开发的无机高分子絮凝剂可分为阳离子型、阴离子型和复合型三种，其中阳离子型的主要有聚合铝（聚合氯化铝 PAC、聚合硫酸 PAS）、聚合铁（聚合氯化铁 PFC、聚合硫酸铁 PFS）；阴离子型的主要有聚合硅（活化硅酸 ASI、聚合硅酸 PSI）；无机复合型的主要有聚合铝铁（聚合氯化铝铁 PAFC、聚合硫酸铝铁 PAFS）、聚合硅酸铝（聚硅酸氯化铝 PASC、聚硅酸硫酸铝 PASS）、聚合硅酸铁（聚硅酸氯化铁 PFSC、聚硅酸硫酸铁 PFSS）。

阳离子型无机高分子絮凝剂具有很好的电中和效应。自 1884 年美国开发使用硫酸铝（AS）以来，铝盐絮凝剂在水处理工业中占有重要地位。到 20 世纪 60 年代，聚合氯化铝（PAC）以其优越的净水性能被广泛使用。但用铝盐处理过后的饮用水中，若残留铝量过高会对人体健康有影响，并且由于沉降速度慢，污泥疏松，体积大。铁盐絮凝剂形成的絮体相对密度和强度较大，沉降性好，压缩脱水性能强，净水效果显著，受水温影响小，pH 适用范围广，价格便宜，对某些原水（如硬水）有较好的处理效果。但其聚合时酸性强，要求设备抗酸性，有时处理后的水带橙黄色。

阴离子型无机高分子絮凝剂 ASI 和 PSI 已有 60 多年的历史。由于相对密度大，所产生的絮体沉降快，在低温、低浊水的处理中有良好的效果。但由于硅酸溶胶具有强烈的缩聚作用，随缩聚反应的进行，分子量不断增大，最终转化为高分子凝胶，失去其混凝活性。因而活性硅酸不能长期存放，必须现场配制使用，因而降低了其实用价值。另外，活性硅酸是阴离子无机高聚物，胶体的电中和作用较弱。不稳定性和阴离子性等特性在一定程度上制约了活性硅酸在废水处理中的应用。

无机高分子絮凝剂作为第二代无机絮凝剂，具有比传统絮凝剂性能好，而比有机高分子絮凝剂价格低廉等优点，已成功应用于各种水处理中，成为主流絮凝剂。但是，简单型无机高分子絮凝剂的絮凝效果不如有机高分子絮凝剂，这促使人们研究开发了复合型无机高分子絮凝剂。复合型无机高分子絮凝剂是指含有铝盐、铁盐和硅酸盐等多种具有絮凝或助凝作用的物质，经过一定的工艺形成羟基化的更高聚合度的无机高分子产品。该类絮凝剂具有凝聚效果好，价格便宜，处理后水中残留铝量低等优点，已引起了水处理界的极大关注，成为国内外无机絮凝剂研制的一个热点。

参考文献

[1] 王艳.聚合氯化铝絮凝剂的制备方法研究进展. 应用化工, 2011, 40(2): 343-345.

[2] 孔爱平, 王九思, 刘剑, 等. 无机高分子絮凝剂研究进展.精细石油化工进展, 2008, 9(3): 52-55.

[3] 万鹰昕, 程鸿德. 无机高分子絮凝剂絮凝机制的研究进展.矿物岩石地球化学通报, 2001, 20(1): 62-65.

实验48　聚硅酸铝铁的制备与印染废水脱色作用

实验目的

1. 了解无机盐在废水脱色处理中的应用。
2. 学习并掌握共聚法制备聚硅酸铝铁的原理和方法。
3. 认识聚硅酸铝铁对印染废水的脱色作用。

实验原理

随着染料和染色工业的迅速发展，染料和染色废水所带来的污染问题也日益严重。早在20世纪70年代，人们就开始研究染料和染色废水的处理问题，迄今已先后开发了混凝、吸附、化学氧化、辐照湿式完全氧化、生化法等处理技术，其中生化法是一种较经济有效的处理方法。但是，许多染料具有生物毒性，难以生物降解。因此，为了提高处理效果，通常需先进行化学混凝预处理，即先通过絮凝沉淀脱除这些难以生物降解的染料。

聚硅酸铝铁是一种新型的高效印染废水絮凝沉淀脱色剂。

根据文献报道，聚硅酸铝铁可用共聚法和复合法制备。两种方法的基本过程和特点如下。

共聚法：向硅酸钠溶液中添加一定量的硫酸改变pH值，形成硅酸溶胶，在搅拌条件下加入铝盐和铁盐溶液，同时加入氢氧化钠或碳酸钠调节水解度，即可制备出聚硅酸铁铝絮凝剂。共聚法的基本特点是过程简单、可操作性强，制成的聚硅酸铝铁絮凝剂的聚合度高，吸附架桥能力也较强。

复合法：首先按一定比例将铝盐和铁盐溶液混合，在搅拌下向混合溶液中加入已预先制备好的聚硅酸（硅酸溶胶），再加入氢氧化钠或碳酸钠进行聚合、熟化，得到絮凝剂。复合法的基本特点是产品聚合度和水解度相对比较低（可能原因是铝盐和铁盐首先进行了聚合，因而与硅链结合能力下降），但絮凝剂的电中和能力得到提高。

本实验采用共聚法制备聚硅酸铝铁，以铬黑T溶液为模拟印染废水试验产品的絮凝脱色效果。

仪器、药品及材料

1. 仪器

台秤，小烧杯（50mL），比色管（50mL），小量筒等。

2. 药品

酸：HCl（20%）。

盐：$Na_2SiO_3 \cdot 9H_2O(s)$，$AlCl_3(s)$，$FeCl_3 \cdot 6H_2O(s)$。

其他：铬黑T。

3. 材料

精密pH试纸。

实验步骤

1. 聚硅酸铝铁的制备

在 50mL 小烧杯中，用纯水配制 10mL SiO_2 含量为 2.0 % 的 Na_2SiO_3 溶液，然后，边搅拌边滴加 20% HCl 至溶液的 pH 为 5.3，静置 5min 左右，当溶液呈现出淡蓝色时，依次加入 $[n(Al)+n(Fe)] : n(Si)=3 : 2$、$n(Al) : n(Fe)=5 : 1$ 的 $AlCl_3(s)$ 和 $FeCl_3 \cdot 6H_2O(s)$，搅拌，加热至 80℃，陈化 1h。

2. 染料水脱色试验

① 在 2 支 25mL 比色管中各配制 10mL 浓度为 200mg·L^{-1} 的铬黑 T 溶液。

② 在一支比色管中加纯水至刻度并摇匀，在另一支比色管中加入 0.4mL 聚硅酸铝铁并加纯水至刻度，摇荡 10min，静置 30min。

③ 目视观测比较 2 支比色管中溶液的颜色深浅。

预习思考题

1. 按本实验的方案制备聚硅酸铝铁，需 $Na_2SiO_3 \cdot 9H_2O(s)$、$AlCl_3(s)$、$FeCl_3 \cdot 6H_2O(s)$ 各多少克？

2. 查阅文献回答下列问题：

（1）由本实验方案制备聚硅酸铝铁涉及什么化学反应？请写出有关的化学方程式。

（2）除聚硅酸铝铁外，还有哪些无机化合物可用于印染废水脱色？

阅读材料：无机絮凝剂在废水脱色处理中的应用

用絮凝沉淀法进行工业废水脱色，因其反应快、脱色效果好、投资费用低、处理容量大、操作简单等而成为废水脱色处理的重要手段。当前用于絮凝脱色的絮凝剂种类繁多，可分为无机絮凝剂、有机絮凝剂、生物絮凝剂、复合絮凝剂。其中，无机絮凝剂因其成本低廉、操作简单、来源广泛而较早并广泛应用于废水脱色。

传统的无机絮凝剂的应用历史悠久，在废水脱色处理中具有代表性的传统无机絮凝剂有硫酸铝、氯化铁、硫酸亚铁。在染料废水中投加铝、铁盐等絮凝剂，对以胶体或悬浮状态存在于废水中的染料具有良好的脱色效果。但是，传统无机絮凝剂对水溶性染料，如酸性染料、活性染料及部分小分子的直接染料则混凝效果不理想，并且存在用量多、对设备会造成一定腐蚀作用等缺点。为此，无机高分子絮凝剂逐渐被应用于废水脱色处理，目前，其生产和应用在全世界都取得迅猛进展，被称为第二代絮凝剂。比较常用的无机高分子絮凝剂主要有聚合氯化铝（PAC）、聚合硫酸铁（PFS）等。例如，用聚合硫酸铁和 H_2O_2 复合处理以分散颜料、硫化颜料、士林颜料、直接颜料为主要成分的印染废水，色度去除率达到 94%；用聚合氯化铝、聚合硫酸铁为主的复合聚合物处理印染废水，其脱色效率高达 96%。

应用实践表明，铝盐絮凝剂聚合速度易控制，絮凝效果明显，但沉降速度慢，絮体易碎；而铁盐絮凝剂絮体较为密实，沉降速度相对铝盐快，但又存在聚合速度难控制、卷扫作用差、腐蚀性较强等缺点。为此，人们研究了在聚硅酸中同时引入铝、铁等离子以形成聚硅酸铝铁等聚硅酸盐絮凝剂并用于污水处理，结果发现，聚硅酸铝铁等聚硅酸盐絮凝剂不仅具有一般无机高分子絮凝剂的吸附电中和性能和卷扫功能，还具有一定的吸附-架桥作用，因此处理效果更好。

另外，研究也发现，在碱性条件下，镁盐也是有效的印染废水脱色剂，尤其对含磺酸基团的水溶性染料具有良好的处理效果。

参考文献

[1] 薛锐，赵美玲. 印染废水脱色的研究进展. 环境科学与管理, 2005, 30(3): 30-33.
[1] 冯秀娟，葛天源. 无机混凝剂在印染废水处理中的研究进展. 中国资源综合利用, 2005, (10): 6-9.
[2] 夏强，任立，周妍，等. 脱色絮凝剂的研究进展. 天津化工. 2012, 26(6): 10-13.
[3] 任园园，陈富金，李国斌，等. 聚硅酸铝铁絮凝剂研究进展. 硅酸盐通报, 2018, 37(6): 1924-1928, 1950.
[4] 邱祖民，徐升，谢凤霞. 聚硅盐酸铁铝的制备及其脱色性能研究. 南昌水专学报, 2002, 20(3): 12-15.
[5] 吴玫. 聚硅酸铝铁絮凝剂对铬黑 T 废水的脱色处理. 四川化工, 2007, 10(4): 49-51.

实验 49　印制电路板酸性蚀刻废液的回收利用

实验目的

1. 了解印制电路板酸性蚀刻废液的来源和化学组成。
2. 了解印制电路板酸性蚀刻废液回收利用的意义。
3. 学习并掌握印制电路板酸性蚀刻废液的回收方法。

提示

在电子工业中，印制电路板的制造不仅消耗大量的水和能量，而且产生大量对环境和人类健康有害的废物，酸性蚀刻废液是蚀刻铜箔过程中产生的一种铜含量较高、酸度较大的工业废水。酸性蚀刻废液严重污染环境，影响水中微生物的生存，破坏土壤团粒结构，影响农作物生长。为此，国内外有关印制电路板酸性蚀刻废液回收利用技术的开发和推广工作方兴未艾；各国有关印制电路板制造业的清洁生产法规、标准也陆续出台，例如，美国在 1995 年已对印制电路板生产企业提出环境设计要求，并大力推广印制电路板酸性蚀刻废液再生系统，我国也于 2008 年发布了 HJ 450—2008《清洁生产标准印制电路板制造业》，要求印制电路板生产企业建立酸性蚀刻废液再生循环系统，以实现清洁生产。

印制电路板酸性蚀刻废液中的主要成分为氯化铜、盐酸、氯化钠及少量的氧化剂。根据有关研究成果，通过采用合理的化学和电化学方法，可以将印制电路板酸性蚀刻废液中的铜离子转化为金属铜、氧化铜、氧化亚铜、硫酸铜、氯化亚铜以及碱式氯化铜等有用的含铜化学品，既减轻污染又变废为宝。

实验要求

查阅有关文献，设计实验方案完成下列实验内容。

1. 由印制电路板酸性蚀刻废液制备 1～2g 下列物质之一：

金属铜、氧化铜、氧化亚铜、硫酸铜、氯化亚铜或碱式氯化铜；

2．鉴定所得产物；

3．检测所得产物中 Fe^{3+} 的含量。

预习思考题

1．检测产物中 Fe^{3+} 的含量，用什么方法比较方便？

2．分别用 Na_2CO_3、$NaOH$、$NH_3 \cdot H_2O$ 作铜离子沉淀剂，沉淀产物的质量是否相同？为什么？

3．要制备较为纯净的金属铜，用什么方法合适？为什么？

阅读材料：末端治理与清洁生产

在人类经济发展的过程中，工业污染经历了自由排放阶段和末端治理阶段，现在正向清洁生产的方向发展。

1．末端治理及其局限性

人类经济发展的最初阶段往往只考虑经济收入，而很少考虑环境问题，工业污染处于自由排放阶段。造纸工业的发展也毫不例外地经过了这样一个过程。随着工业化的快速发展，环境质量急剧恶化，人们不得不在生产过程的末端即在污染物排入环境前增加治理污染的环节，从而进入了工业污染的末端治理阶段。其标志是 1972 年的斯德哥尔摩环境大会，这是人类现代意义上环境保护的第一个里程碑。

末端治理作为防治污染而采取的一种补救措施，确实对环境质量的改善起到了非常大的作用。然而，随着经济的飞速发展和人口的增长，全球性的污染、生态环境破坏和资源浪费有增无减，而且新的环境问题不断出现。由此可见，在以污染物排放标准为依据的排放收费制度支持下的末端治理方法越来越表现出其局限性，主要表现在以下几个方面。

① 污染物产生于生产过程，而末端治理却偏重于污染物产生后的处理，忽视全过程控制，仅起被动"修补"作用，治标不治本。

② 单纯依靠处理设施，往往仅起到污染物朝不同介质转移的作用，特别是有毒、有害废物在处理时可能转化为新的污染物，结果形成治不胜治的恶性循环。

③ 末端治理侧重于控制污染物排放浓度，在一定程度上仅起到鼓励达标排放的作用，不利于实施污染物的总量控制。

④ 治理投资和运行费用高，企业负担重甚至难以承受，致使企业缺乏应有的积极性。

⑤ 资源、能源得不到有效利用，一些本来可以回收利用的原材料及其产物都作为三废处理掉，造成资源和能源的浪费。

2．清洁生产的含义

在总结末端治理经验的基础上，发达国家率先提出了"清洁生产"这一概念。这一概念不同国家有不同的提法，如"无公害工艺""少废无废工艺""绿色工艺""生态工艺"等。尽管提法不同，但其含义是一致的，即将综合预防的策略持续应用于生产过程和产品中，以减少对人类和环境的危害。其要点包括：

① 清洁生产的基本思路是把污染控制由末端治理方法上升为生产全过程控制。

② 清洁生产的基本方法是在清洁生产审计的基础上，通过设备与技术改造、工艺流程改进、原材料替换、产品重新设计以及强化生产各个环节的内部管理、设备维修、人员培训等寻求清洁生产机会，把污染物消除在生产过程中。

③ 清洁生产的核心是废物最小量化和废物再生资源化。

④ 清洁生产的目的是合理利用自然资源,减缓资源耗竭，减少废物排放，促进工业产品的生产、消费和环境相容，降低整个工业活动对人类和环境的危害。

可见，清洁生产不是指某项单一的技术或单一的方法，而是一项系统工程。同时，清洁生产也不是一次性工作，它是随着社会的进步而持续进行和不断完善的过程，因此只有持续的清洁生产才能保证经济与环境的持续发展。

参考文献

[1] 蒋玉思, 张建华, 程华月, 等. 印制电路板酸性蚀刻液的回收利用. 化工环保, 2009, 29(3): 235-238.
[2] 陈嘉川. 末端治理与清洁生产. 纸和造纸, 1998, (4): 38.
[3] 汪利平, 于秀玲. 清洁生产和末端治理的发展. 中国人口·资源与环境, 2010 年, 20(3): 428-431.

实验 50　由废干电池回收制取氯化铵、二氧化锰和硫酸锌

实验目的

1. 了解干电池的主要种类及其化学组成特定。
2. 认识废干电池对环境和人类健康的危害性和回收利用的意义。
3. 了解回收利用废干电池的方法。
4. 学习并掌握由废锌锰干电池制取氯化铵、二氧化锰和硫酸锌的方法和步骤。

提示

日常生活中用的干电池主要为锌锰干电池，其负极是作为电池壳体的锌电极，正极是被 MnO_2（为增强导电能力，填充有碳粉）包围着的石墨电极，电解质是氯化锌及氯化铵的糊状物。

干电池的结构如图 50-1 所示，其电池反应为

$$Zn+2NH_4Cl+2MnO_2 \longrightarrow Zn(NH_3)_2Cl_2+2MnOOH$$

在使用过程中，锌皮消耗最多，二氧化锰只起氧化作用，氯化铵作为电解质没有消耗，炭粉是填料。因而回收处理废干电池可以获得多种物质，如铜、锌、二氧化锰、氯化铵和炭棒等，实为变废为宝的一种可利用资源。

回收时，剥去废干电池外层包装纸，用螺丝刀撬去顶盖，用小刀除去盖下面的沥青层，即可用钳子慢慢拔出炭棒(连同铜帽)，取下铜帽集存，可作为实验或生产硫酸铜

图 50-1　锌-锰电池构造示意

1—火漆；2—黄铜帽；3—石墨；4—锌筒；
5—去极剂；6—电解液+淀粉；7—厚纸壳

的原料。炭棒留作电极使用。

用剪刀把废电池外壳剥开，取出里面的黑色物质，它是二氧化锰、炭粉、氯化铵、氯化锌等的混合物。把这些黑色物质倒入烧杯中，加入蒸馏水（按每节 1# 电池加入 50mL 水计算），搅拌溶解，澄清后过滤。滤液用于提取氯化铵，滤渣用于制备 MnO_2 及锰的化合物，电池的锌壳可用于制锌粒及锌盐。

实验要求

查阅有关文献，设计实验方案完成下列三项实验内容之一。

1. 从黑色混合物的滤液中提取氯化铵

（1）要求

① 设计实验方案，提取并提纯氯化铵。

② 产品定性检验：a. 证实其为铵盐；b. 证实其为氯化物；c. 判断有否杂质存在。

（2）提示

滤液的主要成分为 NH_4Cl 和 $ZnCl_2$。根据溶解度差异设计提取、提纯实验方案。

2. 从黑色混合物的滤渣中提取 MnO_2

（1）要求

① 设计实验方案，精制二氧化锰。

② 试验 MnO_2 与盐酸、MnO_2 与 $KMnO_4$ 的作用。

（2）提示

黑色混合物的滤渣中含有二氧化锰、炭粉和其他少量有机物。用少量水冲洗，滤干固体，灼烧以除去炭粉和有机物。

粗二氧化锰中尚含有一些低价锰和少量其他金属氧化物，应设法除去，以获得精制二氧化锰。

3. 由锌壳制取七水硫酸锌

（1）要求

① 设计实验方案，以含锌单质的锌壳制备七水硫酸锌。

② 产品定性检验：a. 证实硫酸盐；b. 证实为锌盐；c. 证实不含 Fe^{3+}、Cu^{2+}。

（2）提示

将洁净的碎锌壳以适量的酸溶解。溶液中有 Fe^{3+}、Cu^{2+} 杂质时，设法除去。

预习思考题

查阅有关文献，回答下列问题。

1. 干电池主要有哪些种类？各自有怎样的电极构成？

2. 废干电池对环境和人类健康具有什么危害？

 阅读材料：生态化学

人类赖以生存的世界乃至人本身，都是由物质组成的。而化学是制造新物质，并在原子、分子层次上研究物质的转化、制备、功能、用途，可以说凡涉及物质问题，便涉及化学。人类直接或间接地借助化学反应过程或化学物质，创造了辉煌的物质文明。但与此同时，随着人类干涉大自然的程度和规模的不断加大，必然面临着日益严峻的资源、能源和环境危机的挑战。生态化学是一门旨在调和这一矛盾的新兴化学学科，其目的在于建立一个符合生态规律的化学体系，使建立在其基础上的化学工业及相关产业既有利于经济发展，又能保护环境、保护人类健康。

1. 生态化学与传统化学的关系

传统化学是以化学热力学和动力学作为其物质转化的理论基础，研究一种物质向另一种物质转化的科学，它将环境视为无尽的源和无底的汇，因此，引起了资源短缺和污染严重的生态危机。传统化学的反应体系多数是线性的非循环结构，其系统的生命期各阶段排放物绝大部分不再进行循环，直接或间接地排入环境，致使环境系统的无序度增大、环境的熵增加。化学反应体系的产物都是从环境资源中提取转换而成，这是一个从无序到有序的过程，但以牺牲环境的更大无序为代价，而产物的线性生产过程越长，进入环境的废物就越多，环境的熵增就越大。

生态化学是以生态环境为介质，将物质转化反应体系扩展到环境范围（局部、地区和全球），研究物质的化学变化与环境的物质循环转化的相适应性，使物质的化学转化对环境系统的冲击和干扰限制在净化功能和循环能力的合理限度内，实现化学体系与环境系统的相互协调发展，减少其熵增。生态化学针对传统化学的资源利用率低、环境污染严重的缺点，提出：应排放废物最小量化和无害化，使原料利用率最大化；应提高化学反应体系的可逆循环程度，以实现物质的循环再生利用；同时最大限度利用可再生资源作为反应原料，产品利用后容易降解为环境无害物。

2. 生态化学化工与绿色化学的关系

绿色化学是在为 21 世纪经济与社会的持续协调发展制定发展战略背景下提出的。20 世纪 90 年代，化学界就已经开始积极思考，如何从过去的末端被动治污，发展到从源头主动不生成或尽可能减少生成污染物的主动治污，并提出整个反应和生产过程发展废弃物最低化技术及实现零排放的目标。这时人们认识到的是化学化工的绿色化，即绿色原料、绿色反应和绿色产品。

由于绿色化学的理论基点在于事先主动控制，即通过改善化学原料来解决环境受化学污染物损害的问题，因而，在此基础上，人们更多地关注环境污染的起源，着力于从源头上减轻危害，但这对于化学化工的应用及其发展无疑产生了极大的局限性。虽说其研究内容已涉及目前化学的更多领域，但仍很难区分其与环境化学中的末端治理方法在本质上的差别，甚至认为绿色化学的"从源头开始预防污染"仍带有"过程末端治理"的观念，因而使得绿色化学只能长期隶属于环境保护原理的范畴。

生态化工是以生态学原理为指导，以生物技术为手段，为促进生态化工系统良性循环，实现化工与生态环境协调发展而建立起来的一种新型的化工生产模式，它从系统工程和生态学的角度，注重新化学反应的高效、高选择性，综合了与化学化工相关的基础研究，发展了对化学学科内不同领域中共性规律认识的新的理论。生态化学的目的是在高效和高选择性的基础上，达到与生态环境协调，更加注重化学的循环利用与环境的生态循环。

　　生态化学要求优化物质与能量流，使所有的技术目标及过程都倾向于"清洁的、绿色的"，是从生态角度来解决生态环境危机。目前，生态化工的理论基础就是更为关注生态的绿色化学，即生态化学。生态化学是采用绿色化学的技术，利用生态平衡与物质循环再生原理，结合系统工程来开展研究的。这使生态化工有着更为具体的研究内涵，涵盖了化学的各个领域。

　　生态化学缘于绿色化学，高于绿色化学，是融被动处理污染的环境化学及主动出击的绿色化学为一体，更关注生态的先进理论。与绿色化学一样，具有学科发展的连续性（指基于传统化学的理论知识体系）、科学发展的创新性（指新体系下的新化学、新体系）、技术发展的革命性（指源头、过程、末端产品都不排放）和推动社会发展的可持续性（指生态化工中物质能量循环过程）。

　　生态化学是化学学科发展的必然选择，是适应人类需求而逐步形成的，是化学发展的高级阶段。可以说，生态化学将是 21 世纪化学发展的趋势和新的生长点，是化学学科自身发展及社会和经济可持续发展的需要，也是人类赖以生存的生态环境的深情呼唤。

参考文献

[1] 夏越青, 李建国. 废干电池对环境的污染及其资源化. 重庆环境科学, 2000, 22(2): 60-62.

[2] 成肇安, 蔡艳秀, 张晓东. 废干电池的环境污染及回收利用. 中国资源综合利用, 2002, (7): 18-22.

[3] 杨智宽. 废锌锰干电池的综合利用. 再生资源研究, 1998, (1): 26-28.

[4] 冯辉霞, 张婷, 王毅, 等. 可持续发展观的化学发展目标: 生态化学. 生态环境, 2007, 16(5): 1578-1582.

[5] 冯辉霞, 王毅, 张婷, 等. 生态化学与化学可持续性发展. 化学与生物工程, 2010, 27(8): 17-19.

10

第十部分

在食品中的应用

实验 51　磷酸盐对面条的品质改良作用

实验目的

1. 了解磷酸盐在食品中的应用。
2. 认识磷酸盐对面条品质的改良作用。

实验原理

品质改良剂是指在食品生产或加工中能提高和改善食品品质的食品添加剂。品质改良剂一般通过保水、保湿、填充、增塑、稠化、增溶、改善流变性能和螯合金属离子等作用来改进食品品质。磷酸盐是目前世界各国应用最广泛的食品品质改良剂。

面条是一种传统主食食品，其主要原料是面粉、水和盐，制作方便、快速，经济实惠。但是，由于国产小麦面粉普遍蛋白质含量偏低，面筋质量差，用其制作的面条存在断条、不耐煮、易糊汤、口感发黏、弹性差等问题，因此，需添加品质改良剂加以改良。

中国食品添加剂使用卫生标准中对允许在食品中使用的磷酸盐种类和限量做出了明确规定，一共有 14 种磷酸盐，其中三聚磷酸钠（$Na_5P_3O_{10}$）、六偏磷酸钠［$(NaPO_3)_6$］、焦磷酸钠（$Na_4P_2O_7 \cdot 10H_2O$/ $Na_4P_2O_7$）、磷酸二氢钠（$NaH_2PO_4 \cdot 2H_2O$/ NaH_2PO_4）常以不同的比例复配后用于面制品中。

在面条中添加磷酸盐可产生以下品质改良作用。

（1）增加面筋筋力，减少淀粉溶出物

磷酸盐能在面筋蛋白与淀粉之间进行酯化反应及架桥结合，形成较为稳定的复合体，加强淀粉与面筋蛋白的结合力，减少淀粉溶出物，使面粉筋力增强。此外，磷酸盐还有增加淀粉吸水能力的作用，并可使面团的持水性增加，使面筋性蛋白质能充分胀润，从而形成良好结构的面筋网络，增加面团的弹性、韧性，防止断条，使面条口感爽滑。

（2）增强面条黏弹性

磷酸盐对葡萄糖基团有"架桥"作用，使部分支链淀粉的碳链接长，形成淀粉分子的交联，生成的交联淀粉具有耐高温加热的优点，从而使这类面条耐煮，并能保持淀粉胶体的黏弹性特征。

（3）提高面条表面光洁度

磷酸盐与面粉和水中的 Ca^{2+}、Mg^{2+}能够形成络合物，防止 Ca^{2+}、Mg^{2+}、Fe^{2+}等金属离子沉淀而造成产品外观粗糙的现象。同时磷酸盐又可与天然有机质，如蛋白质、果胶质等形成胶体，使面片压延时显得比较光洁，颜色白而结构细密，从而使面条表面光滑、白嫩、细腻。

按标准（GB/T 35875—2018《粮油检验 小麦粉面条加工品质评价》），面条的品质需按表 51-1 所示的评价项目和评分标准进行感官评价。

表 51-1　面条感官评价项目及评分标准

评价项目	满分	评分标准
坚实度	10	软硬合适（8~10 分）/稍软或稍硬（7 分）/很软或很硬（4~6 分）
弹性	25	弹性好（21~25 分）/弹性一般（16~20 分）/弹性差（10~15 分）
光滑性	20	光滑爽口（17~20 分）/较光滑（13~16 分）/不爽口（9~12 分）
食味	5	具有麦香味（5 分）/基本无异味（4 分）/有异味（2~3 分）
表面状态	10	表面光滑，有明显透明质感（8~10 分）/表面较光滑，透明质感不明显（7 分）/表面粗糙，明显膨胀（4~6 分）
色泽	30	亮白或亮黄（26~30 分）/亮度一般或稍暗（20~25 分）/灰暗（14~19 分）

该方法虽客观条件要求低，按评价人员素质要求高。基于感官评价的主观性，为得到能准确反映事实的结果，每次评价要求由 5 位及以上专家评价员或 10 位及以上优选评价员组成的评价小组承担。为此，是否能用可测定指标评价面条品质引起了人们的关注。根据已取得的研究结果，面条品质与蒸煮吸水率和蒸煮损失率存在显著相关性——蒸煮吸水率越高而蒸煮损失率越低则面条品质越好。据此，本实验通过观测添加磷酸盐对面条蒸煮吸水率和蒸煮损失率的影响评价磷酸盐对面条品质改良作用。

仪器、药品及材料

1. 仪器

台秤，分析天平，手摇压面机，烘箱，电炉，碗，筷，小锅，载玻片，容量瓶（100mL），吸量管（10mL），培养皿等。

2. 药品

主料：面粉。

添加剂：食盐，食用碱，食用六偏磷酸钠，食用焦磷酸钠，食用三聚磷酸钠。

3. 材料

纱布。

实验步骤

1. 面条制作

配方见表 51-2。

表 51-2　面条制作配方

面条	面粉用量/g	水用量/g	添加剂用量/g				
			氯化钠	碳酸钠	六偏磷酸钠	焦磷酸钠	三聚磷酸钠
参照品	50	18	0.5	0.1	—	—	—
试验品	50	18	0.5	0.1	0.1	0.03	0.02

① 按配方先在碗中加入各添加剂和约 30℃的温水并搅拌溶解，然后加入面粉，先用筷子搅拌均匀，接着用手将面坯握成团并反复揉搓至面坯表面白粉消失；

② 将面坯用纱布包好放入温度为 38℃的恒温恒湿箱中醒发 5min；

③ 用手摇压面机将已醒发好的面坯制作成面条，具体操作为：先调节压辊间距为 2mm 将面坯压制成片，然后对折合片压制，重复 2 次，接着从 3.5mm 开始，每次减薄 0.5mm，逐渐将面片压薄至 1mm，最后将 1mm 面片切成 2.0mm 宽的面条。

2. 面条最佳煮面时间测定

将适量面条放入沸水中，开始计时，保持微沸状态，4min 后开始取样，每隔 30s 取样一次，取样后立即用冷水冷却，抑制后熟过程，用两块玻璃板挤压面条，观察面条内部白芯，当面条白芯消失时，即为最佳煮面时间。

3. 面条蒸煮吸水率测定

准确称取 5g 面条，放入 250mL 沸腾的纯水中，煮至最佳蒸煮时间后捞出，平铺在滤纸上室温沥干 5min，准确称取质量，按下式计算蒸煮吸水率：

$$蒸煮吸水率/\% = (蒸煮后面条质量 - 蒸煮前面条质量)/蒸煮前面条质量 \times 100$$

4. 面条蒸煮损失率测定

将 5g 面条放入 150mL 沸水中，开始计时，保持微沸状态至最佳蒸煮时间后，用筷子捞出，将面汤浓缩至约 50mL 时，移入 100mL 容量瓶中，用水定容至 100mL，摇匀后吸取 10mL 于培养皿中，置于烘箱 105℃下烘干至恒重，按下式计算蒸煮损失率：

$$蒸煮损失率/\% = (带残留物的培养皿质量 - 空培养皿质量) \times 10/面条质量 \times 100$$

实验结果记录及处理

1. 记录实验数据并计算面条蒸煮吸水率和蒸煮损失率。
2. 根据实验结果讨论磷酸盐对面条品质的改良作用。

预习思考题

查阅有关文献，回答以下问题：

1. 在食品中，磷酸盐除可用作面条品质改良剂外，还有什么用途？
2. 在食品中，除磷酸盐外，还有什么无机物具有品质改良作用？

阅读材料：磷酸盐在食品中的应用

磷酸盐自 1910 年首次在德国应用于食品加工以来，已成为世界各国应用最广泛的食品添加剂，对食品品质的提高和改善起着重要的作用。目前已开发使用的食品磷酸盐类有钠盐、钾盐、钙盐及特殊功能的铁盐、锌盐等，常用品种有 30 多个，复配型磷酸盐品种更为繁多。

我国食品添加剂使用卫生标准 GB 2760—1996 及其增补本，对部分食品中准许使用的磷酸盐的种类和限量做出了明确规定。允许使用的主要为 10 种磷酸盐，其中磷酸三钠、六偏磷酸钠、焦磷酸钠、三聚磷酸钠均可在肉制品中使用，磷酸二氢钠只能用于炼乳，磷酸氢二钠和磷酸钙可用于各类食品，焦磷酸二氢二钠主要用于面包和饼干。

1. 磷酸盐在食品中的主要作用

磷酸盐在食品加工中主要是作水分保持剂、品质改良剂、乳化分散剂、缓冲剂、螯合剂、营养增补剂、pH 调节剂、发酵膨松剂等。不同磷酸盐在不同产品中功能不同，因此生产者需根据需要和标准的要求进行添加。磷酸盐的作用原理概括起来主要是以下几点：（1）螯合作用；（2）改变 pH；（3）乳化、分散作用；（4）解离肉中的肌动球蛋白；（5）提高食品的离子强度。

2. 磷酸盐在食品加工中的应用现状

（1）在肉制品中的应用

磷酸盐应用于熟肉产品和罐头制品的生产，如火腿、烟熏肉、烤肉、腌肉等，可改善肉制品的质构。其作用机理包括在肉产品中起乳化作用，控制金属离子、控制微生物、调节 pH 和缓冲作用。不同的磷酸盐对肉制品质构的影响差别比较大，顺序为：焦磷酸盐＞磷酸三钠＞六偏磷酸盐。

（2）在面制品中的应用

磷酸盐能提高面粉吸水率，使面筋质好，口感爽滑、细腻，不混汤。把磷酸盐用于水饺，能增加馅料的保水能力，防止解冻后汁液流出和蔬菜的褐变，从而解决饺子解冻后饺皮颜色加深的问题。在面皮中添加磷酸盐则可改善饺皮色泽，增加弹性和爽滑感。磷酸盐在面条和方便面加工中，可增强面筋蛋白的吸水溶胀能力，从而增加面团的持水性，提高面条的弹性，口感滑爽、筋道，复水快且耐煮泡。磷酸盐的缓冲性可稳定面团的 pH，防止色变，并改善面条的风味和口感。磷酸盐螯合金属离子的特性使面制品蛋白质形成网状结构，增强面条筋度、提高黏弹性。在曲奇饼干、蛋糕和面包等烘焙食品加工中，磷酸盐最重要的用途是与碱性物质中和反应释放气体而作膨松剂。此外磷酸盐还用作面粉调节剂、面团改良剂、缓冲剂和酵母营养剂等。

（3）在水产品加工中的应用

磷酸盐被广泛应用于鱼类及水产品加工。磷酸盐能裂解肌动球蛋白以增加保水力，减少食物在贮存、解冻、烹煮及加热时水分的流失，使水产品的肉汁更丰富。磷酸盐有抗氧化作用，可防止虾头变黑、脱落，防止鱼丸、虾球、蟹肉的腐败变质，保持水产品的原有风味和营养。磷酸盐与碳水化合物混合使用，作为冷冻保护剂，可有效防止鱼糜制品蛋白质的冷冻变性。另外磷酸盐还广泛用于鱼糜、肉糜制品。

（4）在饮料中的应用

磷酸盐应用于果汁饮料可使 VC 保持稳定，防止果汁氧化，稳定悬浮物，防止色变和氧化腐败产生异味。在碳酸饮料中，磷酸盐除防止氧化、色变外，还能使 CO_2 得到有效的保持。

（5）在乳制品加工中的应用

磷酸盐可防止乳脂与水相分离，可使蛋白质变性、增溶，从而防止凝胶的形成。复合磷酸盐在复原乳加工中是最好的酸度调节剂。另外，磷酸盐广泛应用于干酪的生产，其分散、乳化作用可使干酪制品形成均匀、光滑的组织结构。

（6）在罐头食品中的应用

聚合磷酸盐，在罐头食品中常被用来作为质量改进剂，以防止水果蔬菜罐头变色、防止罐内面腐蚀、防止水产罐头中鸟粪石的析出、提高肉类罐头的持水性和结着性等。

参考文献

[1] 刘锐萍, 裴庆润, 张铁军, 等. 食品中磷酸盐的应用现状及存在问题分析. 饮料工业, 2007, 10(2): 9-11.

[2] 吴雪辉, 李琳. 复合磷酸盐对面条改良作用的研究. 粮食与饲料工业, 1998, (12): 43-44.

[3] 雷激, 刘仲齐. 面条品质评价方法研究. 中国食品学报, 2003, 3(4): 21-26.

[4] 李梦琴, 张剑, 冯志强, 等. 面条品质评价指标及评价方法的研究. 麦类作物学报, 2007, 27(4): 625-629.

[5] 吴洋. 几种添加物对全麦湿面蒸煮品质和感官品质的影响. 粮油食品科技, 2016, 24(3): 39-44.

[6] 鲍宇茹. 磷酸盐在面条中的应用研究. 河南工业大学学报(自然科学版), 2009, 30(5): 69-72.

实验 52　无机盐对豆浆的凝固作用

实验目的

1. 了解豆浆凝固剂的种类、作用原理和性能特点。

2. 通过实验了解氯化镁、氯化钙、硫酸镁和硫酸钙对豆浆的凝固作用和豆腐制品的品质。

实验原理

公元前164年，淮南王刘安，为求长生不老之药，招方士数千人著书炼丹。在炼丹中以黄豆汁培育丹苗，豆汁偶与石膏相遇，形成了鲜嫩绵滑的豆腐。刘安炼丹未成却发明豆腐。之后，豆腐技法传入民间。后来发现将石膏放入火中烧酥碾为粉后，做豆腐的工艺更易掌控，慢慢开始流传至今。豆腐不仅营养丰富、味道鲜美，而且还有很高的食疗药用价值，是大众皆嗜的传统优良食物。根据科学测定，豆腐能够为人体提供蛋白质、脂肪、碳水化合物、钙、磷铁以及多种维生素，豆腐中还有人体自身不能合成的氨基酸。豆腐中的钙含量不仅多，而且易于人体吸收利用，体虚及贫血病人常食之有较好的辅助治疗作用。传统医学认为豆腐有补中益气、生津润燥、清热解毒、止消渴、解酒毒之功能。

在中国，豆腐的制作在汉代就已经成熟，传统豆腐制作工艺一般是大豆原料筛选、浸泡、水洗、磨制、分离豆渣、煮浆、点浆、蹲脑、上箱、压制、切块。点浆过程是在浆液煮到温度85～90℃时，将配好的凝固剂慢慢加入豆浆中，不断搅拌至豆腐花凝结为止。

传统上，我国以盐卤 [生产海盐的副产品，主要成分为约46%氯化镁（$MgCl_2 \cdot 9H_2O$）、约3%硫酸镁（$MgSO_4$）、约2%氯化钠（$NaCl$）和约50%水分] 和石膏为豆腐凝固剂。实际上，电解质都对豆浆有凝固作用，只是其用量即豆腐得率和品质不同。

本实验采用传统豆腐制作工艺试验氯化镁、氯化钙和硫酸钙对豆浆的凝固作用和豆腐制品的品质。豆腐品质按表52-1的标准通过感官分析评定。

表 52-1　豆腐品质感官评分标准

等级	色泽	质地	结构	口感
上等	呈淡黄色或白色（8～10分）	质地坚实有弹性（8～10分）	断面光滑细腻，内部孔隙小且均匀一致（8～10分）	口感细腻，豆香浓郁，无异味涩味（8～10分）
中等	色泽均一，呈淡黄或白色（5～7分）	质地坚实，弹性一般（5～7分）	断面光滑，内部孔隙较均匀（5～7分）	口感较细嫩，无异味涩味（5～7分）
下等	颜色暗淡，无光泽（0～4分）	质地过于坚硬或松软，变形后难恢复（0～4分）	断面粗糙，内部孔隙不均匀、大小不一（0～4分）	口感无韧性，有异味、涩味（0～4分）

仪器、药品及材料

1．仪器

台秤，分析天平，烧杯（150mL），量筒（100mL），全自动豆浆机，微型塑料豆腐模具（参照商品常规塑料豆腐模具，用小塑料盒自制），烘箱，恒温水槽，培养皿，离心机（10mL），过滤离心管（10mL）。

2．药品

盐：食用氯化镁（$MgCl_2 \cdot 6H_2O$），食用氯化钙（$CaCl_2 \cdot 2H_2O$），食用硫酸镁（$MgSO_4 \cdot 7H_2O$），食用硫酸钙（$CaSO_4 \cdot 1/2H_2O$）。

3．材料

豆浆（腐）滤布。

实验步骤

1．大豆磨煮制豆浆

称取经挑选、除杂的 40g 大豆，用 120mL 水浸泡 12h，清洗、沥干。将经泡洗的大豆和 320mL 纯水加入全自动豆浆机磨浆，煮开 5min，得豆浆。

2．豆浆凝固制豆腐脑

将所得豆浆平分过滤于 4 个 150mL 烧杯中，待豆浆温度冷却到 80℃，分别加入已配成 6mL 溶液（分散液）的凝固剂，快速搅拌 1min，然后，在 80℃下保温 30min，观察豆浆凝固形成豆腐脑。

试验凝固剂品种及其添加量如表 52-2：

表 52-2　试验凝固剂品种及其添加量

凝固剂品种	$MgCl_2 \cdot 6H_2O$	$CaCl_2 \cdot 2H_2O$	$MgSO_4 \cdot 7H_2O$	$CaSO_4 \cdot 1/2H_2O$
凝固剂添加量/g	0.21	0.12	0.26	0.18

3．豆腐脑压榨制豆腐

将豆腐脑倒入已铺好滤布的塑料豆腐模具下槽，包好滤布，盖上隔片，在其上压上能产生 $12g \cdot cm^{-2}$ 压力的水瓶（罐），压榨 30min，得豆腐成品。

4．豆腐产出率测定

将制得的豆腐静置 5min 后称重，计算每 100g 大豆所产出的豆腐质量。

5. 豆腐含水率测定

称取约 5.0g 豆腐（m_0）于已烘干至恒重（m_1）的培养皿中，于 105℃烘至恒重（m_2）。豆腐含水率按下式计算

$$豆腐含水率 / \% = \frac{m_0 - (m_2 - m_1)}{m_0} \times 100$$

6. 豆腐保水性测定

称取约 2.0g 已切掉豆腐表皮的豆腐，用一张小滤纸包好，放入下部已放置脱脂棉花的 10mL 过滤离心管中，用离心机以 1500r·min^{-1} 离心 10min，将豆腐取出，称重（m'），放入已烘至恒重（m_1）的培养皿中于 105℃烘至恒重（m_2）。豆腐保水性按下式计算

$$豆腐保水性 / \% = \frac{m' - (m_2 - m_1)}{m'} \times 100$$

7. 豆腐品质评定

按表 1 的标准评定所得豆腐的品质。

实验结果记录及处理

1. 记录实验数据并计算豆腐产出率、含水率和保水性。
2. 根据实验结果讨论所试验凝固剂的性能特点。

预习思考题

查阅有关文献，回答以下问题：

1. 除无机盐外，还有哪些物质可用作豆腐凝固剂？
2. 常用豆腐凝固剂各有什么性能特点？

阅读材料：豆腐凝固剂的主要种类、性能特点与凝固机理

豆腐制作比较关键的技术是在豆浆中添加凝固剂，由于采用凝固剂的种类不同，豆腐的类型、品质亦不相同。

1. 凝固剂的主要种类与性能特点

豆腐生产用凝固剂可归纳为：酸类、盐类、酶类及其他能与蛋白质起反应产生沉淀的物质。

（1）酸类凝固剂

酸类凝固剂有葡萄糖酸内酯、醋酸、柠檬酸、苹果酸等，葡萄糖酸内酯是盒装豆腐凝固剂，因其在水中水解成葡萄糖酸的速度，能通过温度来控制，有利于机械化生产。但内酯豆腐质量较差，有微酸味和涩味。

（2）盐类凝固剂

盐类凝固剂一般都是一些碱土金属盐类，有盐卤、石膏、氯化钙、醋酸钙、乳酸钙等二价盐。盐卤和石膏是最常用的凝固剂，90%以上豆腐是用它们生产的，因其性质不同，所生产出的豆腐质量也有所差别。北豆腐（老豆腐）是使用盐卤的，因其溶解性能好，与豆乳反

应速度快，一般用点浆操作，风味较好，虽制作较难，产量也低，但盐卤豆腐以其美味优势一直占有重要位置。盐卤豆腐的美味与盐卤的性质有关，天然卤水具有特殊的甜味和香气，这种甜香味可在舌头上留有很长时间；南豆腐（嫩豆腐）用石膏作为凝固剂，因其溶解度小，在溶液中的 Ca^{2+} 浓度小，与豆乳反应速度慢，用简单的冲浆方法就能生产出保水性较好的豆腐，产量较盐卤豆腐高，但豆腐中未溶解的石膏小颗粒使豆腐有涩味，同时由于石膏的比重比水大，同一缸豆腐常出现上、中、下三层嫩老不匀，其中下层豆腐发涩发苦。

（3）酶类凝固剂

酶类凝固剂指能使大豆蛋白凝固的酶。这些酶能促使蛋白质分子间或分子内形成共价键，增加各种蛋白质小片断浓度，日本已用来生产豆腐乳，据报道这些酶能增加豆腐乳中水溶性氮的含量，改善豆腐乳的风味。

（4）包埋凝固剂及其他

多年来，为了将酸类与盐类凝固剂的优点综合起来，研究出新型凝固剂，即采用包埋法生产出复合凝固剂，在凝固剂表面涂上一层难溶性的包裹层，使其溶解速度受到控制，与豆乳的反应速度减慢，同时颗粒均匀分散，减少沉淀，一般被包裹物为盐类、酸类；包埋剂是冷时不融化，受热时才融化的油脂，通常用些硬化油、酪朊酸钠、变性淀粉、明胶等。此外，也有在豆乳中加入黏性多糖，有黄元胶、普鲁兰、卡拉胶等。

其他凝固剂有单宁、叶绿素、果胶等。现已研究出绿色蔬菜豆腐，主要是利用叶绿素使豆乳凝固，茶叶豆腐则是单宁充当了凝固剂。

2. 凝固剂的凝固机理

豆腐凝固过程是一个极其复杂的过程，实质是大豆蛋白变性凝聚沉淀。使用的凝固剂不同则凝固机理亦不同。

（1）酸类凝固剂

酸类（内酯、醋酸等）凝固剂会产生 H^+，使溶液 pH 下降，当 pH 接近大豆蛋白等电点时，会引起蛋白质表面层带电量下降，破坏胶体的稳定性，从而产生了凝聚沉淀。

（2）盐凝固剂

盐作为凝固剂，使盐中高价阳离子与豆乳中植酸盐和柠檬酸盐发生络合反应，引起溶液 pH 值下降，从而接近蛋白质等电点，形成豆腐胶。同时温度的变化对盐凝固豆腐 pH 值有较大的影响，中性盐使豆腐形成的过程不仅和凝固剂及蛋白质有关，也和大豆中其他影响络合反应的物质有关，这就解释了为何大豆中磷、钾、镁、钙等含量影响豆腐的硬度和产量。

（3）酶等其他凝固剂

日本已开始研究和使用酶以及其他能与大豆蛋白发生反应的物质作为豆腐凝固剂，研究的时间不长，尚未形成统一的认识。

参考文献

[1] 朱秀清. 浅谈豆腐凝固剂. 大豆通报, 1997, (4): 21.
[2] 李雨露, 刘丽萍, 毕海燕. 豆腐凝固剂的研究现状及发展前景. 食品与发酵科技, 2015, 51(3): 6-9.
[3] 宋莲军, 张莹, 乔明武, 等. 豆腐凝固剂的筛选与复配. 江西农业学报, 2011, 23(3): 143-146.
[4] 宋雪健, 高绍金, 宁冬雪, 等. 不同凝固剂对豆腐品质的影响. 黑龙江八一农垦大学学报, 2017, 29(3): 58-64.
[5] 刘灵飞, 陈颖慧, 徐婧婷, 等. 凝固剂混合方式对盐卤豆腐品质特性的影响. 2017, 38(7): 102-108.

11

第十一部分

在医药和卫生中的应用

实验 53　碱式碳酸镁铝的制备与酸中和作用

实验目的

1. 了解碱式碳酸镁铝的组成、结构和应用。
2. 学习并掌握水滑石的室温固相反应合成原理和方法。
3. 认识碱式碳酸镁铝的酸中和作用。

实验原理

　　碱式碳酸镁铝，俗名水滑石，是一种天然存在的米层状双金属氢氧化物矿物，最早于 1842 年由瑞典的 Crica 发现，其典型的化学组成是 $Mg_6Al_2(OH)_{16}CO_3 \cdot 4H_2O$，结构类似于水镁石 $[Mg(OH)_2]$，由 MgO_6 八面体共用棱形成单元层，层上的 Mg^{2+} 部分被 Al^{3+} 同晶取代，这样由 Mg^{2+}、Al^{3+}、OH^- 构成的单元层板带有正电荷，因此层间存在可交换的阴离子 CO_3^{2-} 以平衡电荷，使结晶整体呈电中性；层板间同时也存在一定数目的水分子。水滑石的典型结构如图 53-1 所示。

　　$Mg(OH)_6$ 或 $Al(OH)_6$ 八面体单元

　　CO_3^{2-} 或 H_2O

图 53-1　水滑石的典型结构

　　碱式碳酸镁铝由于具有独特的阴离子交换性、层板组成可调变性、结构可恢复性，已在催化、吸附、环境、医药、纳米材料、高分子材料助剂等领域获得广泛应用。

　　碱式碳酸镁铝可根据以下反应原理由可溶性 Mg^{2+}、Al^{3+} 和碳酸盐（如 Na_2CO_3）及强碱

（如 NaOH）通过共沉淀法（在水介质中发生共沉淀反应的合成方法）合成

$$6Mg^{2+}+2Al^{3+}+CO_3^{2-}+16OH^-+4H_2O \longrightarrow Mg_6Al_2(OH)_{16}CO_3 \cdot 4H_2O \downarrow$$

共沉淀法操作简单，但是由于初生沉淀结晶度较低，须进行水热晶化处理，过程较费时。最近，有文献报道，碱式碳酸镁铝也可采用室温固相反应法合成，该法反应原理与共沉淀法相同，但操作更为简便，反应时间大为缩短。

碱式碳酸镁铝为白色、无臭、无味结晶性粉末，弱碱性（$1g \cdot 25mL^{-1}$ 乙醇分散液 pH=8.5～9.5），密度 $2.1g \cdot cm^{-3}$，折射率 1.49～1.51，难溶于水和有机溶剂，溶于酸，加热至 200℃ 以上分解，释放出二氧化碳和水。

$Mg_6Al_2(OH)_{16}CO_3 \cdot 4H_2O$ 的主要 XRD 特征衍射峰数据（JCPDS 标准卡）见表 53-1：

表 53-1　$Mg_6Al_2(OH)_{16}CO_3 \cdot 4H_2O$ 的主要 XRD 特征衍射峰数据

序号	d/nm	I/I_1	hkl
1	0.784	100	003
2	0.390	60	006
3	0.260	40	009,012
4	0.233	25	015
5	0.199	30	018
6	0.154	35	110
7	0.150	25	113

由于与层板结合力较弱，碱式碳酸镁铝中位于层间的 CO_3^{2-} 可被其他无机或有机阴离子、同多或杂多阴离子交换或插层。

在水介质中，碱式碳酸镁铝可分 2 步中和 HCl

$$Mg_6Al_2(OH)_{16}CO_3 \cdot 4H_2O+2HCl \longrightarrow Mg_6Al_2(OH)_{16}Cl_2 \cdot 4H_2O \downarrow +CO_2\uparrow+H_2O$$

$$Mg_6Al_2(OH)_{16}Cl_2 \cdot 4H_2O+16HCl \longrightarrow 6MgCl_2+2AlCl_3+20H_2O$$

因此，碱式碳酸镁铝可用作抗酸药。

碱式碳酸镁铝作为医药，称为铝碳酸镁。1969 年，日本的幸保文治川等首先报道发现该物质具有优良的抗酸作用。1970 年由日本盐野义制药株式会社生产上市，随后英国、原联邦德国、意大利也陆续生产。经多年使用确证其疗效后，本品及片剂均被收载于 1988 年版英国药典，列为法定药物。

在临床上，铝碳酸镁主要用于治疗胃溃疡、十二指肠溃疡、胃酸过多及急性、慢性胃炎。据文献报道，其优点是：①酸中和迅速、持久，在 12s 内可使胃液的 pH 提高达到 3，并能维持 2.5h，与此同时，其酸中和作用不受胃蛋白酶的影响，且与酸反应率为 100%。②同时含铝、镁，可相互抵消便秘和腹泻副作用（铝化合物会导致便秘，而镁化合物则会引起腹泻）。③稳定性高，可长期贮存。④制备方法简单，生产所需原料易得，成本较低，又不引起环境污染。

酸中和力是抗酸药的首要质量属性，具体包括 3 项指标：①酸中和速度（以剂量抗酸药使胃酸 pH 提高至 3.0 所需时间衡量）；②酸中和能力（以单位质量抗酸药最终能中和的胃酸的量衡量）；③缓冲容量（以使胃酸的 pH 从 3.0 提高至 5.0 时剂量抗酸药的消耗量衡量）。

本实验测定所合成碱式碳酸镁铝产物的体外酸中和速度和酸中和能力，方法如下：

（1）在作为模拟胃酸的标准 HCl 溶液（$0.05mol \cdot L^{-1}$）中加入适量合成产物，搅拌，监测 20min 内溶液 pH 的变化，然后，加入定量适当过量的标准 HCl 溶液，继续搅拌反应 1h，用标准 NaOH 溶液返滴定至 pH3.5；

（2）以 20min 内溶液 pH 随时间的变化曲线表示酸中和速度，由 NaOH 溶液返滴定数据计算酸中和能力（以单位质量合成产物可中和模拟胃酸的体积表示，单位 $mL \cdot g^{-1}$）。

仪器、药品及材料

1. 仪器

台秤，X-射线衍射仪，红外光谱仪，研钵，不锈钢药勺，减压过滤装置，小蒸发皿，量筒，小试管，烧杯，烘箱等。

2. 药品

酸：HCl（$1.0mol \cdot L^{-1}$）。

碱：NaOH(s)，NaOH($0.10mol \cdot L^{-1}$)

盐：$Mg(NO_3)_2 \cdot 6H_2O(s)$，$Al(NO_3)_3 \cdot 9H_2O(s)$，$Na_2CO_3(s)$，NaCl（$1mol \cdot L^{-1}$）。

其他：$Al(OH)_3(s)$，MgO(s)。

3. 材料

精密 pH 试纸或 pH 计。

实验步骤

1. 碱式碳酸镁铝的室温固相反应法合成

首先，在研钵中加入 $0.25\,g\,Na_2CO_3$ 和 1.51 g NaOH，于室温下研磨并不时用不锈钢药勺翻动反应混合物 10min，接着，加入 $1.77\,g\,Al(NO_3)_3 \cdot 9H_2O$ 和 $3.63\,g\,Mg(NO_3)_2 \cdot 6H_2O$，继续于室温下研磨并不时用不锈钢药勺翻动反应混合物 1h，然后，加入少量水将反应生成物搅拌调制成可流动浆状物料，减压过滤，用水洗涤至母液 pH 稳定，抽干，滤饼移入小蒸发皿，置于 105℃烘箱烘干至恒重（或在蒸汽浴上搅拌干燥至恒重），得碱式碳酸镁铝产物。

2. 酸中和速度和酸中和能力测定

称取 0.50g 合成产物于 400mL 烧杯中，取量纯水 190mL，先加入少量使合成产物分散均匀后，再边搅拌边缓慢加入剩余纯水，然后，加入 10.0mL $1.0mol \cdot L^{-1}$HCl 溶液，搅匀，用精密 pH 试纸（或者 pH 计）测定溶液的 pH，并开始计时，继续搅拌，每隔 1min 测定溶液 pH，20min 后，加入 6.0mL $1.0mol \cdot L^{-1}$HCl 溶液，搅拌反应 1h，然后，逐滴滴加 $0.10\,moL \cdot L^{-1}$NaOH 溶液至 pH 为 3.5，记录所需 NaOH 溶液体积。

分别以 $0.39gAl(OH)_3$、0.30gMgO 代替 0.50g 合成产物，重复上述操作，以测定 $Al(OH)_3$ 和 MgO 的酸中和速度和酸中和能力。

实验结果处理

1. 分析合成产物的 X-射线衍射图谱，判断是否形成了目标产物。
2. 根据有关的实验结果，讨论碱式碳酸镁铝的抗酸作用。

预习思考题

1. 查阅文献回答：
（1）除碱式碳酸镁铝，还有什么无机物可用作抗胃酸药？
（2）与其他无机抗胃酸药相比，碱式碳酸镁铝有何优点和不足？
2. 碱式碳酸镁铝的理论酸中和能力为多少？

阅读材料：无机抗酸药——特性与适应证

1. 合成抗酸药

抗酸药是一些呈弱碱性的物质，用于中和过多的胃酸，以减轻胃酸对胃、十二指肠溃疡病灶的刺激作用。有些抗胃酸药并具有胶性吸附胃酸的效能，在溃疡面上形成一层保护膜，以减弱病理性冲动向中枢神经的传递，有利于高级神经机能活动的调节，从而促进病灶的痊愈。同时由于胃内酸度的降低，胃幽门的紧张度也减弱，可缓解因胃酸过多而致的幽门痉挛疼痛。抗胃酸药临床上主要用于胃酸过多症，胃、十二指肠溃疡。

理想的抗胃酸药应具有下列特点：①抗酸作用强、快速而持久；②药物分子中的阳离子不易被吸收，无碱中毒的顾虑；③与胃酸中和时不产生二氧化碳气体，无嗳气、腹胀，对于溃疡面无穿孔的危险，也不引起继发性胃酸增多；④可使胃内容物的酸性从 pH 1～2 提高到 pH 3.5～4.5，使胃液失去其腐蚀作用，胃蛋白酶的蛋白分解作用大大减弱，但对消化食物的作用并未完全抑制，对正常消化机能甚少干扰；⑤无便秘和腹泻副作用；⑥服用方便、价格便宜。

根据《中华人民共和国药典》（2020 年版）收载，三硅酸镁、氢氧化铝、氢氧化铝凝胶、氧化镁、碳酸氢钠、重质碳酸镁、铝酸铋、枸橼酸铋钾及碳酸钙等合成化合物可用作抗酸药。

但这些传统的含单一金属抗酸药存在以下问题：①铝、钙、铋盐连续服用会引起便秘，而镁盐会引起腹泻，一些铝、镁盐的复方制剂虽能将上述两种副作用相抵消，但它们的无定形结构，必然降低了其稳定性从而导致制酸力降低；②过量服用这些抗酸药会引起反弹导致胃酸分泌增多，乳酸综合征及代谢碱中毒，一些抗酸剂的含钠量还相当高，这明显不利于正在进行限钠饮食的患者；③硅酸盐有致癌及致肾结石的可能，长期服用铋制剂也可能引起可逆性脑病。

由于存在上述缺点，含单一金属的抗酸药一般难以长期维持其治疗效果而达到治愈目的。为此，为提高制酸效果并减少副作用，抗酸药已向铝碳酸镁、镁加铝、铝镁加等多金属盐转变。

碳酸氢钠：又名小苏打、重碳酸钠、酸性碳酸钠，为吸收性抗酸药，口服后能迅速中和胃酸，疗效确切，但维持时间短暂，很快在肠道被吸收而影响体液的酸碱平衡，常用于胃酸过多。

氢氧化铝：本品是一种历史悠久的制酸剂，有酸中和、吸着、局部止血和保护溃疡面等作用，作用缓慢而持久，但效力较弱，适用于胃酸过多、消化性溃疡。

三硅酸镁：抗酸作用较弱而慢，但持久，在胃内生成胶状的二氧化硅对溃疡面有保护作用，适用于胃酸过多症、嗳气，因起效缓慢，作用持续时间长，常与其他制酸药组成复方制剂使用，用于胃酸过多、胃食管反流病。

氧化镁：抗酸作用较碳酸氢钠强，缓慢而持久，不产生二氧化碳，与胃酸作用生成氯化镁，而镁离子可刺激肠道蠕动且具有轻泻作用，因此适用于伴有便秘的胃酸过多症。

碳酸钙：抗胃酸力和碳酸镁相仿，不及氧化镁，但较三硅酸镁略强，作用缓慢而持久，中和胃酸时也能产生少量二氧化碳气体，有产生便秘的缺点，有时也可能形成大肠下端阻塞，常与氧化镁合用或交替使用，可互相弥补便秘和腹泻的缺点，适用于胃酸过多症，胃、十二指肠溃疡。

铝碳酸镁：分子式为 $Al_2Mg_6(OH)_{16}CO_3 \cdot 4H_2O$，酸中和迅速、持久、反应率100%，酸中和作用不受胃蛋白酶的影响，因同时含铝、镁，可相互抵消便秘和腹泻副作用，主要用于治疗胃溃疡、十二指肠溃疡、胃酸过多及急性、慢性胃炎。

镁加铝：分子式为 $Al_5Mg_{10}(OH)_{31}(SO_4)_2 \cdot xH_2O$，作用迅速、温和、持久、反应率高，不仅能防止由于胃酸分泌增多（幽门结扎型）及外加酸型刺激物（盐酸）所致溃疡的发生，还能对非胃酸分泌刺激条件下溃疡的形成起抑制作用（ASA所致溃疡及无水乙醇所致溃疡）。

铝镁加：化学式为 $Al_2Mg_6(OH)_{14}(CO_3)_2 \cdot 4H_2O$，是一种中和作用迅速，中和能力强大，作用持久，无酸反弹现象，吸附胆酸，活性不随消化酶（特别是胃蛋白酶）作用而降低，不良反应小，安全性高的新型抗酸剂。此外，还能保护并促进黏膜修复，促进病变部位更快更好愈合。

2. 天然抗酸药

乌贼骨（海螵蛸、墨鱼骨）：内含磷酸钙、碳酸钙、胶质等，有抗胃酸、收敛、保护胃黏膜、止血作用，用于胃痛吐酸，胃、十二指肠溃疡。

煅牡蛎：具有重镇安神，平肝潜阳，收敛固涩，软坚散结，制酸止痛等功效。煅牡蛎制酸以除痛，为农村和基层所常用，适用于胃痛泛酸病症。

煅瓦楞：味咸、平，归肺、胃、肝经，具有消痰化瘀，软坚散结，制酸止痛等功效。用于顽痰积结、黏稠难咳、瘿瘤、瘰疬、癥瘕痞块，胃痛泛酸。

参考文献

[1] 段雪, 张法智, 等. 插层组装于功能材料. 北京: 化学工业出版社, 2007.

[2] 杜宝中, 王汝敏, 陈博. 室温固相法合成纳米 Mg-Al-CO₃ 层状双金属氢氧化物. 材料导报, 2009, 23(2): 77-79.

[3] 孙儒品. Z-0106 铝碳酸镁: 新一代抗酸药. 中国药学杂志, 1995, 30(2): 122-123.

[4] 刘天扬, 于新颖, 寻延滨, 等. 抗酸药关键质量属性表征与质量评价. 中国药品标准, 2017, 19(1): 13-15.

[5] 杨波, 王国清. 抗酸药研究进展. 沈阳药科大学学报, 2001, 18(2): 148-151.

[6] 施玉秋. 抗酸药的选用. 中国社区医师·医学专业半月刊, 2008, 10(7): 131-132.

[7] 王继岩, 陶可胜. 中和胃酸药物临床应用与分析. 中国社区医师·社区用药指导·消化, 2010, (19): 10.

实验54　过碳酸钠的合成与化学释氧

实验目的

1. 了解过碳酸钠的组成、性质和应用。
2. 学习并掌握用溶剂法合成过碳酸钠。
3. 学习并掌握过碳酸钠化学释氧的定性鉴定和定量测定。

实验原理

过碳酸钠又名过氧碳酸钠，为碳酸钠和过氧化氢的加成化合物，具有正交晶系层状结构，其分子式为 $2Na_2CO_3 \cdot 3H_2O_2$，分子量为 314.58，外观为白色、松散、流动性较好的颗粒状或粉末状固体。过碳酸钠易溶于水，溶解度随温度的升高而增大，10℃时在水中的溶解度为 $12.3g \cdot (100g\ H_2O)^{-1}$，30℃时为 $16.2g \cdot (100g\ H_2O)^{-1}$，浓度为 1%（重量）的过碳酸钠溶液在 20℃时的 pH 值为 10.5。过碳酸钠属热敏性物质，干燥的过碳酸钠在 120℃分解，但在遇水、遇热，尤其与重金属和有机物质混合时，极易分解生成碳酸钠、水和氧气。过碳酸钠因在水中易离解成碳酸钠和过氧化氢，而过氧化氢在碱性溶液可分解生成水和具有漂白作用的活性氧，因而显示强漂白性。

过碳酸钠已广泛用作合成洗涤剂的漂白助剂和纺织、造纸、医疗和食品等行业的漂白剂、消毒剂、杀菌剂、除味剂等。此外，过碳酸钠是一种新型的化学释氧剂，与其他传统化学释氧剂相比，具有活性氧含量较高、性能较稳定、贮存使用安全等特点，通过配合适当催化剂可以适宜速率平稳产生纯净氧气，作为医疗保健用氧的固体氧源，已被用于各种化学产氧器。

原理上，过碳酸钠可根据以下反应式合成

$$2Na_2CO_3 + 3H_2O_2 \longrightarrow 2Na_2CO_3 \cdot 3H_2O_2$$

由于过碳酸钠在高温下容易分解，因此反应必须在低温下进行。

文献报道的过碳酸钠合成方法很多，可分为湿法和干法两类，不同的方法可以制得不同形态和规格的过碳酸钠产品。本实验选用便于在实验室条件下实施又可获得较高质量产品的溶剂法合成过碳酸钠。

溶剂法又名醇析法，是一种湿法方法，其基本过程为：将配制好的饱和碳酸钠溶液加入反应器，然后加入有机溶剂异丙醇或乙醇，并加入可溶性镁盐和硅酸钠作稳定剂，再加入过氧化氢，在 0～5℃条件下进行反应，生成的过碳酸钠经分离、洗涤、甩干、干燥得成品。

过碳酸钠溶于水可分解释放氧气

$$2Na_2CO_3 \cdot 3H_2O_2 \longrightarrow 2Na_2CO_3 \cdot H_2O + H_2O + 1.5O_2 \uparrow$$

实验表明，过碳酸钠的实际释氧量（在常温常压下，每克过碳酸钠可释放的氧气的体积）可采用一种简便的方法，即催化分解量气法测量：在密闭容器中进行 MnO_2 催化过碳酸钠溶液分解反应，并测量所生成 O_2 的体积，据此计算释氧量。实验装置如图 54-1 所示。

采用如图 54-1 所示的实验装置，可以测量由反应产生的含饱和水蒸气的 O_2 在室温（T）和大气压（p）下的体积（V），因此，过碳酸钠的释氧量（S）可按下式计算

$$S = \frac{V_0(O_2)}{m} = \frac{[p - p(H_2O)]V}{mRT} \times 22.4$$

图 54-1　过碳酸钠活性氧
含量测定实验装置

1—量筒；2—吸量管；3—胶管；
4—止水夹；5—小试管

式中，m 为过碳酸钠的质量；$p(H_2O)$ 为室温下水的饱和蒸气压；$V_0(O_2)$ 为所释放的氧气在常温常压下的体积。

仪器与药品

1．仪器

台秤，分析天平，小烧杯（100mL），减压过滤装置，小蒸发皿，烘箱，量筒（100mL），吸量管（10mL），医用乳胶管，止水夹，小试管等。

2．药品

盐：$Na_2CO_3(s)$，$MgSO_4(s)$，$Na_2SiO_3 \cdot 9H_2O(s)$。

其他：H_2O_2（30%），乙醇（95%），$MnO_2(s)$，冰。

实验步骤

1．过碳酸钠的合成

称取 2.0g $Na_2CO_3(s)$ 于小烧杯中，加适量水将其配制成饱和溶液，依次加入 45mg $MgSO_4(s)$ 和 50mg $Na_2SiO_3 \cdot 9H_2O(s)$，搅拌使其溶解，接着，加入 11mL 乙醇，搅匀，再加入 30mL 30% H_2O_2 溶液，搅匀，然后将盛反应混合物的小烧杯置于冰-水浴中，搅拌反应 30min，反应生成物用减压过滤装置抽滤，并用 95%乙醇洗涤 2～3 次，所得滤饼移入小蒸发皿，置于 105℃ 烘箱烘干至恒重，即得过碳酸钠产品。

2．过碳酸钠化学释氧试验

（1）定性鉴定

氧气具有助燃性，能使带火星的木条复燃，因此可用带火星的木条鉴别氧气。

（2）定量测定

① 用分析天平分别称取 0.07～0.08g 过碳酸钠产品和约 2mg MnO_2。

② 将吸量管放进盛有约 100mL 水的量筒中，用胶管将吸量管与小试管连接，然后将吸量管提起一段距离后固定。如果吸量管中水面只在开始时稍有下降，以后维持不变（观察 3～5min），即表明装置不漏气；如果水面不断下降，应检查原因并排除，直至确认不漏气为止。

③ 取下小试管和胶管，在小试管中加入 10～15 滴纯水和已称量好的过碳酸钠产品，摇荡使其溶解，在小试管上套上胶管并在胶管上套上止水夹，然后从胶管的另一端放入已称量好的 MnO_2，小心套上吸量管，调节吸量管的高度，使吸量管和量筒内的水面持平，获取吸量管内水面的读数。

④ 松开胶管上的止水夹并将其夹在小试管口上，让 MnO_2 落入小试管的过碳酸钠溶液中。这时，反应随即开始，吸量管内水面开始下降。为避免因吸量管内压力增大而造成漏气，在水面下降的同时应慢慢提起吸量管，使吸量管和量筒内的水面基本保持持平。

⑤ 反应完毕，待小试管中溶液冷却至室温，将止水夹夹回胶管原位，调节吸量管和量筒内的水面持平，读取吸量管内水面的读数。

实验结果记录及处理

1．记录过碳酸钠产品质量并计算产率[以 $Na_2CO_3(s)$ 为基准]。

2．记录释氧量测定实验的有关条件和结果，计算所合成过碳酸钠产品的释氧量。

预习思考题

1. 将 2.0g $Na_2CO_3(s)$ 配制成饱和溶液需要多少水（mL）？
2. 过碳酸钠的理论释氧量为多少？
3. 若实验装置漏气，将使释氧量产生怎样的误差？

 阅读材料：化学产氧剂及其应用

氧气在医疗方面的重要性早已为人们所认识，但长期以来氧气主要依靠空气深冷法制得。这种方法适合于工业化生产，成本低，但生产出的氧气只能充入高压钢瓶供人们使用，不便于在边远地区及某些特殊环境下使用。为此，人们采用各种途径研制小型移动式或便携式产氧装置。如分子筛法制氧、电解法制氧、磁法制氧、膜分离法制氧、生物法制氧及化学法制氧等。其中尤以化学法研究最多，发展也较快。

化学制氧方法很多，主要包括氯酸盐氧烛制氧，超氧化物制氧及过碳酸钠制氧等。以这些方法为基础研制出的产氧器已在煤矿、军事、航空航天以及日常的急救保健等方面得到广泛应用。

1．氯酸盐氧烛制氧

氯酸盐氧烛是在氯酸钠（$NaClO_3$）或氯酸钾（$KClO_3$）中加入燃料、抑氯剂、黏结剂等添加剂，铸成圆柱形，使用时将其引燃，释放出氧气，故称氧烛。

$$2NaClO_3 \xrightarrow{\triangle} 2NaCl+3O_2+Q$$

由于氯酸盐氧烛产氧迅速、设备体积小、重量轻、使用维护简单、氧烛贮存期长（15～30 年）、产氧量大、因此已被广泛用于航空、航海、野战供氧及民用等。

2．超氧化物制氧

超氧化物主要指超氧化钾（KO_2）、超氧化钠（NaO_2）及超氧化钙（CaO_4）等化学物质。目前国内外采用最多的是超氧化钾。其产氧装置主要用于矿井事故中急救、登山吸氧、潜艇及飞机供氧，同时可用作 CO_2 吸收剂。第二次世界大战期间就已用于军事，作成隔绝式防毒面具，用于核武器和化学战剂的个人防护。

超氧化物产氧的原理是利用人体呼出的 CO_2 和水蒸气与其反应释放出氧气，供人吸入。以 KO_2 为例，其化学反应式如下：

$$4KO_2+2H_2O \xrightarrow{\triangle} 4KOH+3O_2+Q$$
$$2KOH+CO_2 \longrightarrow K_2CO_3+H_2O+Q$$

超氧化物产氧及其装置的研究已有比较久的历史，但目前仍然处于研究发展阶段。

3．过碳酸钠制氧

过碳酸钠产氧技术是 80 年代开始研究的一种新的产氧方法，具有装置简单、操作方便、体积小、便于携带、安全可靠等优点，刚一出现就受到人们的青睐。

过碳酸钠是碳酸钠和过氧化氢的复合物，在催化剂的作用下，于水中发生分解反应，生成碳酸钠和水，同时放出氧气。

$$2Na_2CO_3 \cdot 3H_2O_2 \longrightarrow 2Na_2CO_3+3H_2O+1.5O_2\uparrow$$

与氯酸盐氧烛和超氧化物比较，过碳酸钠产气反应比较平缓，使用比较安全，为化学产氧装置向小型化发展提供了比较好的途径。近年来这方面报道比较多，作为军民兼用的产氧技术有比较好的发展前景。

参考文献

[1] 王香爱, 陈养民. 过碳酸钠的合成与应用. 纯碱工业, 2006, (4): 7-9.

[2] 张小林, 李鸣, 曹春阳. 过碳酸钠的制备及其活性氧含量分析测定方法研究. 南昌大学学报(工科版), 1998, 20(2): 44-47.

[3] 苏建勇. 化学产氧剂及其装置的研究现状. 医疗卫生装备, 1995, (3): 16-19.

实验 55　载银 4A 沸石的制备与抗菌作用

实验目的

1. 了解无机抗菌剂及其应用。
2. 学习并掌握载银 4A 沸石的制备原理与方法。
3. 认识载银 4A 沸石的抗菌作用。

实验原理

所谓抗菌，一般是指包括灭菌、杀菌、抑菌、防霉、消毒等的广义名称。我们知道细菌在适宜的条件下（温度、水分和养分等），会以惊人的速度繁殖，但是如果使用一些抗菌方法，则可以达到抑菌（较初期菌数不变）、杀菌（较初期菌数减少）和灭菌（菌数降为零）的目的。我们在日常生活中使用的各种抑制细菌增长的技术手段有：①降低环境温度（冰箱及冷冻食品）；②减少水分（干燥食品）；③调节渗透压（盐糖等腌制品）；④限制氧气供应（罐头、真空包装）；⑤控制 pH 值（酸菜）；⑥使用抗菌剂。其中，使用抗菌剂，特别是无机抗菌剂的抗菌技术近年来快速发展，显示出广泛的应用前景。

抗菌剂是指能够在一定时间内，使某些微生物（细菌、真菌、酵母菌、藻类及病毒等）的生长或繁殖保持在必要水平以下的化学物质。根据化学成分的不同，抗菌剂可以分为天然抗菌剂、有机抗菌剂和无机抗菌剂三大类。三类抗菌剂特性比较参见表 55-1。

表 55-1　天然、有机及无机抗菌剂的特性对比

特性	天然抗菌剂	有机抗菌剂	无机抗菌剂
抗菌能力	较强	强	较强
抗菌范围	宽	较宽	较宽
持续性	极短	短	长
耐热耐光性	耐热性差	耐热低于 300℃, 不耐光	耐热高于 800℃, 耐光
耐药性	对化学药品不稳定	对化学药品较稳定	对化学药品稳定
气味、颜色	有味、变色	有味、变色	无味、不变色
污染性	无污染	略有污染	无污染
安全性	好	差	好
价格	较低	较低	较高

　　虽然无机抗菌剂存在一些不足之处，但因其在缓释长效性、耐热性、安全性、广谱性和可加工性等方面较天然、有机抗菌剂有明显优势，因此，无机抗菌剂已成为目前抗菌材料及技术中研究应用最多的一类抗菌剂。

　　目前，无机抗菌剂有金属离子抗菌型和光催化抗菌型两大类。金属负载 4A 沸石抗菌剂属金属离子抗菌型无机抗菌剂，主要由 Ag^+、Cu^{2+}、Zn^{2+} 取代 4A 沸石结构中的 Na^+ 形成。

　　4A 沸石具有立方晶系晶体结构，初级结构单元为 SiO_4 和 AlO_4 四面体，晶胞组成为 $Na_{12}[(AlO_2)_{12} \cdot (SiO_2)_{12}] \cdot 27H_2O$，具体结构可见实验。

　　在 4A 沸石晶胞中，SiO_4 和 AlO_4 四面体交替相连形成 β 笼，8 个位于立方晶胞顶点的 β 笼彼此通过双四元环连接构成 LTA 型骨架结构并在中心围成一个 α 笼，α 笼通过三维八元环孔道联通，八元环孔道的有效孔径为 4.1Å（4A 沸石因此而得名）。在 4A 沸石中，由 SiO_4 和 AlO_4 四面体组成的三维骨架状结构带负电荷（SiO_4 四面体中性，AlO_4 四面体带一个负电荷），为保持电中性，空穴中存在一定数目 Na^+。这些起平衡电荷作用的 Na^+ 与骨架的作用力较弱，可被其他阳离子交换。

　　本实验通过在水溶液中由 4A 沸石（组成、结构见实验）与水溶性银盐进行离子交换制备载银 4A 沸石。

　　按 HG/T 3794—2005《无机抗菌剂性能及评价》规定，无机抗菌剂应具有对大肠杆菌 *Escherichia coli* 8099 或 ATCC11229，以及对金黄色葡萄球菌 *Staphytoroccuaaureus* ATCC6538 的最小抑菌浓度（MIC）均小于 $800\text{mg} \cdot \text{L}^{-1}$ 的抗菌性能，最小抑菌浓度按照中华人民共和国卫生部《消毒技术规范》(2002 年版)2.1.8.3 最小抑菌浓度测定试验（琼脂稀释法）测试。

　　测试 MIC 的方法原理为：将不同浓度的抑菌剂混合溶解在琼脂培养基中，然后点种细菌，观测细菌的生长繁殖情况，确定抗菌物质能完全抑制受试菌生长繁殖的最低浓度，即为 MIC。

　　本实验通过测试所制备载银 4A 沸石对大肠杆菌 8099 的 MIC 评价其抗菌性能。

仪器、药品及材料

1. 仪器

　　台秤，分析天平，研钵，不锈钢药勺，恒温加热搅拌装置，减压过滤装置，小烧杯，小蒸发皿，烘箱，平皿，小锥形瓶，量筒，加样器，漩涡振荡器，培养箱等。

2. 药品

　　酸：HCl（$0.05\text{mol} \cdot \text{L}^{-1}$），$HNO_3$（$1.0\text{mol} \cdot \text{L}^{-1}$）。

　　盐：4A 沸石，$AgNO_3$（$0.1\text{mol} \cdot \text{L}^{-1}$），pH7.2 磷酸盐缓冲溶液。

　　其他：水解酪蛋白琼脂培养基（MH），大肠杆菌 8099。

3. 材料

广泛 pH 试纸。

1. 载银 4A 沸石的制备

称取 2.0g 4A 沸石于 50mL 小烧杯中，加入 20mL 0.1mol·L^{-1} AgNO$_3$ 溶液，搅匀，用 1.0mol·L^{-1} HNO$_3$ 调整溶液的 pH 为 6～8，约 50℃搅拌反应 1.5h。反应生成物用减压过滤装置过滤、沉淀用纯水洗涤至母液无 Ag$^+$（用 0.05mol·L^{-1} HCl 检验），抽干，滤饼移入小蒸发皿，置于 105℃烘箱烘干至恒重（或在蒸汽浴上翻炒干燥至恒重），得载银 4A 沸石产物。

2. 载银 4A 沸石抗菌作用试验

① 76g·L^{-1} 琼脂培养基配制　将 7.6g 水解酪蛋白琼脂培养基（MH）和 100mL 纯水混合，搅拌加热至沸腾使其溶解，然后 121℃高压灭菌 15min，置 45～50℃水浴备用。

② 抗菌剂试验悬液配制　以无菌操作将 1.0g（经研磨）抗菌剂与 19mL 已灭菌的 pH7.2 磷酸缓冲溶液混合，充分摇荡，使其均匀分散形成 5%抗菌剂悬液，然后，取 10mL 5%抗菌剂悬液用 pH7.2 磷酸缓冲溶液对倍稀释配成 2.5%抗菌剂悬液，如此，通过对倍稀释配制系列抗菌剂试验悬液，将其置 45～50℃水浴恒温备用。

③ 含抗菌剂琼脂培养基配制　先将在 45～50℃水浴中保温的 10mL 抗菌悬液加入平皿中，然后，边摇晃平皿边加入琼脂培养基 10mL，使抗菌剂悬液和培养基充分混匀，降温凝固备用。

④ 对照琼脂培养基配制　先将经 121℃高压灭菌 15min 并在 45～50℃水浴中保温的 10mL 磷酸缓冲溶液加入平皿中，然后，边摇晃平皿边加入 10mL 琼脂培养基，使培养基充分混匀溶解，降温凝固备用。

⑤ 用加样器取 1～2μL（含菌量约为 10^{7}CFU/mL）大肠杆菌 8099 悬液点种于含抗菌剂琼脂培养基，接种后所形成的菌液圈直径 5～8mm（每个点菌量约为 10^{4}CFU）。

⑥ 以同样方法接种对照琼脂培养基，作为阳性对照。

⑦ 将接种后的平皿放置于 35℃培养箱中，倒置培养 18～24h，观察结果（为了保证平皿受热均匀，培养时平皿堆放不得超过 4 个）。

根据有关的实验结果，讨论载银 4A 沸石的抗菌作用。

1. 理论上，要与 4A 沸石发生完全离子交换生成载银 4A 沸石，需 0.1mol·L^{-1} AgNO$_3$ 溶液多少（mL）？

2. 查阅有关文献，回答以下问题：

（1）除 Ag$^+$，还有哪些金属离子具有抗菌作用？为什么含银抗菌剂是应用最广泛的无机抗菌剂？

（2）无机抗菌剂有哪些主要应用？

阅读材料：无机抗菌剂的抗菌机理与应用

1. 无机抗菌剂

按抗菌机理的不同，目前无机抗菌剂可分为金属离子抗菌型和光催化抗菌型两大类。

（1）金属离子抗菌型无机抗菌剂

金属离子抗菌型无机抗菌剂主要是利用 Ag^+、Cu^{2+}、Zn^{2+} 等金属离子金属的抗菌能力，通过物理吸附、离子交换和多层包覆等技术手段，将 Ag^+、Cu^{2+}、Zn^{2+} 等金属离子单一或复合负载于沸石、硅胶、磷盐等多孔或层状晶体材料中，再通过一定加工工艺而制成的抗菌剂。

在化学元素中，汞、铅、氟等金属也具有抗菌能力，但因其对人体有害而不被采用。铜、钴、镍等离子带有颜色，会影响产品的美观。锌有一定的抗菌性，但其抗菌强度仅为银离子的千分之一，因此，目前银系抗菌剂在无机抗菌剂中应用最广。

无机抗菌剂的抗菌机理因抗菌元素和载体材料的不同而异。含银抗菌剂属接触反应抗菌机理，当微量的银离子到达微生物细胞时，因后者带负电荷，依靠库仑引力使两者牢固结合，进而破坏其电解质平衡，导致微生物由于细胞壁受损而被杀灭。另一种观点认为，银离子穿透细胞壁进入细胞内部并与 S-H 基反应，使蛋白质凝固，破坏细胞合成酶的活性，细胞丧失分裂增殖能力而达到抗菌的作用。此外，由于银离子的催化作用，将空气和水中溶解的氧变成了活性氧，它能损坏细胞表面结构从而达到抗菌作用。

（2）光催化抗菌型无机抗菌剂

TiO_2、ZnO、WO_3、Fe_2O_3、$\gamma\text{-}Al_2O_3$、CdS、$CdSe$、$SrTiO_3$ 等半导体无机物，它们能吸收能量高于其禁带宽度的短波光辐射，产生电子跃迁及相应的空穴，并将能量传递给周围的介质，诱发光化学反应，具有光催化能力。其中，可作为光催化抗菌型抗菌剂的主要是锐钛矿型 TiO_2。当受含紫外线的光照射时，锐钛矿型 TiO_2 晶体表面产生电子及空穴，它们与水及氧反应的产物是 O_2^- 及 $\cdot OH$。前者是强还原剂，后者具有几乎能使全部有机物分解的氧化性，可用于杀菌、除臭、防霉及消毒，比常用的氯、次氯酸、H_2O_2 等效力更大。

作为光催化抗菌型抗菌剂，锐钛矿型 TiO_2 的主要特征是：

① 只要有微弱的紫外光照射，例如荧光灯、阴天的阳光、灭菌灯等，就可激发反应。但是催化剂必须露出载体表面。

② 仅起催化作用，自身不消耗，理论上可永久性使用，对环境无二次污染。

③ $\cdot OH$ 具有高于有机化合物中各类化学键能的反应能，因此，可将各种有机物分解为无害的 CO_2 及 H_2O。它既能杀灭微生物，也能分解微生物赖以生存繁衍的有机营养物，达到抗菌目的。

④ 对人安全无害，作为化妆品、牙膏填料、食品添加剂已获广泛应用。

2. 无机抗菌剂的应用

目前抗菌材料的应用领域越来越广泛，从日常穿用的纤维服装，到居家常用的家用电器、卫生陶瓷制品、塑料薄膜以及建筑用的钢板、涂料等，都已经或正在逐步采用抗菌材料。

（1）抗菌纤维

在抗菌产品中，内衣、鞋袜、手术服、老年人及儿童服装等纤维制品的加工十分引人注目。纤维抗菌加工的方法分为两种：填充型和后加工型。填充型是将抗菌剂与各种合成纤维共混纺丝成纤维。由于抗菌剂被混入纤维内部因而这种方法得到的抗菌纤维的耐洗涤性好，即抗菌效果持续时间长。后加工型是在纤维后加工过程中将抗菌剂通过化合键或氢键结合在纤维表面，而纤维内部没有抗菌剂。这种抗菌纤维只在短时间体现出抗菌性，耐洗涤性较差。

（2）抗菌塑料

在日常生活中存在着多种多样的塑料制品：如厨房用具、卫生间设施、垃圾箱、家用电器的塑料外壳、壁纸、食品包装袋等。由于温度、湿度合适，非常容易感染细菌，因此对此类材料进行抗菌加工是极其必要的。用于塑料制品的抗菌剂主要是含银无机抗菌剂和有机抗菌剂。与抗菌纤维一样，塑料制品的抗菌加工也有填充型和后加工型两种，所得产品的优缺点也是类似的。

（3）抗菌涂料

居住环境中使用抗菌涂料，也是一个行之有效的抵抗感染和杀灭细菌的办法。为使涂层中的抗菌剂发挥作用，接触杀菌是必要条件，而且涂层表面的抗菌剂对涂料的色泽不应有太大的影响。另外，抗菌剂在涂层表面的均匀分散程度也直接影响着抗菌效果的优劣。

（4）抗菌卫生陶器

由于盥洗室、卫生间等场合一般比较潮湿，很容易滋生细菌，因此开发"卫生"陶瓷是很有必要的。陶瓷的烧结温度非常高（一般在 1100～1300℃），故必须使用耐高温无机抗菌剂。

参考文献

[1] 蔡晓峰. 无机抗菌剂及其应用. 陶瓷科学与艺术, 2004, (2): 40-44.

[2] 王小健, 乔学亮, 陈建国, 等. 无机抗菌剂的研究现状及发展趋势. 陶瓷学报, 2003, 24(4): 239-244.

[3] 侯文生, 魏丽乔, 戴晋明, 等. 载银4A沸石抗菌剂的制备及其抗菌性能的研究. 无机材料学报, 2005, 20(4): 907-913.

12

第十二部分

在生物工程中的应用

实验 56　金属离子对酶活性的调节作用

实验目的

了解并通过实验认识金属离子对酶活性的调节作用。

实验原理

磷酸（酯）酶是一类能催化磷酸酯水解的酶。按最适 pH 条件，磷酸（酯）酶可分为酸性磷酸（酯）酶和碱性磷酸（酯）酶两类，酸性磷酸（酯）酶的最适 pH 为 5～6，碱性磷酸（酯）酶的最适 pH 为 8～10。

酸性磷酸（酯）酶（acid phospoatase，ACP）广泛分布于动、植物中，尤以植物种子、霉菌、肝脏和人体前列腺中含量较高。它对生物体核苷酸、磷蛋白和磷脂的代谢，骨的生成和磷酸的利用，都起着重要作用。磷酸酶是一种能够将对应底物去磷酸化的酶，通过水解磷酸单酯将底物分子上的磷酸基团除去，并生成磷酸根离子和自由的羟基。磷酸酶的作用与激酶的作用正相反，激酶是磷酸化酶，可以利用能量分子，如 ATP，将磷酸基团加到对应底物分子上。

本实验选用绿豆芽作材料，从中提取酸性磷酸酯酶，并以对硝基苯磷酸酯（pNPP）作底物测试其酶活性。在酸性条件下，酸性磷酸酯酶可催化对硝基苯磷酸酯水解生成对硝基苯酚和磷酸。经碱化，对硝基苯酚转化为对硝基酚盐离子，它在 405nm 处光吸收强烈，而底物没有这种特性。因此，可通过分光光度法测定评价酸性磷酸酯酶的活性。

能提高酶活性的物质统称为酶的激活剂，而能降低酶活性的物质统称为酶的抑制剂。不同的金属离子和无机阴离子对酶活性有不同的影响，有的是激活剂，有的为抑制剂，而有的影响不明显。例如，钾离子是酸性磷酸酯酶的激活剂，它可在酶与底物之间起桥梁作用，形成酶-金属离子-底物三元复合物，从而有利于底物与酶的活性中心部位的结合；铜离子对酸性磷酸酯酶的活性具有抑制作用；而氯离子和钠离子对酸性磷酸酯酶的活性没有什么影响。因此，可用金属离子和无机阴离子调控酶的活性。

本实验测试 Na^+、K^+、Ca^{2+}、Mg^{2+}、Fe^{2+}、Mn^{2+}、Cu^{2+}、Zn^{2+}对绿豆芽酸性磷酸酯酶的活性的调控作用。

仪器、药品及材料

1．仪器

分光光度计、比色皿、离心机、恒温水浴、研钵、量筒、培养皿。

2．药品

碱：NaOH（$0.5mol \cdot L^{-1}$）。

盐：NaCl（$10mmol \cdot L^{-1}$）、KCl（$10mmol \cdot L^{-1}$）、$CaCl_2$（$10mmol \cdot L^{-1}$）、$MgCl_2$（$10mmol \cdot L^{-1}$）、$FeCl_2$（$10mmol \cdot L^{-1}$）、$MnCl_2$（$10mmol \cdot L^{-1}$）、$CuCl_2$（$10mmol \cdot L^{-1}$）、$ZnCl_2$（$10mmol \cdot L^{-1}$）。

其他：对硝基苯磷酸二钠(pNPP)（$1.2mmol \cdot L^{-1}$）、pH=5.0 HAc-NaAc 缓冲溶液。

3．材料

绿豆芽，纱布

实验步骤

1．ACP 液的制取

戴上手套，将绿豆芽掐去根和叶得绿豆芽茎，称取 50g 的绿豆芽茎，用研钵研磨成浆，室温静置 0.5h，在培养皿中用双层纱布挤滤，得到绿豆芽汁，然后，用离心机于 $3000r \cdot min^{-1}$ 条件下离心绿豆芽汁 10min，所得上层清液即为 ACP 液。

2．金属离子对 ACP 活性影响测试

（1）ACP/pNPP 混合液配制

在小烧杯中加入 $1.0mL1.2mmol \cdot L^{-1}$ pNPP 溶液、4.0mL pH=5HAc-NaAc 缓冲溶液、3.0mL $0.3mol \cdot L^{-1}$ NaOH 溶液和 1.0mL 纯水，摇匀，加入 1.0mL ACP 液，摇匀。

（2）ACP 催化 pNPP 水解与反应产物溶液吸光度测定

在小烧杯中加入 4.0mL pH=5HAc-NaAc 缓冲溶液、1.0mL ACP 液和 1.0mL 纯水，摇匀，置于 37℃恒温水浴加热 5min，加入 1.0mL $1.2mmol \cdot L^{-1}$ pNPP 溶液，摇匀，返回 37℃恒温水浴反应 10min，加入 3.0mL $0.3mol \cdot L^{-1}$ NaOH 溶液终止反应，用分光光度计并以 ACP/pNPP 混合液为参比溶液测定反应产物溶液在 405nm 处的吸光度 A(ACP-pNPP)。

（3）金属离子改性 ACP 催化 pNPP 水解与反应产物溶液吸光度测定

在小烧杯中加入 4.0mL pH=5HAc-NaAc 缓冲溶液、1.0mL ACP 液和 1.0mL $10mmol \cdot L^{-1}$ 金属盐溶液，摇匀，置于 37℃恒温水浴反应 30min，加入 1.0mL $1.2mmol \cdot L^{-1}$ pNPP 溶液，摇匀，返回 37℃恒温水浴反应 10min，加入 3.0mL $0.3mol \cdot L^{-1}$ NaOH 溶液终止反应，用分光

光度计并以 ACP/pNPP 混合液为参比溶液测定反应产物溶液在 405nm 处的吸光度 A（M-ACP-pNPP）。

实验结果记录及处理

1. 记录 A(ACP-pNPP)和不同金属离子的 A(M-ACP-pNPP)。
2. 按下列公式计算金属离子对酸性磷酸酯酶活性的影响因子 f(M)

$$f(M)/\% = \frac{A(M-ACP-pNPP) - A(ACP-pNPP)}{A(ACP-pNPP)} \times 100$$

3. 讨论不同金属离子对酸性磷酸酯酶活性的调控作用。

预习思考题

1. 吸光度 A 的定义和意义是什么？
2. 在生命体系中，酶的作用是什么？具有什么特性？
3. 为什么金属离子会对酶的活性产生影响？

阅读材料：金属离子与生命活动

金属离子是生命活动不可缺少的重要组成部分，缺少了它们，生命活动也就停止了。

1. 酶是生命的基础

酶是一种有着三维立体结构的蛋白质，生物体中有许多种酶，这些酶全部起着催化剂的功能。

酶有蛋白质的主体结构还不算完整的酶，这时还不具活性和催化的功能,还需要金属离子激活或参与到酶的主体结构中,成为具有活性(功能)的酶，才能保证完成各种专一的催化作用。

2. 金属离子是酶的组成部分

酶活性常取决于金属离子的存在。金属离子作为酶本身的一个组分，或与蛋白中某些基团、或与某些辅基牢固地结合在一起。牛奶的黄嘌呤氧化酶和肝的醛氧化酶,它们都是含钼的黄素蛋白，如果设法用透析法除去钼，这些酶就失去使细胞素 c 还原的能力；在鸟类的肝黄嘌呤氧化酶中，每个黄素基团含有 8 个原子铁；铁原子移去，此酶会失去活性不能发挥功能。α-淀粉酶中的钙离子（Ca^{2+}）、谷氨酸脱氢酶中的锌离子（Zn^{2+}）、超氧化物歧化酶分子中的铜离子（Cu^{2+}）等，若设法除去这些酶分子中所含的金属离子，这些酶就会丧失催化活性。如果重新加入原有的金属离子，酶的催化活性可以恢复或者部分恢复。金属离子还具有络合作用，易使底物固定在酶分子上，保证酶的催化作用的发挥，完成生物体内生命活动的每一个过程。

3. 酶的金属离子激活剂

金属离子能激活酶，使酶的活性增强,有的可增强几百倍之多。被研究较多的金属离子有 Na^+、K^+、Rb^+、Cs^+、Mg^{2+}、Ca^{2+}、Zn^{2+}、Cd^{2+}、Cr^{3+}、Cu^{2+}、Mn^{2+}、Fe^{2+}、Co^{2+}、Ni^{2+}、Al^{3+} 以及 NH_4^+。有的是两种离子结合在一起能激活一种酶。这些金属的原子序数均在 11 和 55 之间，而大多数在 19 和 30 之间。没有一个金属的原子序数大于 55 而本身具有激活作用的。

激活剂浓度低时，则反应速度与激活剂浓度成一级反应速度关系，而激活剂浓度高时，酶被极大地激活，此时反应速度与激活剂无关，有的酶在激活剂浓度超过一定量时反而成抑制剂。

4. 重金属的中毒

某些物质如氰化物和 H_2S，能与金属形成稳定的络合物而使重金属离子失去活性。细胞色素氧化酶系统包含有铁离子参与的催化作用，铁离子一旦被络合，该酶的活性不能表现出来。因此，氰化物和 H_2S 类的物质是多种细胞呼吸的强烈抑制剂，常将此称之为呼吸毒物。它们能抑制很多含铁和铜离子的酶催化作用。其他抑制剂是叠氮化合物和一氧化碳。

这些抑制剂甚至与底物中的羰基相结合，还可作为还原剂使酶中必需的二硫键裂解。一氧化碳仅抑制含有铁或铜的酶，特别抑制那些与氧直接作用的酶，它与氧竞争而与还原形式的酶相结合，这与氰化物的抑制相反。

5. 人对金属离子的特殊需求

目前已知人必需的微量元素有 14 种即 Fe、Zn、Cu、Mn、Ni、Co、Mo、Se、Cr、I、F、Sn、V 和 Si。尽管这些金属离子不提供能量，但缺乏将引起机体生化紊乱，生理异常，结构变化，导致疾病。经研究确认这些金属离子在人体中参与三方面生理功能：①作为某些酶、维生素和激素的活性因子；②参与氧的贮存和电子传递；③参与遗传和自由基的调节。由此可见金属离子与人的生命活动是密不可分的，维持正常的生命活动必须有金属离子参加。

随着生命科学的研究深入，发现生命活动的本质是复杂的化学反应过程，这些反应每一步也离不开酶的催化作用。生命体的病变也是某一种或几种、几十种反应不能正常进行，这可能就是酶的缘故。药物治疗的过程多数是平衡和恢复酶的催化过程，或是激活或是抑制某种酶的活性，以达到体内代谢平衡，使生命活动连续正常进行。

参考文献

[1] 陈润政. 种子中酸性磷酸酶活性的测定. 种子, 1986, (4): 79, 53.

[2] 高亚朋, 苏茉, 梁建荣, 等. 绿豆酸性磷酸酶的分离纯化和部分性质研究. 中国粮油学报, 2011, 26(5): 92-96.

[3] 郭德威, 樊春梅, 于海滨, 等. 若干无机阴离子对酸性磷酸酯酶活性的影响. 化学工业与工程, 1994, (1): 27-29.

[4] 胡常英, 马清河, 刘丽娜. 金属离子与生命活动. 生物学通报, 2005, 40(8): 6-7.

附 录

附录一 常见离子的鉴定方法

1. 常见阳离子的鉴定方法

（1）Na^+

① Na^+与醋酸铀酰锌$[Zn(Ac)_2 \cdot UO_2(Ac)_2]$在中性或醋酸介质中反应，生成淡黄色结晶状醋酸铀酰锌钠沉淀

$$Na^+ + Zn^{2+} + UO_2^{2+} + Ac^- + HAc + H_2O \longrightarrow NaAc \cdot Zn(Ac)_2 \cdot 3UO_2(Ac)_2 \cdot 9H_2O \downarrow + H^+$$

在碱性介质中，$UO_2(Ac)_2$可生成$(NH_4)_2U_2O_7$或$K_2U_2O_7$沉淀，在强酸性介质中结晶状醋酸铀酰锌钠沉淀的溶解度增加。因此鉴定反应必须在中性或微酸性溶液中进行。

实验步骤：取 1 滴试液于试管中，加氨水（6.0mol·L^{-1}）中和至碱性，再加 HAc 溶液（6.0mol·L^{-1}）酸化，然后加 1 滴 EDTA 溶液（饱和）和 2~3 滴醋酸铀酰锌，充分摇荡，放置片刻，若有淡黄色晶状沉淀生成，表示有 Na^+存在。

② Na^+在弱碱性溶液中与$K[Sb(OH)_6]$饱和溶液生成白色晶状沉淀。

（2）K^+

① K^+与 $Na_3[Co(NO_2)_6]$（俗称钴亚硝酸钠）在中性或稀醋酸介质中反应，生成亮黄色$K_2Na[Co(NO_2)_6]$沉淀

$$Na^+ + K^+ + [Co(NO_2)_6]^{3-} \longrightarrow K_2Na[Co(NO_2)_6] \downarrow$$

强酸或强碱均能使试剂分解，妨碍鉴定，因此，在鉴定时必须使溶液呈中性或微酸性。

NH_4^+ 也能与试剂反应生成橙色$(NH_4)_3[Co(NO_2)_6]$沉淀干扰鉴定。为此，可在水浴上加热 2min，使橙色沉淀完全分解

$$NO_2^- + NH_4^+ \longrightarrow N_2 \uparrow + H_2O$$

加热时，黄色的 $K_2Na[Co(NO_2)_6]$无变化，以消除铵离子的干扰。

② K^+与四苯硼钠（$Na[B(C_6H_5)_4]$）反应生成白色沉淀

$$K^+ + [B(C_6H_5)_4]^- \longrightarrow K[B(C_6H_5)_4] \downarrow$$

反应需在碱性、中性或稀酸溶液中进行。

NH_4^+ 与试剂有类似反应，需事先转化为 NH_4NO_3 再加热分解而除去。Ag^+、Hg^{2+} 的影响可用 KCN 消除。当溶液 pH 约为 5，在有 EDTA 存在时，其他离子不干扰。

实验步骤：取 3～4 滴试液于试管中，加入 4～5 滴 Na_2CO_3 溶液（0.5mol·L^{-1}），加热，使有色离子变为碳酸盐沉淀。离心分离，在所得清液中加入 HAc 溶液（6.0mol·L^{-1}），再加入 2 滴 $Na_3[Co(NO_2)_6]$ 溶液，最后将试管放入沸水浴中加热 2min，若试管中有黄色沉淀，表示有 K^+ 存在。

（3）NH_4^+

① NH_4^+ 与 Nessler 试剂（$K_2[HgI_4]$+KOH）反应生成红棕色沉淀

$$NH_4^+ + [HgI_4]^{2-} + OH^- \longrightarrow HgO \cdot HgNH_2I \downarrow + I^- + H_2O$$

Nessler 试剂是 $K_2[HgI_4]$ 的碱性溶液，如果溶液中有 Fe^{3+}、Cr^{3+}、Co^{2+} 和 Ni^{2+} 等离子，能与 KOH 反应生成深色的氢氧化物沉淀，而干扰 NH_4^+ 离子的鉴定，可改用下法：在原试液中加入 NaOH 溶液，并微热，用滴加 Nessler 试剂的滤纸条检验逸出的氨气，由于 NH_3（g）与 Nessler 试剂作用，使滤纸上出现红棕色斑点。

$$NH_3 + [HgI_4]^{2-} + OH^- \longrightarrow HgO \cdot HgNH_2I \downarrow + I^- + H_2O$$

② 取试液，加 NaOH（1.0mol·L^{-1}）溶液碱化，微热，用红色的石蕊试纸检验逸出的气体，试纸呈蓝色，表示有 NH_4^+ 存在。

实验步骤：a. 取 2 滴试液于试管中，加入 NaOH 溶液（2.0mol·L^{-1}）使呈碱性，微热，用滴加 Nessler 试剂的滤纸检验逸出的气体。如有红棕色斑点出现，表示有 NH_4^+ 存在。

b. 取 2 滴试液于试管中，加入 NaOH 溶液（2.0mol·L^{-1}）碱化，微热，用润湿的红色石蕊试纸（或用 pH 试纸）检验逸出的气体，如试纸显蓝色，表示有 NH_4^+ 存在。

（4）Mg^{2+}

① Mg^{2+} 离子与镁试剂 I（对硝基偶氮间苯二酚）在碱性介质中反应，生成蓝色螯合物沉淀。

有些能生成深色氢氧化物的金属离子对鉴定有干扰，可以用 EDTA 试剂来配合掩蔽。

② 在氨性介质中与磷酸二氢钠（NaH_2PO_4）作用，有白色的磷酸铵镁（$MgNH_4PO_4$）沉淀生成，表明有 Mg^{2+} 的存在。

实验步骤：取 1 滴试液于点滴板上，加 2 滴 EDTA 溶液（饱和），搅拌后，加 1 滴镁试剂 I，1 滴 NaOH 溶液（6.0mol·L^{-1}），如有蓝色沉淀生成，表示有 Mg^{2+} 存在。

（5）Ca^{2+}

① Ca^{2+} 与乙二醛双缩（二羟基苯胺，简称 GBHA）在 pH=12～12.6 时反应，生成红色螯合物沉淀。

② Ca^{2+}与碱金属或铵离子的草酸盐，在中性或碱性条件下作用，可生成白色的细微晶状草酸钙沉淀

$$Ca^{2+}+C_2O_4^{2-} \longrightarrow CaC_2O_4 \downarrow$$

所得沉淀不溶于醋酸，但可溶于稀 HCl 或稀 HNO$_3$ 中

$$CaC_2O_4+H^+ \longrightarrow Ca^{2+}+HC_2O_4^-$$

虽然 SrC$_2$O$_4$ 和 BaC$_2$O$_4$ 也是难溶化合物，但 BaC$_2$O$_4$ 能溶于醋酸，SrC$_2$O$_4$ 可微溶于醋酸。则在醋酸溶液中 Ba^{2+}不干扰鉴定，其他能形成难溶性草酸盐的金属离子（如 Pb^{2+}、Zn^{2+}）须预先除去。

实验步骤：取 1 滴试液于试管中，加入 10 滴 CHCl$_3$，加入 4 滴 GBHA（0.2%）、2 滴 NaOH 溶液（6.0mol·L^{-1}）、2 滴 Na$_2$CO$_3$ 溶液（1.5mol·L^{-1}），摇荡试管，如果 CHCl$_3$ 层显红色，表示有 Ca^{2+}存在。

（6）Sr^{2+}

由于挥发性的锶盐如 SrCl$_2$ 置于酒精喷灯氧化焰中燃烧，能产生猩红色火焰，故利用焰色反应鉴定 Sr^{2+}。若试样是不易挥发的 SrSO$_4$，应先把它转化为碳酸盐，然后再转化为氯化锶，进行实验。

实验步骤：取 2 滴试样于试管中，加入 2 滴 Na$_2$CO$_3$ 溶液（0.5mol·L^{-1}），在水浴上加热得 SrCO$_3$ 沉淀，离心分离。在沉淀中加 1 滴 HCl 溶液（6.0mol·L^{-1}），使其溶解为 SrCl$_2$，然后用清洁的镍铬丝或铂丝蘸取 SrCl$_2$ 置于煤气打的氧化焰中灼烧，如有猩红色火焰，表示有 Sr^{2+}存在。

（7）Ba^{2+}

在弱酸性介质中，Ba^{2+}与 K$_2$CrO$_4$ 反应生成黄色 BaCrO$_4$ 沉淀

$$Ba^{2+}+CrO_4^{2-} \longrightarrow BaCrO_4 \downarrow$$

沉淀不溶于醋酸，但可溶于强酸。因此鉴定反应必须在弱酸中进行。

Pb^{2+}、Hg^{2+}、Ag$^+$等离子也能与 K$_2$CrO$_4$ 反应生成不溶于醋酸的有色沉淀，为此，可预先用金属锌使 Pb^{2+}、Hg^{2+}、Ag$^+$等还原成单质金属而除去。

实验步骤：取 1 滴试样于试管中，加 NH$_3$·H$_2$O（浓）使呈碱性，再加锌粉少许，在水浴中加热 1~2min，并不断搅拌，离心分离。在溶液中加醋酸酸化，加 1~2 滴 K$_2$CrO$_4$ 溶液，摇荡，在沸水中加热，如有黄色沉淀，表示有 Ba^{2+}存在。

（8）Al^{3+}

Al^{3+}与铝试剂（金黄色素三羧酸铵）在 pH=6~7 的介质中反应，生成红色絮状螯合物沉淀

Cu^{2+}、Bi^{3+}、Fe^{3+}、Cr^{3+}、Ca^{2+} 等离子干扰反应，Bi^{3+}、Fe^{3+} 可先加入 NaOH 使它们生成 $Fe(OH)_3$、$Bi(OH)_3$ 而除去。Cr^{3+}、Cu^{2+} 与铝试剂的螯合物能被 $NH_3 \cdot H_2O$ 分解。Ca^{2+} 与铝试剂的螯合物可被 $(NH_4)_2CO_3$ 转化为 $CaCO_3$。

实验步骤：取 2 滴试液于试管中，加 NaOH 溶液（$6.0mol \cdot L^{-1}$）碱化，并过量 2 滴，加 1 滴 H_2O_2（3%），加热 2min，离心分离。用 HAc 溶液（$6.0mol \cdot L^{-1}$）将溶液酸化，调 pH 为 6～7，加 2 滴铝试剂，摇荡后，放置片刻，加 $NH_3 \cdot H_2O$（$6.0mol \cdot L^{-1}$）碱化，置于水浴上加热，如有橙红色（CrO_4^{2-} 存在）物质生成，可离心分离。用去离子水洗沉淀，如沉淀为红色，表示有 Al^{3+} 存在。

（9）Sn^{2+}

① 与 $HgCl_2$ 反应　$SnCl_2$ 溶液中 Sn（Ⅱ）主要以 $SnCl_4^{2-}$ 的形式存在。$SnCl_4^{2-}$ 与适量 $HgCl_2$ 反应生成白色沉淀（Hg_2Cl_2）

$$SnCl_4^{2-} + HgCl_2 \longrightarrow SnCl_6^{2-} + Hg_2Cl_2 \downarrow$$

如果 $SnCl_4^{2-}$ 过量，则沉淀变为灰色，即 Hg_2Cl_2 与 Hg 的混合物，最后变为黑色，即 Hg

$$SnCl_4^{2-} + Hg_2Cl_2 \longrightarrow SnCl_6^{2-} + Hg \downarrow$$

加入铁粉，可使许多电极电势大的离子还原为金属，预先分离，以消除干扰。

实验步骤：取 2 滴试液于试管中，加 2 滴 HCl 溶液（$6.0mol \cdot L^{-1}$），加少许铁粉，在水浴上加热至作用完全，气泡不再发生为止。吸取清液于另一支干净试管中，加入 2 滴 $HgCl_2$，如有白色沉淀生成，表示有 Sn^{2+} 存在。

② 与甲基橙反应　$SnCl_4^{2-}$ 与甲基橙在浓 HCl 介质中加热下进行反应，甲基橙被还原为氢化甲基橙而退色。

实验步骤：取 1 滴试液于试管中，加 1 滴浓 HCl 及甲基橙（0.01%），加热，如甲基橙退色，表示有 Sn^{2+} 存在。

（10）Pb^{2+}

Pb^{2+} 与 K_2CrO_4 在稀 HAc 溶液中反应生成难溶的 $PbCrO_4$ 黄色沉淀

$$Pb^{2+} + CrO_4^{2-} \longrightarrow PbCrO_4 \downarrow$$

沉淀溶于 NaOH 溶液及浓硝酸，难溶于稀 HAc、稀硝酸及 $NH_3 \cdot H_2O$。

$$PbCrO_4 + OH^- \longrightarrow [Pb(OH)_3]^- + CrO_4^{2-}$$

$$PbCrO_4+H^+ \longrightarrow Pb^{2+}+Cr_2O_7^{2-}+H_2O$$

Ba^{2+}、Bi^{3+}、Hg^{2+}、Ag^+等离子在 HAc 溶液中也能与 CrO_4^{2-} 作用生成有色沉淀，所以这些离子的存在对 Pb^{2+} 的鉴定有干扰。可先加入稀硫酸，再用过量的浓 NaOH 溶液使 $PbSO_4$ 转化为$[Pb(OH)_3]^-$，进一步转化为 $Pb(Ac)_2$，使 Pb^{2+} 分离出来，再进行鉴定。

实验步骤：取 2 滴试液于试管中，加 1 滴 H_2SO_4 溶液（$6.0mol \cdot L^{-1}$），加热几分钟，摇荡，使 Pb^{2+} 沉淀完全，离心分离。在沉淀中加入过量 NaOH 溶液（$6.0mol \cdot L^{-1}$），并加热 1min，使 $PbSO_4$ 转化为$[Pb(OH)_3]^-$，离心分离。在清液中加 HAc 溶液（$6.0mol \cdot L^{-1}$），再加 1 滴 K_2CrO_4 溶液（$0.1mol \cdot L^{-1}$），如有黄色沉淀，表示有 Pb^{2+} 存在。

（11）Bi^{3+}

Bi（Ⅲ）在碱性溶液中能被 Sn（Ⅱ）还原为黑色 Bi

$$Bi(OH)_3+[Sn(OH)_4]^{2-} \longrightarrow Bi \downarrow +[Sn(OH)_6]^{2-}$$

实验步骤：取 2 滴试液于试管中，加入浓氨水，Bi（Ⅲ）变为 $Bi(OH)_3$ 沉淀，离心分离。洗涤沉淀，以除去可能存在的 Cu（Ⅱ）和 Cd（Ⅱ）。在沉淀中加入少量新配制的 $Na_2[Sn(OH)_4]$ 溶液，如沉淀变黑，表示有 Bi（Ⅲ）存在。

$Na_2[Sn(OH)_4]$溶液的配制方法：取几滴 $SnCl_2$ 溶液于试管中，加入 NaOH 溶液至生成的 $Sn(OH)_2$ 白色沉淀刚好溶解，便得到澄清的 $Na_2[Sn(OH)_4]$溶液。

（12）Sb^{3+}

Sb（Ⅲ）在酸性溶液中能被金属锡还原为金属锑

$$[SbCl_6]^{3-}+Sn \longrightarrow Sb \downarrow +[SnCl_4]^{2-}$$

当砷（Ⅲ、Ⅴ）存在时，也能在锡箔上形成黑色斑点（As），但 As 与 Sb 不同，当用水洗去锡箔上的酸后加新配制的 NaBrO 溶液则溶解。注意一定要将 HCl 洗净，否则在酸性条件下，NaBrO 也能使 Sb 的黑色斑点溶解。

Hg^{2+}、Bi^{3+}等离子也干扰 Sb^{3+} 的鉴定，可用$(NH_4)_2S$预先分离。

实验步骤：取 2 滴试液于试管中，加 $NH_3 \cdot H_2O$ 溶液（$6.0mol \cdot L^{-1}$）碱化，加 2 滴$(NH_4)_2S$ 溶液（$0.5mol \cdot L^{-1}$），充分摇荡，于水浴上加热 5min 左右，离心分离。在溶液中加 HCl 溶液（$6.0mol \cdot L^{-1}$）酸化，使呈微酸性，并加热 3~5min，离心分离。沉淀中加 1 滴浓 HCl，再加热使 Sb_2S_3 溶解。取此溶液滴在锡箔上，片刻锡箔上出现黑斑。用水洗去酸，再用 1 滴新配制的 NaBrO 溶液处理，黑斑不消失，表示有 Sb（Ⅲ）存在。

（13）As（Ⅲ、Ⅴ）

砷常以 AsO_3^{3-}、AsO_4^{3-} 的形式存在。AsO_3^{3-} 在碱性溶液中能被金属锌还原为 AsH_3 气体

$$AsO_3^{3-}+OH^-+Zn+H_2O \longrightarrow [Zn(OH)_4]^{2-}+AsH_3 \uparrow$$

AsH_3 气体能与 $AgNO_3$ 作用，生成的产物由黄色逐渐变为黑色

$$AgNO_3+AsH_3 \longrightarrow Ag_3As \cdot 3AgNO_3 \downarrow （黄）+HNO_3$$

$$Ag_3As \cdot 3AgNO_3+H_2O \longrightarrow H_3AsO_3+HNO_3+Ag \downarrow （黑）$$

这是鉴定 AsO_3^{3-} 的特效反应，若是 AsO_4^{3-} 应预先用亚硫酸还原。

实验步骤：取 2 滴试液于试管中，加 NaOH 溶液（$6.0mol \cdot L^{-1}$）碱化，再加少许 Zn 粒，

立刻用一小团脱脂棉塞在试管上部，再用 5%AgNO$_3$ 溶液浸过的滤纸盖在试管口上，置于水浴中加热，如滤纸上 AgNO$_3$ 斑点渐渐变黑，表示有 AsO$_3^{3-}$ 存在。

（14）TiO^{2+}

TiO^{2+} 在酸性介质中能与 H$_2$O$_2$ 反应生成橙红色的配合物。

$$TiO^{2+}+H_2O_2 \longrightarrow TiO(H_2O_2)^{2+}$$

Fe^{3+}、CrO$_4^{2-}$、MnO$_4^-$ 等离子干扰鉴定，须预先分离。

（15）Cr^{3+}

在碱性介质中 Cr^{3+} 可被 H$_2$O$_2$ 氧化为 CrO$_4^{2-}$

$$[Cr(OH)_4]^-+H_2O_2+OH^- \longrightarrow CrO_4^{2-}+H_2O$$

在酸性条件下（以重铬酸根形式存在），当戊醇存在时，加入 H$_2$O$_2$，振荡后戊醇层呈现蓝色

$$Cr_2O_7^{2-}+H_2O_2+H^+ \longrightarrow CrO(O_2)_2+H_2O$$

蓝色的 CrO(O$_2$)$_2$ 在水溶液中不稳定，在戊醇中较稳定。溶液酸度应控制在 pH=2～3，当酸度过大时（pH<1），则

$$CrO(O_2)_2+H^+ \longrightarrow Cr^{3+}+O_2\uparrow+H_2O$$

溶液变为蓝绿色（Cr^{3+}颜色。）

实验步骤：取 1 滴试液于试管中，加 NaOH 溶液（2.0mol·L^{-1}）至生成沉淀又溶解，再多加 1 滴。加 H$_2$O$_2$ 溶液（3%），微热，溶液呈黄色。冷却后再加 2 滴 H$_2$O$_2$ 溶液（3%），加 5 滴戊醇（或乙醚），最后慢慢加 HNO$_3$ 溶液（6.0mol·L^{-1}），注意，每加 1 滴 HNO$_3$ 都必须充分摇荡。如戊醇层呈蓝色，表示有 Cr^{3+}存在。

（16）Mn^{2+}

Mn^{2+} 在稀 HNO$_3$ 或稀 H$_2$SO$_4$ 介质中可被 NaBiO$_3$ 氧化为紫红色 MnO$_4^-$

$$Mn^{2+}+NaBiO_3+H^+ \longrightarrow MnO_4^-+Bi^{3+}+Na^++H_2O$$

过量的 Mn^{2+} 会与生成的 MnO$_4^-$ 反应生成 MnO(OH)$_2$(s)。Cl$^-$ 及其他还原剂存在，对 Mn^{2+} 的鉴定有干扰，因此不能在 HCl 的介质中鉴定 Mn^{2+}。

实验步骤：取 2 滴试液于试管中，加 HNO$_3$ 溶液（6.0mol·L^{-1}）酸化，加少量 NaBiO$_3$ 固体，摇荡后，静置片刻，如溶液呈紫红色，表示有 Mn^{2+}存在。

（17）Fe^{2+}，Fe^{3+}

① Fe^{2+}的鉴定　Fe^{2+} 与 K$_3$[Fe(CN)$_6$] 溶液在 pH>7 溶液中反应，生成深蓝色沉淀

$$Fe^{2+}+[Fe(CN)_6]^{3-}+K^+ \longrightarrow [KFe(Ⅲ)(CN)_6Fe(Ⅱ)]_x\downarrow$$

[KFe(Ⅲ)(CN)$_6$Fe(Ⅱ)]$_x$ 沉淀能被强碱分解，产生红棕色的 Fe(OH)$_3$ 沉淀。

实验步骤：取 1 滴试液于点滴板上，加 1 滴 HCl 溶液（2.0mol·L^{-1}）酸化，加 1 滴 K$_3$[Fe(CN)$_6$] 溶液（0.1mol·L^{-1}），如出现蓝色沉淀，表示有 Fe^{2+}存在。

② Fe^{3+}的鉴定

a. 与 SCN$^-$反应　Fe^{3+} 与 SCN$^-$ 在酸性介质中反应，生成可溶性深红色 [Fe(SCN)$_n$]$^{3-n}$

$$Fe^{3+}+nSCN^- \Longrightarrow [Fe(NCS)_n]^{3-n} \quad (n=1～6)$$

$[Fe(SCN)_n]^{3-n}$ 能被碱分解，生成红棕色 $Fe(OH)_3$ 的沉淀。浓硫酸或浓硝酸能使试剂分解

$$SCN^- + H_2SO_4 + H_2O \longrightarrow NH_4^+ + COS \uparrow + SO_4^{2-}$$

$$SCN^- + HNO_3 + H^+ \longrightarrow CO_2 \uparrow + NO \uparrow + SO_4^{2-} + H_2O$$

b. Fe^{3+} 与 $[Fe(CN)_6]^{4-}$ 反应　Fe^{3+} 与 $K_4[Fe(CN)_6]$ 反应生成蓝色沉淀

$$Fe^{3+} + [Fe(CN)_6]^{4-} + K^+ \longrightarrow [KFe(III)(CN)_6Fe(II)]_x \downarrow$$

沉淀不溶于稀酸，但能被 HCl 分解，也能被 NaOH 沉淀为 $Fe(OH)_3$。

实验步骤：取 1 滴试液于点滴板上，加 1 滴 HCl 溶液（2.0mol·L^{-1}）及 1 滴 $K_4[Fe(CN)_6]$，如立即出现蓝色沉淀，表示有 Fe^{3+} 存在。

（18） Co^{2+}

Co^{2+} 在中性或微酸性溶液中与 KSCN 反应生成蓝色的 $[Co(SCN)_4]^{2-}$ 离子

$$Co^{2+} + SCN^- \longrightarrow [Co(SCN)_4]^{2-}$$

所生成的配离子在水溶液中不稳定，在丙酮溶液中较稳定。Fe^{3+} 的存在对鉴定有干扰，可用 NaF 掩蔽来消除。大量 Ni^{2+} 的存在，使溶液呈浅蓝色而干扰。

实验步骤：取 2 滴试液于试管中，加入数滴丙酮，再加少量 KSCN 和 NH_4SCN 晶体，充分摇荡，若溶液呈鲜艳的蓝色，表示有 Co^{2+} 存在。

（19） Ni^{2+}

Ni^{2+} 与丁二肟在弱碱性溶液中反应，生成鲜红色的螯合物沉淀。

大量 Co^{2+}、Fe^{3+}、Fe^{2+}、Cu^{2+} 等的存在，能与试剂（丁二肟）反应生成带色的沉淀，干扰 Ni^{2+} 的鉴定，须预先除去。

实验步骤：取 1 滴试液于试管中，加入 1 滴氨水（2.0mol·L^{-1}）碱化，加丁二肟溶液（1%），若出现鲜红色沉淀，表示有 Ni^{2+}。

（20） Cu^{2+}

Cu^{2+} 与 $K_4[Fe(CN)_6]$ 在中性或弱碱性介质中反应，生成红棕色 $Cu_2[Fe(CN)_6]$ 沉淀

$$Cu^{2+} + [Fe(CN)_6]^{4-} \longrightarrow Cu_2[Fe(CN)_6] \downarrow$$

沉淀难溶解于 HCl、HAc 及稀 $NH_3·H_2O$，但易溶于浓 $NH_3·H_2O$

$$Cu_2[Fe(CN)_6] + NH_3 \longrightarrow [Cu(NH_3)_4]^{2+} + [Fe(CN)_6]^{4-}$$

沉淀易被 NaOH 溶液转化为 $Cu(OH)_2$

$$Cu_2[Fe(CN)_6] + OH^- \longrightarrow Cu(OH)_2 \downarrow + [Fe(CN)_6]^{4-}$$

Fe^{3+}干扰 Cu^{2+}的鉴定，可用 NaF 掩蔽 Fe^{3+}，或在氨性溶液中使 Fe^{3+}转化为 $Fe(OH)_3$ 沉淀，分离除去。此时 Cu^{2+}以$[Cu(NH_3)_4]^{2+}$的形式留在溶液中。用 HCl 适当酸化后，再用 $K_4[Fe(CN)_6]$ 鉴定 Cu^{2+}的存在。

实验步骤：取 1 滴试液于点滴板上，加 2 滴 $K_4[Fe（CN）_6]$溶液（$0.1mol \cdot L^{-1}$），若生成红棕色沉淀，表示有 Cu^{2+}存在。

（21）Zn^{2+}

Zn^{2+}在强碱性溶液中与二苯硫脲反应生成粉红色螯合物，在水中难溶，显粉红色，在 CCl_4 中易溶，显棕色。

实验步骤：取 1 滴试液于试管中，加入 3 滴 NaOH 溶液（$6.0mol \cdot L^{-1}$），加 5 滴 CCl_4，加 1 滴二苯硫脲溶液，如水层显粉红色，CCl_4 层由绿色变棕色，表示有 Zn^{2+}存在。

（22）Ag^+

Ag^+与稀 HCl 反应生成白色沉淀 AgCl。沉淀能溶解于浓 HCl 形成$[AgCl_2]^-$、$[AgCl_3]^{2-}$等配离子。AgCl 沉淀还能溶于稀氨水形成$[Ag(NH_3)_2]^+$配离子。可利用这两个反应与其他阳离子的难溶氯化物沉淀进行分离。在溶液中加入硝酸溶液，重新得到 AgCl 沉淀。或加入可溶性的碘化物，以形成更难溶解的黄色 AgI 沉淀。

实验步骤：取 5 滴试液于试管中，加入 5 滴 HCl 溶液（$2.0mol \cdot L^{-1}$），置于水浴上温热，使沉淀聚集，离心分离。沉淀用热的去离子水洗一次，然后加入过量氨水（$6.0mol \cdot L^{-1}$），摇荡，如有不溶沉淀物存在时，离心分离。取一部分溶液于试管中，加入 HNO_3 溶液（$2.0mol \cdot L^{-1}$），如有白色沉淀生成，表示有 Ag^+存在。或取一部分溶液于试管中，加入 KI 溶液（$0.1mol \cdot L^{-1}$），如有黄色沉淀生成，表示有 Ag^+存在。

（23）Cd^{2+}

Cd^{2+}与 S^{2-}反应生成黄色 CdS 沉淀。沉淀溶于 HCl 溶液（$2.0mol \cdot L^{-1}$）和稀 HNO_3，但不溶于 Na_2S、$(NH_4)_2S$、NaOH、KCN 和 HAc。

可用控制溶液酸度的方法与其他离子分离并进行鉴定。

实验步骤：取 1 滴试液于试管中，加入 2 滴 HCl 溶液（$2.0mol \cdot L^{-1}$），加 1 滴 Na_2S 溶液（$0.1mol \cdot L^{-1}$），可使 Cu^{2+}沉淀，Co^{2+}、Ni^{2+}和 Cd^{2+}均无反应，离心分离。在清液中加 NH$_4$Ac 溶液（30%），使酸度降低，如有黄色沉淀析出，表示有 Cd^{2+}存在。在该酸度下，Co^{2+}和 Ni^{2+}不会生成硫化物沉淀。

（24）Hg^{2+}、Hg_2^{2+}

① Hg^{2+}能被 Sn^{2+}逐步还原，最后还原为金属汞，沉淀由白色（Hg_2Cl_2）变为灰色或黑色（Hg）

$$HgCl_2+[SnCl_4]^{2-} \longrightarrow Hg_2Cl_2 \downarrow +[SnCl_6]^{2-}$$

$$Hg_2Cl_2+[SnCl_4]^{2-} \longrightarrow Hg \downarrow +[SnCl_6]^{2-}$$

实验步骤：取 1 滴试液，加入 1～2 滴 $SnCl_2$ 溶液（$0.1mol \cdot L^{-1}$），若生成白色沉淀，并逐渐转变为灰色或黑色，表示有 Hg^{2+} 存在。

② Hg^{2+} 能与 KI、$CuSO_4$ 溶液反应生成橙红色 $Cu_2[HgI_4]$ 沉淀

$$Hg^{2+}+I^- \longrightarrow [HgI_4]^{2-}$$
$$Cu^{2+}+I^- \longrightarrow CuI\downarrow+I_2\downarrow$$
$$CuI+[HgI_4]^{2-} \longrightarrow Cu_2[HgI_4]\downarrow$$

实验步骤：取 1 滴试液于试管中，加入 1 滴 KI 溶液（4%）和 1 滴 $CuSO_4$ 溶液，加少量 Na_2SO_3 固体（为了除去 I_2 的黄色），如生成橙红色 $Cu_2[HgI_4]$ 沉淀，表示有 Hg^{2+} 存在。

③ Hg_2^{2+} 可被氧化为 Hg^{2+}，再进行鉴定。

欲将 Hg_2^{2+} 从混合离子中分离出来，常常采用下法：加入稀 HCl，将其转化为 Hg_2Cl_2 沉淀，若有 Ag^+、Pb^{2+} 等离子存在，其氯化物亦难溶于水。由于 $PbCl_2$ 溶解度较大，并可溶于热水，可先分离。在 Hg_2Cl_2、AgCl 的混合沉淀中加入 HNO_3 和稀 HCl 时，Hg_2Cl_2 溶解，同时被氧化为 $HgCl_2$，而 AgCl 不溶，则可分离。

$$Hg_2Cl_2+HNO_3+HCl \longrightarrow HgCl_2+NO\uparrow+H_2O$$

实验步骤：取 3 滴试液于试管中，加入 3 滴 HCl 溶液（$2.0mol \cdot L^{-1}$），充分摇荡，置水浴上加热 1min，趁热分离。沉淀用热 HCl 水（1mL 水加 1 滴 $2.0mol \cdot L^{-1}$HCl 溶液配成）洗两次。于沉淀中加 2 滴浓 HNO_3 及 1 滴 HCl 溶液（$2.0mol \cdot L^{-1}$），摇荡，并加热 1min，则 Hg_2Cl_2 溶解，而 AgCl 沉淀不溶解，离心分离。于溶液中加 2 滴 KI 溶液（4%）、2 滴 $CuSO_4$ 溶液（2%）及少量 Na_2SO_3 固体。如生成橙红色 $Cu_2[HgI_4]$ 沉淀，表示有 Hg_2^{2+} 存在。

（25）Fe^{3+}、Al^{3+}、Cr^{3+} 分离鉴定

（26）Ag^+、Hg_2^{2+}、Fe^{3+}、Co^{2+}、Ni^{2+} 的分离鉴定

2. 常见阴离子的鉴定方法

（1）CO_3^{2-}

将试液酸化后产生的 CO_2 气体导入 $Ca(OH)_2$ 溶液，使之变混。CO_3^{2-}、S^{2-} 等离子对鉴定有干扰，可在酸化前加入 H_2O_2 溶液，使 SO_3^{2-}、S^{2-} 氧化为 SO_4^{2-}，消除干扰。

实验步骤：取 5 滴试液于试管中，加入 5 滴 H_2O_2 溶液（3%），置于水浴上加热 3min，如果检验溶液中无 SO_3^{2-}、S^{2-} 存在时，可向溶液中一次加入 20 滴 HCl 溶液（6.0mol·L^{-1}），并立即插入吸有 $Ba(OH)_2$ 溶液（饱和）的带塞滴管，使滴管口悬挂 1 滴溶液，观察溶液是否变浑浊。或者向试管中插入蘸有 $Ba(OH)_2$ 溶液的带塞的镍铬丝小圈，若镍铬小圈的液膜变浑浊，表示有 CO_3^{2-} 存在。

（2）NO_3^-

NO_3^- 与 $FeSO_4$ 溶液在浓 H_2SO_4 介质中反应生成棕色 $[Fe(NO)]SO_4$

$$FeSO_4+NaNO_3+H_2SO_4 \longrightarrow Fe_2(SO_4)_3+NO\uparrow+H_2O$$

$$FeSO_4+NO \longrightarrow [Fe(NO)]SO_4$$

$[FeNO]^{2+}$ 在浓硫酸与试液层界面处生成（硫酸密度大，在加入时不摇动，则沉在底部，与试液形成界面），呈棕色的环状，俗称"棕色环法"。

Br^-、I^- 及 NO_2^- 等干扰 NO_3^- 的鉴定。可加入稀 H_2SO_4 及 Ag_2SO_4 溶液，使 Br^-、I^- 生成沉淀分离除去。在溶液中加入尿素，并微热，可除去 NO_2^- 的干扰

$$NO_2^-+CO(NH_2)_2+H^+ \longrightarrow N_2\uparrow+CO_2\uparrow+H_2O$$

实验步骤：取 2 滴试液于试管中，加入 1 滴 H_2SO_4 溶液（2.0mol·L^{-1}），再加入 4 滴 Ag_2SO_4 溶液（0.02mol·L^{-1}），离心分离。在清液中加入少量尿素固体，并微热。在溶液中加入少量 $FeSO_4$ 固体，摇荡溶解后，将试管斜持，慢慢沿试管壁滴入 1mL 浓硫酸。若硫酸层与水溶液层的界面处有"棕色环"出现，表示有 NO_3^- 存在。

（3）NO_2^-

① NO_2^- 与 $FeSO_4$ 在 HAc 介质中反应，生成棕色 $[Fe(NO)]SO_4$

$$Fe^{2+}+NO_2^-+HAc \longrightarrow Fe^{3+}+NO\uparrow+H_2O+Ac^-$$

$$Fe^{2+}+NO \longrightarrow [Fe(NO)]^{2+}$$

实验步骤：取 2 滴试液于试管中，加入 4 滴 Ag_2SO_4 溶液（0.02mol·L^{-1}），若有沉淀生成，离心分离。在清液中加入少量 $FeSO_4$ 固体，摇荡溶解后，加入 4 滴 HAc 溶液（2.0mol·L^{-1}），若溶液呈棕色，表示有 NO_2^- 存在。

② NO_2^- 与硫脲在稀 HAc 介质中反应，生成 N_2 和 SCN^-

$$CS(NH_2)_2+HNO_2 \longrightarrow N_2\uparrow+H^++SCN^-+H_2O$$

生成的 SCN^- 在稀 HCl 介质中与 $FeCl_3$ 反应生成 $[Fe(SCN)_n]^{3-n}$。I^- 干扰 NO_2^- 的鉴定，可使其生成 AgI 沉淀分离除去。

实验步骤：取 2 滴试液于试管中，加入 4 滴 Ag_2SO_4 溶液（0.02mol·L^{-1}），离心分离，

加入 2 滴 HAc 溶液（6.0mol·L^{-1}）和 4 滴硫脲溶液（8%），摇荡，再加 2 滴 HCl 溶液（2.0mol·L^{-1}）及 1 滴 FeCl$_3$ 溶液（2.0mol·L^{-1}），若溶液呈红色，表示有 NO$_2^-$ 存在。

（4）PO$_4^{3-}$

PO$_4^{3-}$ 与(NH$_4$)$_2$MoO$_4$ 溶液在酸性介质中反应，生成黄色的磷钼酸铵沉淀

$$PO_4^{3-} + NH_4^+ + MoO_4^{2-} + H^+ \longrightarrow (NH_4)_3PO_4 \cdot 12MoO_3 \cdot 6H_2O \downarrow + H_2O$$

S^{2-}、S$_2$O$_3^{2-}$、SO$_3^{2-}$ 等还原性离子存在时，能使 Mo（Ⅵ）还原成低氧化态化合物。因此，预先加入 HNO$_3$，并于水浴上加热，以除去这些干扰离子。

$$\begin{matrix} S_2O_3^{2-} & NO\uparrow & SO_4^{2-} \\ NO_3^- + H^+ + S^{2-} & \longrightarrow & NO\uparrow + H_2O + S\downarrow \\ SO_3^{2-} & NO_2\uparrow & SO_4^{2-} \end{matrix}$$

实验步骤：取 1 滴试液于试管中，加入 2 滴 HNO$_3$（浓），并置于沸水浴中加热 1～2min。稍冷后，加入 4 滴(NH$_4$)$_2$MoO$_4$ 溶液，并在水浴上加热至 40～50℃，若有黄色沉淀产生，表示有 PO$_4^{2-}$ 存在。

（5）S^{2-}

S^{2-} 与 Na$_2$[Fe(CN)$_5$NO]在碱性介质中反应生成紫色的[Fe(CN)$_5$NOS]$^{4-}$

$$S^{2-} + [Fe(CN)_5NO]^{2-} \longrightarrow [Fe(CN)_5NOS]^{4-}$$

实验步骤：取 1 滴试液于点滴板上，加入 1 滴 Na$_2$[Fe(CN)$_5$NO]溶液（5%）。若溶液呈紫色，表示有 S^{2-} 存在。

（6）SO$_3^{2-}$

在中性介质中，SO$_3^{2-}$ 与 Na$_2$[Fe(CN)$_5$NO]、ZnSO$_4$、K$_4$[Fe(CN)$_6$]三种溶液反应生成红色沉淀，其组成尚不清楚。在酸性介质中，红色沉淀消失，因此，溶液为酸性时必须用氨水中和。S^{2-} 干扰鉴定，可加入 PbCO$_3$(s)使 S^{2-} 形成 PbS 沉淀而除去。

实验步骤：取 5 滴试液于试管中，加入少量 PbCO$_3$(s)，摇荡，若沉淀由白色变为黑色，则需要再加少量 PbCO$_3$(s)，直到沉淀呈灰色为止。离心分离，保留清液。

实验步骤：在点滴板上加 ZnSO$_4$ 溶液（饱和）、K$_4$[Fe(CN)$_6$]溶液（0.1mol·L^{-1}）及 Na$_2$[Fe(CN)$_5$NO]溶液（1%）各 1 滴，再加 1 滴 NH$_3$·H$_2$O 溶液（2.0mol·L^{-1}）将溶液调至中性，最后加 1 滴除去 S^{2-} 的试液。若出现红色沉淀，表示有 SO$_3^{2-}$ 存在。

（7）S$_2$O$_3^{2-}$

S$_2$O$_3^{2-}$ 与 Ag$^+$ 反应生成白色的 Ag$_2$S$_2$O$_3$ 沉淀，但沉淀能迅速分解为 Ag$_2$S(s)和 H$_2$SO$_4$，颜色由白色变为黄色、棕色，最后变为黑色。

$$Ag^+ + S_2O_3^{2-} \longrightarrow Ag_2S_2O_3\downarrow$$

$$Ag_2S_2O_3 + H_2O \longrightarrow Ag_2S\downarrow(黑色) + H_2SO_4$$

S^{2-} 的存在干扰 S$_2$O$_3^{2-}$ 离子的鉴定，需预先除去。

实验步骤：取 1 滴除去 S^{2-} 的试液于点滴板上，加 2 滴 AgNO$_3$ 溶液（0.1mol·L^{-1}），若

见到白色沉淀生成，并很快变为黄色、棕色，最后变为黑色，表示有 $S_2O_3^{2-}$ 存在。

（8）SO_4^{2-}

SO_4^{2-} 与 Ba^{2+} 反应生成 $BaSO_4$ 白色沉淀。

CO_3^{2-}、SO_3^{2-} 等干扰鉴定，可先酸化，以除去这些离子，消除干扰。

实验步骤：取 2 滴试液于试管中，加 HCl 溶液（6.0mol·L^{-1}）至无气泡产生时，再多加 1～2 滴。加入 1～2 滴 $BaCl_2$ 溶液（1.0mol·L^{-1}），若生成白色沉淀，表示有 SO_4^{2-} 存在。

（9）Cl^-

Cl^- 与 Ag^+ 反应生成白色 AgCl 沉淀。

SCN^- 也能与 Ag^+ 生成白色沉淀 AgSCN，因此，当 SCN^- 存在时干扰 Cl^- 的鉴定。但在 $NH_3 \cdot H_2O$ 溶液（2.0mol·L^{-1}）中，AgSCN 难溶，AgCl 易溶，并生成 $[Ag(NH_3)_2]^+$，则可将 SCN^- 分离除去。在清液中加入 HNO_3，提高酸度，使 AgCl 沉淀再次析出。

实验步骤：取 2 滴试液于试管中，加 1 滴 HNO_3 溶液（6.0mol·L^{-1}）和 3 滴 $AgNO_3$ 溶液（0.1mol·L^{-1}），在水浴上加热 2min，离心分离。沉淀用去离子水洗涤，使溶液 pH 值接近中性。加入 2 滴 $(NH_4)_2CO_3$ 溶液（12%），并在水浴上加热 1min，离心分离。在清液中加 1～2 滴 HNO_3 溶液（2.0mol·L^{-1}），若有白色沉淀生成，表示有 Cl^- 存在。

（10）Br^-、I^-

Br^- 与适量的 Cl_2 水反应会被氧化，游离出单质溴使溶液呈橙红色，在有机相（如 CCl_4、$CHCl_3$）呈红棕色，而水相无色。在过量的 Cl_2 水中，会因生成 BrCl 变为淡黄色。

$$Br_2+Cl_2 \longrightarrow BrCl$$

I^- 在酸性介质中能被 Cl_2 水氧化为 I_2，在有机相（如 CCl_4、$CHCl_3$）呈紫红色。在过量的 Cl_2 水中，会被继续氧化为 IO_3^- 使颜色消失。

$$I_2+Cl_2+H_2O \longrightarrow HIO_3+HCl$$

若向含有一定浓度的 Br^-、I^- 混合溶液中逐滴加入氯水，由于 I^- 的还原能力较强，则优先被氧化为 I_2，使有机相呈红紫色。如果继续加入氯水，Br^- 被氧化为 Br_2，I_2 进一步被氧化为 IO_3^-。使得有机相的红紫色消失，而呈现红棕色。如氯水过量时，颜色变为淡黄色（由于生成了 BrCl）。

实验步骤：取 5 滴试液于试管中，加入 1 滴 H_2SO_4 溶液（2.0mol·L^{-1}）酸化，加 1mLCCl_4，加 1 滴 Cl_2，充分摇荡，CCl_4 层呈紫红色，表示有 I^- 存在。继续加入 Cl_2 水，并摇荡，若 CCl_4 层紫红色褪去，又呈现出棕黄色或黄色，表示有 Br^- 存在。

附录二　常用物理化学常数表

1．不同温度下水的饱和蒸气压

t/℃	p/kPa	t/℃	p/kPa	t/℃	p/kPa	t/℃	p/kPa	t/℃	p/kPa	t/℃	p/kPa
0	0.61129	9	1.1482	18	2.0644	27	3.5670	36	5.9453	45	9.5898
1	0.65716	10	1.2281	19	2.1978	28	3.7818	37	6.2795	46	10.094
2	0.70605	11	1.3129	20	2.3388	29	4.0078	38	6.6298	47	10.620
3	0.75813	12	1.4027	21	2.4877	30	4.2455	39	6.9969	48	11.171
4	0.81359	13	1.4979	22	2.6447	31	4.4953	40	7.3814	49	11.745
5	0.87260	14	1.5988	23	2.8104	32	4.7578	41	7.7840	50	12.344
6	0.93537	15	1.7056	24	2.9850	33	5.0335	42	8.2054		
7	1.0021	16	1.8185	25	3.1690	34	5.3229	43	8.6463		
8	1.0730	17	1.9380	26	3.3629	35	5.6267	44	9.1075		

注：表中数据摘自 Lide D R.CRC Handbook of Chemistry and Physics. 73rd ed., 6-14, Boca Roton: CRC Press, 1992—1993。

2．不同温度下无机化合物和有机酸的金属盐在水中的溶解度

物质的溶解度用该物质在温度为 t 时,溶解在 100g 水中配制成饱和溶液所需克数来表示。

物质	分子式	t/℃								
		0	10	20	30	40	60	80	90	100
氯化铝	$AlCl_3$	43.9	44.9	45.8	46.6	47.3	48.1	48.6		49.0
硝酸铝	$Al(NO_3)_3$	60.0	66.7	73.9	81.8	88.7	106	132	153	160
硫酸铝	$Al_2(SO_4)_3$	31.2	33.5	36.4	40.4	45.8	59.2	73.0	80.8	89.0
氯化铵	NH_4Cl	29.4	33.2	37.2	41.4	45.8	55.3	65.6	71.2	77.3
磷酸氢铵	$(NH_4)_2HPO_4$	42.9	62.9	68.9	75.1	81.8	97.2			
磷酸二氢铵	$(NH_4)H_2PO_4$	22.7	29.5	37.4	46.4	56.7	82.5	118		173
碳酸氢铵	NH_4HCO_3	11.9	16.1	21.7	28.4	36.6	59.2	109	170	354
硫酸亚铁铵	$(NH_4)_2Fe(SO_4)_2$	12.5	17.2	26.4	33	46				
硝酸铵	NH_4NO_3	118	150	192	242	297	421	580	740	871
草酸铵	$(NH_4)_2C_2O_4$	2.2	3.21	4.45	6.09	8.18	14.0	22.4	27.9	34.7
硫酸铵	$(NH_4)_2SO_4$	70.6	73.0	75.4	78.0	81	88	95		103
亚硫酸铵	$(NH_4)_2SO_3$	47.9	54.0	60.8	68.8	78.4	104	144	150	153
硫氰酸铵	NH_4SCN	120	144	170	208	234	346			
三氯化锑	$SbCl_3$	602		910	1087	1368	72℃完全混溶			
五氧化二砷	As_2O_5	59.5	62.1	65.8	69.8	71.2	73.0	75.1		76.7
三氧化二砷	As_2O_3	1.20	1.49	1.82	2.31	2.93	4.31	6.11		8.2
二水合氯化钡	$BaCl_2 \cdot 2H_2O$	31.2	33.5	35.8	38.1	40.8	46.2	52.5	55.8	59.4
氢氧化钡	$Ba(OH)_2$	1.67	2.48	3.89	5.59	8.22	20.94	101.4		
碘酸钡	$Ba(IO_3)_2$			0.035	0.046	0.057				
硝酸钡	$Ba(NO_3)_2$	4.95	6.67	9.02	11.48	14.1	20.4	27.2		34.4
硼酸	H_3BO_3	2.67	3.73	5.04	6.72	8.72	14.81	23.62	30.38	40.25
硝酸镉	$Cd(NO_3)_2$	122	136	150	167	194	310	713		

物质	分子式	$t/^\circ C$								
		0	10	20	30	40	60	80	90	100
硫酸镉	$CdSO_4$	75.4	76.0	76.6		73.5	81.8	66.7	63.1	60.8
氢氧化钙	$Ca(OH)_2$	0.189	0.182	0.173	0.160	0.141	0.121		0.086	0.076
四水合硝酸钙	$Ca(NO_3)_2 \cdot 4H_2O$	102	115	129	152 25℃	191 35℃		358 65℃		363
1/2 水合硫酸钙	$CaSO_4 \cdot 1/2H_2O$			0.32 18℃	0.29	0.26	0.21 65℃	0.145 75℃	0.12	0.071
二水合硫酸钙	$CaSO_4 \cdot 2H_2O$	0.223	0.244	0.255	0.264	0.265	0.244	0.234		0.205
硝酸铵铈(III)	$Ce(NH_4)_2(NO_3)_5$		242	276	318	376	681			
硝酸铵铈(IV)	$Ce(NH_4)_2(NO_3)_6$			135	150	169	213			
硫酸铵铈(III)	$Ce(NH_4)(SO_4)_2$			5.53 25℃	4.49 35℃	3.48	2.02	1.33		
硝酸铬(III)	$Cr(NO_3)_3$	108	124	130	152					
氯化钴	$CoCl_2$	43.5	47.7	52.9	59.7	69.5	93.8	97.6	101	106
硝酸钴	$Co(NO_3)_2$	84.0	89.6	97.4	111	125	174	204	300	
硫酸钴	$CoSO_4$	25.5	30.5	36.1	42.0	48.8	55.0	53.8	45.3	38.9
七水合硫酸钴	$CoSO_4 \cdot 7H_2O$	44.8	56.3	65.4	73.0	88.1	101			
氯化铜	$CuCl_2$	68.6	70.9	73.0	77.3	87.6	96.5	104	108	120
硝酸铜	$Cu(NO_3)_2$	83.5	100	125	156	163	182	208	222	247
五水合硫酸铜	$CuSO_4 \cdot 5H_2O$	23.1	27.5	32.0	37.8	44.6	61.8	83.8		114
氯化氢	HCl	82.3	77.2	72.1	67.3	63.3	56.1			
碘	I_2	0.014	0.020	0.029	0.039	0.052	0.100	0.225	0.315	0.445
六水合三氯化铁	$FeCl_3 \cdot 6H_2O$	74.4		91.8	106.8					
六水合硝酸亚铁	$Fe(NO_3)_2 \cdot 6H_2O$	113	134				266			
七水合硫酸亚铁	$FeSO_4 \cdot 7H_2O$	28.8	40.0	48.0	60.0	73.3	100.7	79.9	68.3	57.3
乙酸铅	$Pb(C_2H_3O_2)_2$	19.8	29.5	44.3	69.8	116				
硝酸铅	$Pb(NO_3)_2$	37.5	46.2	54.3	63.4	72.1	91.6	111		133
氯化锂	$LiCl$	69.2	74.5	83.5	86.2	89.8	98.4	112	121	128
氢氧化锂	$LiOH$	11.91	12.11	12.35	12.70	13.22	14.63	16.56		19.12
硝酸锂	$LiNO_3$	53.4	60.8	70.1	138	152	175			
氯化镁	$MgCl_2$	52.9	53.6	54.6	55.8	57.5	61.0	66.1	69.5	73.3
硝酸镁	$Mg(NO_3)_2$	62.1	66.0	69.5	73.6	78.9	78.9	91.6	106	
硫酸镁	$MgSO_4$	22.0	28.2	33.7	38.9	44.5	54.6	55.8	52.9	50.4
硝酸锰	$Mn(NO_3)_2$	102	118	139	206					
硫酸锰	$MnSO_4$	52.9	59.7	62.9	62.9	60.0	53.6	45.6	40.9	35.3
氯化镍	$NiCl_2$	53.4	56.3	60.8	70.6	73.2	81.2	86.6		87.6
硝酸镍	$Ni(NO_3)_2$	79.2		94.2	105	119	158	187	188	
六水合硫酸镍	$NiSO_4 \cdot 6H_2O$ 淡蓝 绿			40.1 44.4	43.6 46.6	47.6 49.2	 55.6	 64.5	 70.1	 76.7
七水合硫酸镍	$NiSO_4 \cdot 7H_2O$	26.2	32.4	37.7	43.4	50.4				
草酸	$H_2C_2O_4$	3.54	6.08	9.52	14.23	21.52	44.32	84.5	120	
硫酸铝钾	$KAl(SO_4)_2$	3.00	3.99	5.90	8.39	11.7	24.8	71.0	109	
溴酸钾	$KBrO_3$	3.09	4.72	6.91	9.64	13.1	22.7	34.1		49.9
溴化钾	KBr	53.6	59.5	65.3	70.7	75.4	85.5	94.9	99.2	104

续表

物质	分子式	t/℃								
		0	10	20	30	40	60	80	90	100
碳酸钾	K_2CO_3	105	108	111	114	117	127	140	148	156
氯酸钾	$KClO_3$	3.3	5.2	7.3	10.1	13.9	23.8	37.6	46.0	56.3
氯化钾	KCl	28.0	31.2	34.2	37.2	40.1	45.8	51.3	53.9	56.3
铬酸钾	K_2CrO_4	56.3	60.0	63.7	66.7	67.8	70.1		74.5	
重铬酸钾	$K_2Cr_2O_7$	4.7	7.0	12.3	18.1	26.3	45.6	73.0		
铁氰化钾	$K_3[Fe(CN)_6]$	30.2	38	46	53	59.3	70			91
亚铁氰化钾	$K_4[Fe(CN)_6]$	14.3	21.1	28.2	35.1	41.4	54.8	66.9	71.5	74.2
碘酸钾	KIO_3	4.60	6.27	8.08	10.3	12.6	18.3	24.8		32.3
碘化钾	KI	128	136	144	153	162	176	192	198	206
草酸钾	$K_2C_2O_4$	25.5	31.9	36.4	39.9	43.8	53.2	63.6	69.2	75.3
高锰酸钾	$KMnO_4$	2.83	4.31	6.34	9.03	12.6	22.1			
过二硫酸钾	$K_2S_2O_8$	1.65	2.67	4.70	7.75	11.0				
硫酸钾	K_2SO_4	7.4	9.3	11.1	13.0	14.8	18.2	21.4	22.9	24.1
硫氰酸钾	$KSCN$	177	198	224	255	289	372	492	571	675
硝酸银	$AgNO_3$	122	167	216	265	311	440	585	652	733
硫酸银	Ag_2SO_4	0.57	0.70	0.80	0.89	0.98	1.15	1.36	1.36	1.41
乙酸钠	$NaC_2H_3O_2$	36.2	40.8	46.4	54.6	65.6	139	153	161	170
四硼酸二钠	$Na_2B_4O_7$	1.11	1.60	2.56	3.86	6.67	19.0	31.4	41.0	52.5
溴化钠	$NaBr$	80.2	85.2	90.8	98.4	107	118	120	121	121
碳酸钠	Na_2CO_3	7.00	12.5	21.5	39.7	49.0	46.0	43.9	43.9	
氯酸钠	$NaClO_3$	79.6	87.6	95.9	105	115	137	167	184	204
氯化钠	$NaCl$	35.7	35.8	35.9	36.1	36.4	37.1	38.0	38.5	39.2
铬酸钠	Na_2CrO_4	31.7	50.1	84.0	88.0	96.0	115	125		126
重铬酸钠	$Na_2Cr_2O_7$	163	172	183	198	215	269	376	405	415
正磷酸二氢钠	NaH_2PO_4	56.5	69.8	86.9	107	133	172	211	234	
氟化钠	NaF	3.66		4.06	4.22	4.40	4.68	4.89		5.08
甲酸钠	$NaCHO_2$	43.9	62.5	81.2	102	108	122	138	147	160
碳酸氢钠	$NaHCO_3$	7.0	8.1	9.6	11.1	12.7	16.0			
磷酸氢二钠	Na_2HPO_4	1.68	3.53	7.83	22.0	55.3	82.8	92.3	102	104
氢氧化钠	$NaOH$		98	109	119	129	174			
次氯酸钠	$NaClO$	29.4	36.4	53.4	100	110				
碘酸钠	$NaIO_3$	2.48	4.59	8.08	10.7	13.3	19.8	26.6	29.5	33.0
硝酸钠	$NaNO_3$	73.0	80.8	87.6	94.9	102	122	148		180
亚硝酸钠	$NaNO_2$	71.2	75.1	80.8	87.6	94.9	111	133		160
磷酸钠	Na_3PO_4	4.5	8.2	12.1	16.3	20.2	29.9	60.0	68.1	77.0
硫酸钠	Na_2SO_4	4.9	9.1	19.5	40.8	48.8	45.3	43.7	42.7	42.5
硫化钠	Na_2S	9.6	12.1	15.7	20.5	26.6	39.1	55.0	65.3	
亚硫酸钠	Na_2SO_3	14.4	19.5	26.3	35.5	37.2	32.6	29.4	27.9	
五水合硫代硫酸	$Na_2S_2O_3 \cdot 5H_2O$	50.2	59.7	70.1	83.2	104				
钨酸钠	Na_2WO_4	71.5		73.0		77.0		90.8		97.2
氯化锶	$SrCl_2$	43.5	47.7	52.9	58.7	65.3	81.8	90.5		101
氢氧化锶	$Sr(OH)_2$	0.91	1.25	1.77	2.64	3.95	8.42	20.2	44.5	91.2

物质	分子式	t/℃								
		0	10	20	30	40	60	80	90	100
硝酸锶	$Sr(NO_3)_2$	39.5	52.9	69.5	88.7	89.4	93.4	96.9	98.4	
氯化锌	$ZnCl_2$	342	363	395	437	452	488	541		614
硝酸锌	$Zn(NO_3)_2$	98			138	211				
硝酸锌(正交)	$ZnSO_4$	41.6	47.2	53.8	61.3	70.5	75.4	71.1		60.5
硫酸锌(单斜)	$ZnSO_4$		54.4	60.0	65.5					

注：表中数据摘自 Dean J A.Lange's Handbook of Chemistry. 14th ed., 5.1, New York: McGraw Hill, 1992。

3．实验室常用酸、碱浓度

试剂名称	密度(20℃)/kg·L^{-1}	浓度/mol·L^{-1}	质量分数/%	试剂名称	密度(20℃)/kg·L^{-1}	浓度/mol·L^{-1}	质量分数/%
浓硫酸	1.84	18.0	96.0	氢氟酸	1.18	28.9	49.0
浓盐酸	1.19	12.1	37.2	高氯酸	1.67	11.7	70.5
浓硝酸	1.42	15.9	70.4	浓氨水	0.90	14.53	56.6
磷酸	1.70	14.8	85.5	联氨	1.011	30.0	95
冰醋酸	1.05	17.45	99.8	浓氢氧化钠	1.54	19.4	50.5

注：表中数据摘自 Dean J A.Lange's Handbook of Chemistry.14th ed.,11.7,New York:McGraw Hill,1992。

4．某些酸、碱的离解常数

（1）弱酸离解常数（弱酸的浓度为 0.003～0.1mol·L^{-1}）

弱酸	t/℃	级次	$K_a^{\ominus}$	$pK_a^{\ominus}$	弱酸	t/℃	级次	$K_a^{\ominus}$	$pK_a^{\ominus}$
H_3AsO_4	18	1	5.62×10^{-3}	2.25	$HClO_4$	20		1.78×10^{-2}	1.77
	18	2	1.70×10^{-7}	6.77	HIO_4	25		2.3×10^{-2}	1.64
	18	3	3.95×10^{-12}	11.60	H_3PO_4	25	1	7.52×10^{-3}	2.12
$HAsO_2$	25		6×10^{-10}	9.23		25	2	6.23×10^{-8}	7.21
H_3BO_3	20	1	7.3×10^{-10}	9.14		25	3	2.2×10^{-13}	12.67
	20	2	1.8×10^{-13}	12.74	H_3PO_3	18	1	1.0×10^{-2}	2.00
	20	3	1.6×10^{-14}	13.80		18	2	2.6×10^{-7}	6.59
H_2CO_3	25	1	4.30×10^{-7}	6.37	$H_4P_2O_7$	18	1	1.4×10^{-1}	0.85
	25	2	5.61×10^{-11}	10.25		18	2	3.2×10^{-2}	1.49
H_2CrO_4	25	1	1.8×10^{-1}	0.74		18	3	1.7×10^{-6}	5.77
	25	2	3.20×10^{-7}	6.49		18	4	6×10^{-9}	8.22
HCN	25		4.93×10^{-10}	9.31	H_2SiO_3	25	1	2×10^{-10}	9.70
HF	25		3.53×10^{-4}	3.45		25	2	1×10^{-12}	12.00
H_2S	18	1	9.1×10^{-8}	7.04	HSO_4^-	25	2	1.20×10^{-2}	1.92
	18	2	1.1×10^{-12}	11.96	H_2SO_3	18	1	1.54×10^{-2}	1.81
H_2O_2	25		2.4×10^{-12}	11.62		18	2	1.02×10^{-7}	6.91
HBrO	25		2.06×10^{-9}	8.69	HCOOH	20		1.77×10^{-4}	3.75
HClO	18		2.95×10^{-6}	4.53	CH_3COOH	25		1.76×10^{-5}	4.75
HIO	25		2.3×10^{-11}	10.64	$H_2C_2O_4$	25	1	5.90×10^{-2}	1.23
HIO_3	25		1.69×10^{-1}	0.77		25	2	6.40×10^{-5}	4.19
HNO_2	12.5		4.6×10^{-4}	3.37					

（2）弱碱离解常数（298K）

弱碱	$pK_b^{\ominus}$	弱碱	$pK_b^{\ominus}$
NH_3	4.75	NH_2OH	8.04
N_2H_4	6.05		

注：表中数据摘自 Lide D R.CRC Handbook of Chemistry and Physics.73rd.ed,8-39～8-41 Boca Roton:CRC Press,1992～1993。

5．难溶化合物的溶度积

本表所列数据适用于 $t=18\sim25℃$ 的变化范围,按阳离子元素符号英文字母的顺序排列。

物质	$pK_{sp}^{\ominus}$	$K_{sp}^{\ominus}$	物质	$pK_{sp}^{\ominus}$	$K_{sp}^{\ominus}$
Ag(银)			$AgIO_3$	7.52	3.0×10^{-8}
$AgAsO_4$	22.0	1.0×10^{-22}	AgI	16.08	3.3×10^{-17}
$AgBr$	12.30	5.0×10^{-13}	$AgNO_2$	3.22	6.0×10^{-4}
$AgBrO_3$	4.28	5.3×10^{-5}	$Ag_2C_2O_4$	10.46	3.4×10^{-11}
Ag_2CO_3	11.09	8.1×10^{-12}	Ag_3PO_4	15.84	1.4×10^{-16}
$AgClO_2$	3.7	2.0×10^{-4}	Ag_2SO_4	4.84	1.4×10^{-5}
$AgCl$	9.75	1.8×10^{-10}	Ag_2SO_3	13.82	1.5×10^{-14}
Ag_2CrO_4	11.95	1.1×10^{-12}	Ag_2S	49.2	6.3×10^{-50}
$AgOCN$	6.64	2.3×10^{-7}	$AgSCN$	12.00	1.0×10^{-12}
$AgCN$	15.92	1.2×10^{-16}	Al(铝)		
$Ag_2Cr_2O_7$	6.70	2.0×10^{-7}	$AlAsO_4$	15.8	1.6×10^{-16}
$Ag_4[Fe(CN)_6]$	40.81	1.6×10^{-41}	$Al(OH)_3$(无定形)	32.9	1.3×10^{-33}
$AgOH$	7.71	2.0×10^{-8}	$AlPO_4$	18.24	6.3×10^{-19}
As(砷)			$CaSO_4$	5.04	9.1×10^{-6}
As_2S_3(水解为 $HAsO_2$、H_2S)	21.68	2.1×10^{-22}	$CaSO_3$	7.17	6.8×10^{-8}
Au(金)			Cd(镉)		
$AuCl$	12.7	2.0×10^{-13}	$Cd_3(AsO_4)_2$	32.66	2.2×10^{-33}
AuI	22.8	1.6×10^{-23}	$CdCO_3$	11.28	5.2×10^{-12}
$AuCl_3$	24.5	3.2×10^{-25}	$Cd(CN)_2$	8.0	1.0×10^{-8}
$Au(OH)_3$	45.26	5.5×10^{-46}	$Cd_2[Fe(CN)_6]$	16.49	3.2×10^{-17}
$AuCl_3$	46	1.0×10^{-46}	$Cd(OH)_2$(新制备)	13.6	2.5×10^{-14}
$Au_2(C_2O_4)_3$	10	1.0×10^{-10}	$CdC_2O_4\cdot3H_2O$	7.04	9.1×10^{-8}
Ba(钡)			$Cd_3(PO_4)_2$	32.6	2.5×10^{-13}
$Ba(BrO_3)_2$	5.50	3.2×10^{-6}	CdS	26.1	8.0×10^{-27}
$BaCO_3$	8.29	5.1×10^{-9}	Co(钴)		
$BaCrO_4$	9.93	1.2×10^{-10}	$Co_3(AsO_4)_2$	28.12	7.6×10^{-29}
$Ba_2[Fe(CN)_6]\cdot6H_2O$	7.5	3.2×10^{-3}	$CoCO_3$	12.84	1.4×10^{-13}
BaF_2	5.98	1.0×10^{-6}	$Co_2[Fe(CN)_6]$	14.74	1.8×10^{-15}
$Ba[SiF_6]$	6	1.0×10^{-6}	$Co(OH)_2$(新制备)	14.8	1.6×10^{-15}
$Ba(IO_3)_2\cdot2H_2O$	8.82	1.5×10^{-9}	$Co(OH)_3$	43.8	1.6×10^{-44}
$Ba(OH)_2$	2.3	5×10^{-3}	$Co(IO_3)_2$	4.0	1.0×10^{-4}
$Ba(NO_2)_2$	2.35	4.5×10^{-3}	$Co[Hg(SCN)_4]$	5.82	1.5×10^{-6}
BaC_2O_4	6.79	1.6×10^{-7}	α-CoS	20.4	4.0×10^{-21}
$BaC_2O_4\cdot H_2O$	7.64	2.3×10^{-8}	β-CoS	24.7	2.0×10^{-25}
$BaHPO_4$	6.5	3.2×10^{-7}	$CoHPO_4$	6.7	2×10^{-7}
$Ba_3(PO_4)_2$	22.47	3.4×10^{-23}	$Co_3(PO_4)_2$	34.7	2×10^{-35}

物质	$pK_{sp}^{\ominus}$	$K_{sp}^{\ominus}$	物质	$pK_{sp}^{\ominus}$	$K_{sp}^{\ominus}$
$Ba_2P_2O_7$	10.5	3.2×10^{-11}	Cr(铬)		
$BaSeO_4$	7.46	3.5×10^{-8}	$Cr(OH)_2$	15.7	2×10^{-16}
$BaSO_4$	9.96	1.1×10^{-10}	CrF_3	10.18	6.6×10^{-11}
$BaSO_3$	6.1	8×10^{-7}	$CrAsO_4$	20.11	7.7×10^{-21}
BaS_2O_3	4.79	1.6×10^{-5}	$Cr(OH)_3$	30.2	6.3×10^{-31}
Be(铍)			$CrPO_4 \cdot 4H_2O$(绿)	22.62	2.4×10^{-23}
$BeCO_3 \cdot 4H_2O$	3	1.0×10^{-3}	$CrPO_4 \cdot 4H_2O$(紫)	17.00	1.0×10^{-17}
$Be(OH)_2$无定形	21.8	1.6×10^{-22}	Cu(铜)		
Bi(铋)			CuN_3	8.31	4.9×10^{-9}
$Bi(OH)_3$	30.4	4×10^{-31}	CuBr	8.28	5.3×10^{-9}
$BiPO_4$	22.89	1.3×10^{-23}	CuCl	5.92	1.2×10^{-6}
Bi_2S_3	97	1.0×10^{-97}	CuCN	19.49	3.2×10^{-20}
BiOBr	6.52	3.0×10^{-7}	CuI	11.96	1.1×10^{-12}
BiOCl	30.75	1.8×10^{-31}	CuOH	14.0	1.0×10^{-14}
BiOOH	9.4	4×10^{-10}	Cu_2S	47.6	2.5×10^{-48}
Ca(钙)			CuSCN	14.32	4.8×10^{-15}
$CaCO_3$	8.54	2.8×10^{-9}	$Cu_3(AsO_4)_2$	35.12	7.6×10^{-36}
$CaCrO_4$	3.15	7.1×10^{-4}	$Cu(NO_3)_2$	9.2	6.3×10^{-10}
CaF_2	8.28	5.3×10^{-9}	$CuCO_3$	9.86	1.4×10^{-10}
$Ca[SiF_6]$	3.09	8.1×10^{-4}	$CuCrO_4$	5.44	3.6×10^{-6}
$Ca(OH)_2$	5.26	5.5×10^{-6}	$Cu_2[Fe(CN)_6]$	15.89	1.3×10^{-16}
$Ca(IO_3)_2 \cdot 6H_2O$	6.15	7.1×10^{-7}	$Cu(IO_3)_2$	7.13	7.4×10^{-8}
$CaC_2O_4 \cdot H_2O$	8.4	4.0×10^{-9}	$Cu(OH)_2$	19.66	2.2×10^{-20}
$CaHPO_4$	7.0	1.0×10^{-7}	CuC_2O_4	7.64	2.3×10^{-8}
$Ca_3(PO_4)_2$	28.70	2.0×10^{-29}	$Cu_3(PO_4)_2$	36.9	1.3×10^{-37}
$CaSiO_3$	7.60	2.5×10^{-8}	$Cu_2P_2O_7$	15.08	8.3×10^{-16}
CuS	35.2	6.3×10^{-36}	Mn(锰)		
Fe(铁)			$Mn_3(AsO_4)_2$	28.72	1.9×10^{-29}
$FeCO_3$	10.50	3.2×10^{-11}	$MnCO_3$	10.74	1.8×10^{-11}
$Fe(OH)_2$	15.1	8.0×10^{-16}	$Mn[Fe(CN)_6]$	12.10	8.0×10^{-13}
$FeC_2O_4 \cdot 2H_2O$	6.5	3.2×10^{-7}	$Mn(OH)_2$	12.72	1.9×10^{-13}
FeS	17.2	6.3×10^{-18}	$MnC_2O_4 \cdot 2H_2O$	14.96	1.1×10^{-15}
$FeAsO_4$	20.24	5.7×10^{-21}	MnS(无定形)	9.6	2.5×10^{-10}
$Fe_4[Fe(CN)_6]_3$	40.52	3.3×10^{-41}	MnS(晶体)	12.6	2.5×10^{-13}
$Fe(OH)_3$	37.4	4×10^{-38}	Na(钠)		
$FePO_4$	21.89	1.3×10^{-22}	$Na[Sb(OH)_6]$	7.4	4.0×10^{-8}
Hg(汞)			Na_3AlF_6	9.39	4.0×10^{-10}
Hg_2Br_2	22.24	5.6×10^{-23}	$NaK_2[Co(NO_2)_6]$	10.66	2.2×10^{-11}
Hg_2CO_3	16.05	8.9×10^{-17}	$Na(NH_4)_2[Co(NO_2)_6]$	11.4	4×10^{-12}
$Hg_2(CN)_2$	39.3	5×10^{-40}	Ni(镍)		
Hg_2Cl_2	17.88	1.3×10^{-18}	$NiCO_3$	8.18	6.6×10^{-9}
Hg_2CrO_4	8.70	2.0×10^{-9}	$Ni_2[Fe(CN)_6]$	14.89	1.3×10^{-15}
$(Hg_2)_3[Fe(CN)_6]_2$	20.07	8.5×10^{-21}	$Ni(OH)_2$(新制备)	14.7	2.0×10^{-15}
$Hg_2(OH)_2$	23.7	2.0×10^{-24}	$Ni(IO_3)_2$	7.85	1.4×10^{-8}
$Hg_2(IO_3)_2$	13.71	2.0×10^{-14}	NiC_2O_4	9.4	4×10^{-10}
Hg_2I_2	28.35	4.5×10^{-29}	$Ni_3(PO_4)_2$	30.3	5×10^{-31}

续表

物质	$pK_{sp}^{\ominus}$	$K_{sp}^{\ominus}$	物质	$pK_{sp}^{\ominus}$	$K_{sp}^{\ominus}$
$Hg_2C_2O_4$	12.7	2.0×10^{-13}	$Ni_2P_2O_7$	12.77	1.7×10^{-13}
Hg_2HPO_4	12.40	4.0×10^{-13}	$\alpha\text{-}NiS$	18.5	3.2×10^{-19}
Hg_2SO_4	6.13	7.4×10^{-7}	$\beta\text{-}NiS$	24.0	1.0×10^{-24}
Hg_2S	47.0	1.0×10^{-47}	$\gamma\text{-}NiS$	25.7	2.0×10^{-26}
$Hg_2(SCN)_2$	19.7	2.0×10^{-20}	Pb(铅)		
$Hg(OH)_2$	25.52	3.0×10^{-26}	$Pb(Ac)_2$	2.75	1.8×10^{-3}
$Hg(IO_3)_2$	12.5	3.2×10^{-13}	$Pb_3(AsO_4)_2$	35.39	4.0×10^{-36}
HgS(红)	52.4	4×10^{-53}	$PbBr_2$	4.41	4.0×10^{-5}
HgS(黑)	51.8	1.6×10^{-52}	$PbCO_3$	13.13	7.4×10^{-14}
K(钾)			$PbCl_2$	4.79	1.6×10^{-5}
$K_2[PdCl_6]$	5.22	6.0×10^{-6}	PbClF	8.62	2.4×10^{-9}
$K_2[PtCl_6]$	4.96	1.1×10^{-5}	$PbCrO_4$	12.55	2.8×10^{-13}
$K_2[PtBr_6]$	4.2	6.3×10^{-5}	$Pb(ClO_2)_2$	8.4	4×10^{-9}
$K_2[PtF_6]$	4.54	2.9×10^{-5}	$Pb[Fe(CN)_6]$	14.46	3.5×10^{-15}
K_2SiF_6	6.06	8.7×10^{-7}	PbF_2	7.57	2.7×10^{-8}
KIO_4	3.08	8.3×10^{-4}	$Pb(OH)_2$	14.93	1.2×10^{-15}
$K_2Na[Co(NO_2)_6]\cdot H_2O$	10.66	2.2×10^{-11}	Pb(OH)Br	14.70	2.0×10^{-15}
Li(锂)			Pb(OH)Cl	13.7	2.0×10^{-14}
Li_2CO_3	1.60	2.5×10^{-2}	$Pb(OH)NO_3$	3.55	2.8×10^{-4}
LiF	2.42	3.8×10^{-3}	PbI_2	8.15	7.1×10^{-9}
Li_3PO_4	8.5	3.2×10^{-9}	$Pb(IO_3)_2$	12.49	3.2×10^{-13}
Mg(镁)			PbC_2O_4	9.32	4.8×10^{-10}
$MgNH_4PO_4$	12.6	2.5×10^{-13}	$PbHPO_4$	9.90	1.3×10^{-10}
$Mg_3(AsO_4)_2$	19.68	2.1×10^{-20}	$Pb_3(PO_4)_2$	42.10	8.0×10^{-43}
$MgCO_3$	7.46	3.5×10^{-8}	$PbSO_4$	7.79	1.6×10^{-8}
$MgCO_3\cdot 3H_2O$	4.67	2.1×10^{-5}	PbS	27.9	8.0×10^{-28}
MgF_2	8.19	6.5×10^{-9}	$Pb(SCN)_2$	4.70	2.0×10^{-5}
$Mg(OH)_2$	10.74	1.8×10^{-11}	$Pb(OH)_4$	65.5	3.2×10^{-66}
$Mg_3(PO_4)_2$	23~27	$10^{-23}\sim10^{-27}$	Ti(钛)		
Sn(锡)			$Ti(OH)_3$	40	1.0×10^{-40}
$Sn(OH)_2$	27.85	1.4×10^{-23}	$TiO(OH)_2$	29	1.0×10^{-29}
$Sn(OH)_4$	56	1.0×10^{-56}	V(钒)		
SnS	25.0	1.0×10^{-25}	$VO(OH)_2$	22.13	5.9×10^{-23}
Sr(锶)			$(VO_3)PO_4$	24.1	8.0×10^{-25}
$SrCO_3$	9.96	1.1×10^{-10}	Zn(锌)		
$SrCrO_4$	4.65	2.2×10^{-5}	$ZnCO_3$	10.84	1.4×10^{-11}
SrF_2	8.61	2.5×10^{-9}	$Zn_2[Fe(CN)_6]$	15.39	4.0×10^{-16}
$Sr(IO_3)_2$	6.48	3.3×10^{-7}	$Zn_3(IO_3)_2$	7.7	2.0×10^{-8}
$SrC_2O_4\cdot H_2O$	6.80	1.6×10^{-7}	$Zn(OH)_2$	16.92	1.2×10^{-17}
$Sr_3(PO_4)_2$	27.39	4.0×10^{-28}	ZnC_2O_4	7.56	2.7×10^{-8}
$SrSO_3$	7.4	4×10^{-8}	$Zn_3(PO_4)_2$	32.04	9.0×10^{-33}
$SrSO_4$	6.49	3.2×10^{-7}	$\alpha\text{-}ZnS$	23.8	1.6×10^{-24}
Te(碲)			$\beta\text{-}ZnS$	21.6	2.5×10^{-22}
$Te(OH)_4$	53.52	3.0×10^{-54}	$Zn[Hg(SCN)_4]$	6.66	2.2×10^{-7}

注：表中数据摘自 Dean J A.Lange's Handbook of Chemistry. 14th ed., 8.2, New York: McGraw Hill, 1992。

6. 标准电极电势(298.15K)

本表所列为 298.15K、101.325kPa 时的标准电极电势 $\varphi^{\ominus}$，以元素符号的英文字母顺序编排。

电极反应	$\varphi^{\ominus}/\text{V}$	电极反应	$\varphi^{\ominus}/\text{V}$
$Ag^+ + e \rightleftharpoons Ag$	0.7996	$AlF_6^{3-} + 3e \rightleftharpoons Al + 6F^-$	-2.069
$Ag^{2+} + e \rightleftharpoons Ag^+$	1.980	$Ba^{2+} + 2e \rightleftharpoons Ba$	-2.912
$AgAc + e \rightleftharpoons Ag + Ac^-$	0.643	$Ba(OH)_2 + 2e \rightleftharpoons Ba + 2OH^-$	-2.99
$AgBr + e \rightleftharpoons Ag + Br^-$	0.07133	$Bi^{3+} + 3e \rightleftharpoons Bi$	0.308
$Ag_2C_2O_4 + 2e \rightleftharpoons 2Ag + C_2O_4^{3-}$	0.4647	$BiCl_4^- + 3e \rightleftharpoons Bi + 4Cl^-$	0.16
$AgCl + e \rightleftharpoons Ag + Cl^-$	0.22233	$Bi_2O_3 + 3H_2O + 6e \rightleftharpoons 2Bi + 6OH^-$	-0.46
$AgCN + e \rightleftharpoons Ag + CN^-$	-0.017	$BiO^+ + 2H^+ + 3e \rightleftharpoons Bi + H_2O$	0.320
$Ag_2CO_3 + 2e \rightleftharpoons 2Ag + CO_3^{2-}$	0.47	$Br_2(aq) + 2e \rightleftharpoons 2Br^-$	1.0873
$Ag_2CrO_4 + 2e \rightleftharpoons 2Ag + CrO_4^{2-}$	0.4470	$Br_2(l) + 2e \rightleftharpoons 2Br^-$	1.066
$AgF + e \rightleftharpoons Ag + F^-$	0.779	$HBrO + H^+ + 2e \rightleftharpoons Br^- + H_2O$	1.331
$Ag_4[Fe(CN)_6] + 4e \rightleftharpoons 4Ag + [Fe(CN)_6]^{4-}$	0.1478	$HBrO + H^+ + e \rightleftharpoons 1/2Br_2(aq) + H_2O$	1.574
$AgI + e \rightleftharpoons Ag + I^-$	-0.15224	$HBrO + H^+ + e \rightleftharpoons 1/2Br_2(l) + H_2O$	1.596
$AgNO_2 + e \rightleftharpoons Ag + NO_2^-$	0.564	$BrO^- + H_2O + 2e \rightleftharpoons Br^- + 2OH^-$	0.761
$Ag_2O + H_2O + 2e \rightleftharpoons 2Ag + 2OH^-$	0.342	$BrO_3^- + 6H^+ + 6e \rightleftharpoons Br^- + 3H_2O$	1.423
$Ag_2O_3 + H_2O + 2e \rightleftharpoons 2AgO + 2OH^-$	0.739	$BrO_3^- + 6H^+ + 5e \rightleftharpoons 1/2Br_2 + 3H_2O$	1.482
$Ag^{3+} + 2e \rightleftharpoons Ag^+$	1.9	$BrO_3^- + 3H_2O + 6e \rightleftharpoons Br^- + 6OH^-$	0.61
$Ag^{3+} + e \rightleftharpoons Ag^{2+}$	1.8	$Ca^{2+} + 2e \rightleftharpoons Ca$	-2.868
$Ag_2O_2 + 4H^+ + 2e \rightleftharpoons 2Ag + 2H_2O$	1.802	$Ca(OH)_2 + 2e \rightleftharpoons Ca + 2OH^-$	-3.02
$2AgO + H_2O + 2e \rightleftharpoons Ag_2O + 2OH^-$	0.607	甘汞电极，饱和 KCl(SCE)	0.2412
$Ag_2S + 2e \rightleftharpoons 2Ag + S^{2-}$	-0.691	$Cd^{2+} + 2e \rightleftharpoons Cd$	-0.4030
$Ag_2S + 2H^+ + 2e \rightleftharpoons 2Ag + H_2S$	-0.0366	$[Cd(OH)_4]^{2-} + 2e \rightleftharpoons Cd + 4OH^-$	-0.658
$AgSCN + e \rightleftharpoons Ag + SCN^-$	0.08951	$Cl_2(g) + 2e \rightleftharpoons 2Cl^-$	1.35827
$Ag_2SO_4 + 2e \rightleftharpoons 2Ag + SO_4^{2-}$	0.654	$HClO + H^+ + e \rightleftharpoons 1/2Cl_2 + H_2O$	1.611
$Al^{3+} + 3e \rightleftharpoons Al$	-1.662	$HClO + H^+ + 2e \rightleftharpoons Cl^- + H_2O$	1.482
$Al(OH)_3 + 3e \rightleftharpoons Al + 3OH^-$	-2.31	$ClO^- + H_2O + 2e \rightleftharpoons Cl^- + 2OH^-$	0.81
$Al(OH)_4^- + 3e \rightleftharpoons Al + 4OH^-$	-2.328	$ClO_2 + H^+ + e \rightleftharpoons HClO_2$	1.277
$H_2AlO_3^- + H_2O + 3e \rightleftharpoons Al + 4OH^-$	-2.33	$HClO_2 + 2H^+ + 2e \rightleftharpoons HClO + H_2O$	1.645
$HClO_2 + 3H^+ + 3e \rightleftharpoons 1/2Cl_2 + 2H_2O$	1.628	$H_2O_2 + 2H^+ + 2e \rightleftharpoons 2H_2O$	1.776
$HClO_2 + 3H^+ + 4e \rightleftharpoons Cl^- + 2H_2O$	1.570	$Hg^{2+} + 2e \rightleftharpoons Hg$	0.851
$ClO_2^- + H_2O + 2e \rightleftharpoons ClO^- + 2OH^-$	0.66	$2Hg^{2+} + 2e \rightleftharpoons Hg_2^{2+}$	0.920
$ClO_2^- + 2H_2O + 4e \rightleftharpoons Cl^- + 4OH^-$	0.76	$Hg_2^{2+} + 2e \rightleftharpoons 2Hg$	0.7973
$ClO_2(aq) + e \rightleftharpoons ClO_2^-$	0.954	$Hg_2Br_2 + 2e \rightleftharpoons 2Hg + 2Br^-$	0.13923
$ClO_3^- + 2H^+ + e \rightleftharpoons ClO_2 + H_2O$	1.152	$Hg_2Cl_2 + 2e \rightleftharpoons 2Hg + 2Cl^-$	0.26808
$ClO_3^- + 3H^+ + 2e \rightleftharpoons HClO_2 + H_2O$	1.214	$Hg_2I_2 + 2e \rightleftharpoons 2Hg + 2I^-$	-0.0405
$ClO_3^- + H_2O + 2e \rightleftharpoons ClO_2^- + 2OH^-$	0.33	$Hg_2O + H_2O + 2e \rightleftharpoons 2Hg + 2OH^-$	0.123
$ClO_3^- + 6H^+ + 5e \rightleftharpoons 1/2Cl_2 + 3H_2O$	1.47	$HgO + H_2O + 2e \rightleftharpoons Hg + 2OH^-$	0.0977
$ClO_3^- + 6H^+ + 6e \rightleftharpoons Cl^- + 3H_2O$	1.451	$Hg(OH)_2 + 2H^+ + 2e \rightleftharpoons Hg + 2H_2O$	1.034
$ClO_3^- + 3H_2O + 6e \rightleftharpoons Cl^- + 6OH^-$	0.62	$Hg_2SO_4 + 2e \rightleftharpoons 2Hg + SO_4^{2-}$	0.6125
$ClO_4^- + 2H^+ + 2e \rightleftharpoons ClO_3^- + H_2O$	1.189	$I_2 + 2e \rightleftharpoons 2I^-$	0.5355
$ClO_4^- + 8H^+ + 7e \rightleftharpoons 1/2Cl_2 + 4H_2O$	1.39	$I_3^- + 2e \rightleftharpoons 3I^-$	0.536
$ClO_4^- + 8H^+ + 8e \rightleftharpoons Cl^- + 4H_2O$	1.389	$H_3IO_6^{2-} + 2e \rightleftharpoons IO_3^- + 3OH^-$	0.7
$ClO_4^- + H_2O + 2e \rightleftharpoons ClO_3^- + 2OH^-$	0.36	$H_5IO_6 + H^+ + 2e \rightleftharpoons IO_3^- + 3H_2O$	1.601
$Co^{2+} + 2e \rightleftharpoons Co$	-0.28	$2HIO + 2H^+ + 2e \rightleftharpoons I_2 + 2H_2O$	1.439

电极反应	$\varphi^{\ominus}/V$	电极反应	$\varphi^{\ominus}/V$
$Co^{3+}+e \Longleftrightarrow Co^{2+}$	1.92	$HIO+H^++2e \Longleftrightarrow I^-+H_2O$	0.987
$[Co(NH_3)_6]^{3+}+e \Longleftrightarrow [Co(NH_3)_6]^{2+}$	0.108	$IO^-+H_2O+2e \Longleftrightarrow I^-+2OH^-$	0.485
$Co(OH)_2+2e \Longleftrightarrow Co+2OH^-$	−0.73	$2IO_3^-+12H^++10e \Longleftrightarrow I_2+6H_2O$	1.195
$Co(OH)_3+3e \Longleftrightarrow Co(OH)_2+OH^-$	0.17	$IO_3^-+6H^++6e \Longleftrightarrow I^-+3H_2O$	1.085
$Cr^{2+}+2e \Longleftrightarrow Cr$	−0.913	$K^++e \Longleftrightarrow K$	−2.931
$Cr^{3+}+e \Longleftrightarrow Cr^{2+}$	−0.407	$Mg^++e \Longleftrightarrow Mg$	−2.70
$Cr^{3+}+3e \Longleftrightarrow Cr$	−0.744	$Mg^{2+}+2e \Longleftrightarrow Mg$	−2.372
$Cr_2O_7^{2-}+14H^++6e \Longleftrightarrow 2Cr^{3+}+7H_2O$	1.232	$Mg(OH)_2+2e \Longleftrightarrow Mg+2OH^-$	−2.690
$CrO_2^-+2H_2O+3e \Longleftrightarrow Cr+4OH^-$	−1.2	$Mn^{2+}+2e \Longleftrightarrow Mn$	−1.185
$HCrO_4^-+7H^++3e \Longleftrightarrow Cr^{3+}+4H_2O$	1.350	$Mn^{3+}+e \Longleftrightarrow Mn^{2+}$	1.5415
$CrO_2+4H^++e \Longleftrightarrow Ce^{3+}+2H_2O$	1.48	$MnO_2+4H^++2e \Longleftrightarrow Mn^{2+}+2H_2O$	1.224
$CrO_4^{2-}+4H_2O+3e \Longleftrightarrow Cr(OH)_3+5OH^-$	−0.13	$MnO_4^-+e \Longleftrightarrow MnO_4^{2-}$	0.558
$Cr(OH)_3+3e \Longleftrightarrow Cr+3OH^-$	−1.48	$MnO_4^-+4H^++3e \Longleftrightarrow MnO_2+2H_2O$	1.679
$Cu^++e \Longleftrightarrow Cu$	0.521	$MnO_4^-+8H^++5e \Longleftrightarrow Mn^{2+}+4H_2O$	1.507
$Cu^{2+}+e \Longleftrightarrow Cu^+$	0.153	$MnO_4^-+2H_2O+3e \Longleftrightarrow MnO_2+4OH^-$	0.595
$Cu^{2+}+2e \Longleftrightarrow Cu$	0.3419	$MnO_4^{2-}+2H_2O+2e \Longleftrightarrow MnO_2+4OH^-$	0.60
$Cu^{3+}+e \Longleftrightarrow Cu^{2+}$	2.4	$Mn(OH)_2+2e \Longleftrightarrow Mn+2OH^-$	−1.56
$Cu_2O_3+6H^++2e \Longleftrightarrow 2Cu^{2+}+3H_2O$	2.0	$Mn(OH)_3+e \Longleftrightarrow Mn(OH)_2+OH^-$	0.15
$Cu^{2+}+2CN^-+e \Longleftrightarrow [Cu(CN)_2]^-$	1.103	$Mn_2O_3+6H^++e \Longleftrightarrow Mn^{2+}+3H_2O$	1.485
$CuI_2^-+e \Longleftrightarrow Cu+2I^-$	0.00	$N_2+6H^++2e \Longleftrightarrow 2NH_3$	−3.09
$Cu_2O+H_2O+2e \Longleftrightarrow 2Cu+2OH^-$	−0.360	$N_2O+2H^++2e \Longleftrightarrow N_2+H_2O$	1.766
$Cu(OH)_2+2e \Longleftrightarrow Cu+2OH^-$	−0.222	$N_2O_4+2e \Longleftrightarrow 2NO_2^-$	0.867
$2Cu(OH)_2+2e \Longleftrightarrow Cu_2O+2OH^-+H_2O$	−0.080	$N_2O_4+2H^++2e \Longleftrightarrow 2HNO_2$	1.065
$Fe^{2+}+2e \Longleftrightarrow Fe$	−0.447	$N_2O_4+4H^++4e \Longleftrightarrow 2NO+2H_2O$	1.035
$Fe^{3+}+3e \Longleftrightarrow Fe$	−0.037	$2NO+2H^++2e \Longleftrightarrow N_2O+H_2O$	1.591
$Fe^{3+}+e \Longleftrightarrow Fe^{2+}$	0.771	$2NO+H_2O+2e \Longleftrightarrow N_2O+2OH^-$	0.76
$Fe_2O_3+4H^++2e \Longleftrightarrow 3FeOH^++H_2O$	0.16	$HNO_2+H^++e \Longleftrightarrow NO+H_2O$	0.983
$[Fe(CN)_6]^{3-}+e \Longleftrightarrow [Fe(CN)_6]^{4-}$	0.358	$2HNO_2+4H^++4e \Longleftrightarrow N_2O+3H_2O$	1.297
$Fe(OH)_3+e \Longleftrightarrow Fe(OH)_2+OH^-$	−0.56	$NO_2^-+H_2O+3e \Longleftrightarrow NO+2OH^-$	−0.46
$2H^++2e \Longleftrightarrow H_2$	0.00000	$NO_3^-+3H^++2e \Longleftrightarrow HNO_2+H_2O$	0.934
$H_2+2e \Longleftrightarrow 2H^-$	−2.23	$NO_3^-+4H^++3e \Longleftrightarrow NO+2H_2O$	0.957
$HO_2+H^++e \Longleftrightarrow H_2O_2$	1.495	$2NO_3^-+4H^++2e \Longleftrightarrow N_2O_4+2H_2O$	0.803
$2H_2O+2e \Longleftrightarrow H_2+2OH^-$	−0.8277	$NO_3^-+H_2O+2e \Longleftrightarrow NO_2^-+2OH^-$	0.016
$2NO_3^-+2H_2O+2e \Longleftrightarrow N_2O_4+4OH^-$	−0.85	$PbO_2+H_2O+2e \Longleftrightarrow PbO+2OH^-$	0.247
$Na^++e \Longleftrightarrow Na$	−2.71	$PbO_2+SO_4^{2-}+4H^++2e \Longleftrightarrow PbSO_4+2H_2O$	1.6913
$Ni^{2+}+2e \Longleftrightarrow Ni$	−0.257	$PbSO_4+2e \Longleftrightarrow Pb+SO_4^{2-}$	−0.3588
$Ni(OH)_2+2e \Longleftrightarrow Ni+2OH^-$	−0.72	$PbSO_4+2e \Longleftrightarrow Pb(Hg)+SO_4^{2-}$	−0.3505
$NiO_2+4H^++2e \Longleftrightarrow Ni^{2+}+2H_2O$	1.678	$S+2e \Longleftrightarrow S^{2-}$	−0.47627
$NiO_2+2H_2O+2e \Longleftrightarrow Ni(OH)_2+2OH^-$	−0.490	$S+2H^++2e \Longleftrightarrow H_2S(aq)$	0.142
$O_2+2H^++2e \Longleftrightarrow H_2O_2$	0.695	$S+H_2O+2e \Longleftrightarrow SH^-+OH^-$	−0.478
$O_2+4H^++4e \Longleftrightarrow 2H_2O$	1.229	$2S+2e \Longleftrightarrow S_2^{2-}$	−0.42836
$O_2+H_2O+2e \Longleftrightarrow HO_2^-+OH^-$	−0.076	$S_2O_6^{2-}+4H^++2e \Longleftrightarrow 2H_2SO_3$	0.564
$O_2+2H_2O+4e \Longleftrightarrow 4OH^-$	0.401	$S_2O_8^{2-}+2e \Longleftrightarrow 2SO_4^{2-}$	2.010
$O_3+2H^++2e \Longleftrightarrow O_2+H_2O$	2.076	$S_2O_6^{2-}+2e \Longleftrightarrow 2S_2O_3^{2-}$	0.08
$O_3+H_2O+2e \Longleftrightarrow O_2+2OH^-$	1.24	$H_2SO_3+4H^++4e \Longleftrightarrow S+3H_2O$	0.449

续表

电极反应	$\varphi^{\ominus}/V$	电极反应	$\varphi^{\ominus}/V$
$O(g)+2H^++2e \rightleftharpoons H_2O$	2.421	$SO_4^{2-}+4H^++2e \rightleftharpoons H_2SO_3+H_2O$	0.172
$P(红)+3H^++3e \rightleftharpoons PH_3(g)$	-0.111	$2SO_4^{2-}+4H^++2e \rightleftharpoons S_2O_6^{2-}+2H_2O$	-0.22
$P(白)+3H^++3e \rightleftharpoons PH_3(g)$	-0.063	$SO_4^{2-}+H_2O+2e \rightleftharpoons SO_3^{2-}+2OH^-$	-0.93
$P+3H_2O+3e \rightleftharpoons PH_3(g)+3OH^-$	-0.87	$Sb+3H^++3e \rightleftharpoons SbH_3$	-0.510
$H_3PO_2+H^++3e \rightleftharpoons P+2H_2O$	-0.508	$Sb_2O_3+6H^++6e \rightleftharpoons 2Sb+3H_2O$	0.152
$H_3PO_3+2H^++2e \rightleftharpoons H_3PO_2+H_2O$	-0.499	$SbO_2^-+2H_2O+3e \rightleftharpoons Sb+4OH^-$	-0.66
$H_3PO_3+3H^++3e \rightleftharpoons P+3H_2O$	-0.454	$SbO_3^-+H_2O+2e \rightleftharpoons SbO_2^-+2OH^-$	-0.59
$HPO_3^{2-}+2H_2O+2e \rightleftharpoons H_2PO_2^-+3OH^-$	-1.65	$Sn^{2+}+2e \rightleftharpoons Sn$	-0.1375
$HPO_3^{2-}+2H_2O+3e \rightleftharpoons P+5OH^-$	-1.71	$Sn^{4+}+2e \rightleftharpoons Sn^{2+}$	0.151
$H_3PO_4+2H^++2e \rightleftharpoons H_3PO_3+H_2O$	-0.276	$SnO_2+4H^++2e \rightleftharpoons Sn^{2+}+2H_2O$	-0.094
$PO_4^{3-}+2H_2O+3e \rightleftharpoons HPO_3^{2-}+3OH^-$	-1.05	$SnO_2+3H^++4e \rightleftharpoons Sn+2H_2O$	-0.117
$Pb^{2+}+2e \rightleftharpoons Pb$	-0.1262	$SnO_2+3H^++2e \rightleftharpoons SnOH^++H_2O$	-0.194
$PbBr_2+2e \rightleftharpoons Pb+2Br^-$	-0.284	$SnO_2+2H_2O+4e \rightleftharpoons Sn+4OH^-$	-0.945
$PbCl_2+2e \rightleftharpoons Pb+2Cl^-$	-0.2675	$HSnO_2^-+H_2O+2e \rightleftharpoons Sn+3OH^-$	-0.909
$PbF_2+2e \rightleftharpoons Pb+2F^-$	-0.3444	$Sn(OH)_6^{2-}+2e \rightleftharpoons HSnO_2^-+3OH^-+H_2O$	-0.93
$PbHPO_4+2e \rightleftharpoons Pb+HPO_4^{2-}$	-0.465	$Zn^{2+}+2e \rightleftharpoons Zn$	-0.7618
$PbI_2+2e \rightleftharpoons Pb+2I^-$	-0.365	$ZnO_2^{2-}+2H_2O+2e \rightleftharpoons Zn+4OH^-$	-1.215
$PbO+H_2O+2e \rightleftharpoons Pb+2OH^-$	-0.580	$Zn(OH)_4^{2-}+2e \rightleftharpoons Zn+4OH^-$	-1.199
$PbO_2+4H^++2e \rightleftharpoons Pb^{2+}+2H_2O$	1.455	$Zn(OH)_2+2e \rightleftharpoons Zn+2OH^-$	-1.249
$HPbO_2^-+H_2O+2e \rightleftharpoons Pb+3OH^-$	-0.537	$ZnO+H_2O+2e \rightleftharpoons Zn+2OH^-$	-1.260

注：表中数据摘自 Lide D R.CRC Handbook of Chemistry and Physics. 73rd. ed, 8-17～8-22 Boca Roton: CRC Press, 1992—1993.

7. 金属配合物累积生成常数(离子强度为 0,温度为 293～298K)

金属配合物		$\lg \beta_1$	$\lg \beta_2$	$\lg \beta_3$	$\lg \beta_4$	$\lg \beta_5$	$\lg \beta_6$
1.NH$_3$	Cd	2.65	4.75	6.19	7.12	6.80	5.14
	Co(Ⅱ)	2.11	3.74	4.79	5.55	5.73	5.11
	Co(Ⅲ)	6.7	14.0	20.1	25.7	30.8	35.2
	Cu(Ⅰ)	5.93	10.86				
	Cu(Ⅱ)	4.31	7.98	11.02	13.32	12.86	
	Fe(Ⅱ)	1.4	2.2				
	Mn(Ⅱ)	0.8	1.3				
	Hg(Ⅱ)	8.8	17.5	18.5	19.28		
	Ni	2.80	5.04	6.77	7.96	8.71	8.74
	Pt(Ⅱ)						35.3
	Ag(Ⅰ)	3.24	7.05				
	Zn	2.37	4.81	7.31	9.46		
2.F$^-$	Al	6.10	11.15	15.00	17.75	19.37	19.84
	Fe(Ⅲ)	5.28	9.30	12.06			
3.OH$^-$	Al	9.27			33.03		
	Sb(Ⅲ)		24.3	36.7	38.3		
	Cr(Ⅲ)	10.1	17.8		29.9		
	Cu(Ⅱ)	7.0	13.68	17.00	18.5		
	Pb(Ⅱ)	7.82	10.85	14.58			61.0
	Zn	4.40	11.30	14.14	17.66		

金属配合物		lg β_1	lg β_2	lg β_3	lg β_4	lg β_5	lg β_6
4.Cl⁻	Sb(Ⅲ)	2.26	3.49	4.18	4.72		
	Bi(Ⅲ)	2.44	4.7	5.0	5.6		
	Cu(Ⅰ)		5.5	5.7			
	Fe(Ⅱ)	1.17					
	Fe(Ⅲ)	1.48	2.13	1.99	0.01		
	Pb	1.62	2.44	1.70	1.60		
	Hg(Ⅱ)	6.74	13.22	14.07	15.07		
	Pt(Ⅱ)		11.5	14.5	16.0		
	Ag(Ⅰ)	3.04	5.04		5.30		
	Sn(Ⅱ)	1.51	2.24	2.03	1.48		
	Zn	0.43	0.61	0.53	0.20		
5.CN⁻	Cd	5.48	10.60	15.23	18.78		
	Cu(Ⅰ)		24.0	28.59	30.30		
	Au(Ⅰ)		38.3				
	Fe(Ⅱ)						35
	Fe(Ⅲ)						42
	Hg(Ⅱ)				41.4		
	Ni				31.3		
	Ag(Ⅰ)		21.1	21.7	20.6		
	Zn				16.7		
6. SO₃²⁻	Cu(Ⅰ)	7.5	8.5	9.2			
	Hg(Ⅱ)		22.66				
	Ag	5.30	7.35				
7.SCN⁻	Bi	1.15	2.26	3.41	4.23		
	Cd	1.39	1.98	2.58	3.6		
	Co(Ⅱ)	−0.04	−0.70	0	3.00		
	Cu(Ⅰ)	12.11	5.18				
	Au(Ⅰ)		23		42		
	Fe(Ⅲ)	2.95	3.36				
	Hg(Ⅱ)		17.47		21.23		
8. S₂O₃²⁻	Cd	3.92	6.44				
	Cu(Ⅰ)	10.27	12.22	13.84			
	Pb		5.13	6.35			
	Hg(Ⅱ)		29.44	31.90	32.24		
	Ag	8.82	13.46				
9.I⁻	Bi	3.63			14.95	16.80	18.80
	Cd	2.10	3.43	4.49	5.41		
	Cu(Ⅰ)		8.85				
	I₂	2.89	5.79				
	Pb	2.00	3.15	3.92	4.47		
	Hg(Ⅱ)	12.87	23.82	27.60	29.83		
	Ag	6.58	11.74	13.68			
10.Br⁻	Cd	1.75	2.34	3.32	3.70		
	Cu(Ⅰ)		5.89				
	Au(Ⅰ)		12.46				

金属配合物		lg β_1	lg β_2	lg β_3	lg β_4	lg β_5	lg β_6
	Hg(Ⅱ)	9.05	17.32	19.74	21.00		
	Pt(Ⅱ)				20.5		
	Ag(Ⅰ)	4.38	7.33	8.00	8.73		
11.乙酸(CH₃COOH)	Ag(Ⅰ)	0.73	0.64				
	Hg(Ⅱ)		8.43				
	Mg(Ⅱ)	0.8					
	Mn(Ⅱ)	9.84	2.06				
	Pb(Ⅱ)	2.52	4.0	6.4	8.5		
12.草酸(H₂C₂O₄)	Ag	2.41					
	Al	7.26	13.0	16.3			
	Ba	2.31					
	Ca	3.0					
	Cd	3.52	5.77				
	Co(Ⅱ)	4.79	6.7	9.7~20			
	Co(Ⅲ)						
	Cu(Ⅱ)	6.16	8.5				
	Fe(Ⅱ)	2.9	4.52	5.22			
	Fe(Ⅲ)	9.4	16.2	20.2			
	Hg(Ⅱ)		6.98				
	Mg	3.43	4.38				
	Mn(Ⅱ)	3.97	5.80				
	Ni	5.3	7.64	8.5			
	Sr	2.54					
	Zn	4.89	7.60	8.15			
13.酒石酸（COOH 　　｜ 　　COOH 　　｜ 　　COOH）	Ba		1.62				
	Bi			8.30			
	Ca	2.98	9.01				
	Cd	2.8					
	Co(Ⅱ)	2.1					
	Cu(Ⅱ)	3.2	5.11	4.78	6.51		
	Fe(Ⅲ)	7.49					
	Mg		1.36				
	Sr	1.60					
	Zn	2.68	8.32				
14.1,2-乙二胺-N,N,N, N-四乙酸(EDTA)	Ag	7.32					
	Al	16.11					
	Ba	7.78					
	Bi	22.8					
	Ca	11.0					
	Cd	16.4					
	Co(Ⅱ)	16.31					
	Cr(Ⅲ)	23					
	Cu(Ⅱ)	18.7					
	Fe(Ⅱ)	14.33					
	Fe(Ⅲ)	24.23					
	Hg(Ⅱ)	21.80					

续表

金属配合物		$\lg\beta_1$	$\lg\beta_2$	$\lg\beta_3$	$\lg\beta_4$	$\lg\beta_5$	$\lg\beta_6$
	Mg	8.64					
	Mn(Ⅱ)	13.7					
	Na	1.66					
14.1,2-乙二胺-N,N,N, N-四乙酸(EDTA)	Ni	18.56					
	Pb	18.3					
	Sn(Ⅱ)	22.1					
	Sr	8.80					
	Zn	16.4					

注：表中数据摘自 Dean J A. Lange's Handbook of Chemistry. 14th. ed., 8.2.2, New York: McGraw Hill, 1992。

附录三　常用酸碱指示剂

指示剂	pH 变色范围	酸色	碱色	配制方法
甲基橙	3.1～4.4	红	黄	0.1%的水溶液
甲基红	4.4～6.2	红	黄	0.1%的60%酒精溶液或其钠盐的水溶液
溴百里酚蓝	6.0～7.6	黄	蓝	0.1%的20%酒精溶液或其钠盐的水溶液
酚红	6.4～8.0	黄	红	0.1%的20%酒精溶液或其钠盐的水溶液
酚酞	8.2～10.0	无	红	0.1%的60%酒精溶液
百里酚酞	9.4～10.6	无	蓝	0.1%的90%酒精溶液

附录四　特殊试剂的配制

铝试剂：1g 铝试剂溶于 1L 水中。

茜红：在 95%酒精中的饱和溶液。

二乙酰二肟（丁二肟）：1g 二乙酰二肟溶于 100mL95%酒精中。

对硝基苯偶氮间苯二酚（镁试剂）：0.001g 镁试剂溶于 100mL 2mol·L^{-1}NaOH 中。

二苯胺：1g 二苯胺溶于 100mL 纯浓硫酸中。

硫代乙酰胺：5g 硫代乙酰胺溶于 100mL 水中。

打萨宗：0.01g 打萨宗溶在 100mL CCl_4 或 $CHCl_3$ 中。

钼酸铵：5g 钼酸铵溶于 100mL 水中，将所得溶液加到 35mL HNO_3（密度 1.2kg·L^{-1}）中。

四硫代氰酸汞铵：8g $HgCl_2$ 和 9g NH_4CNS 溶于 100mL 水中。

亚硝酰五氰合铁（Ⅲ）酸钠：3g $Na_2Fe(CN)_5NO·2H_2O$ 溶于 100mL 水中。

奈斯勒试剂：115g HgI_2 和 80g KI 溶在水中，稀释为 500mL，再加 500mL 6mol·L^{-1}NaOH 溶液。如放置时产生沉淀，过滤除去沉淀，溶液保存在黑暗处。

醋酸铀酰锌：10g 醋酸铀酰锌溶于 100mL 水中。

钴亚硝酸钠：加钴亚硝酸钠于水中至溶液为深红色。

对氨基苯磺酸：0.5g 对氨基苯磺酸溶于 150mL 2mol・L^{-1} 醋酸溶液中。

α-萘胺：0.3g α-萘胺与 20mL 水煮沸，在所得溶液中加入 150mL 2mol・L^{-1} 醋酸。

品红：0.1g 品红溶于 100mL 水中。

亚硝基 R 盐：1g 亚硝基 R 盐溶于 100mL 水中。

参 考 文 献

[1] 周宁怀, 宋学梓. 微型化学实验. 杭州: 浙江科学技术出版社, 1992.

[2] 周宁怀. 微型无机化学实验. 北京: 科学出版社, 2000.

[3] 于涛. 微型无机化学实验. 2 版. 北京: 北京理工大学出版社, 2011.

[4] 天津大学无机化学教研室. 无机化学实验. 北京: 高等教育出版社, 2012.

[5] 大连理工大学无机化学考研室. 无机化学实验. 3 版. 北京: 高等教育出版社, 2014.

[6] 袁书玉. 无机化学实验. 北京: 清华大学出版社, 1996.

[7] 北京师范大学无机化学教研室, 等. 无机化学实验. 4 版. 北京: 高等教育出版社, 2014.

[8] 中山大学, 等. 无机化学实验. 4 版. 北京: 高等教育出版社, 2019.

[9] 钟山. 中级无机化学实验. 北京: 高等教育出版社, 2003.

[10] 王伯康, 钱文浙, 等. 中级无机化学实验. 北京: 高等教育出版社, 1984.

[11] 《中级无机化学实验》编写组. 中级无机化学实验. 北京: 北京师范大学出版社, 1984.

[12] 张启运. 高等无机化学实验. 上海: 华东师范大学出版社, 1987

元 素 周 期 表

IUPAC 2013

氧化态（单质的氧化态为0，未列入）；常见的为红色

以 $^{12}C=12$ 为基准的原子量
（注 + 的是半衰期最长同位素的原子量）

图例	
s区元素	p区元素
d区元素	ds区元素
f区元素	稀有气体

说明（示例）：

95 —— 原子序数
Am —— 元素符号（红色的为放射性元素）
镅^ —— 元素名称（注+的为人造元素）
$5f^77s^2$ —— 价层电子构型
243.0613(2)+ —— 元素的原子量

电子层： K L M N O P Q

周期 1

族 IA	
1 **H** 氢 $1s^1$ 1.008	

18 ⅧA(0)
2 **He** 氦 $1s^2$ 4.002602(2)

周期 2

族 ⅠA	ⅡA
3 **Li** 锂 $2s^1$ 6.94	4 **Be** 铍 $2s^2$ 9.0121831(5)

ⅢA 13	ⅣA 14	ⅤA 15	ⅥA 16	ⅦA 17	18
5 **B** 硼 $2s^22p^1$ 10.81	6 **C** 碳 $2s^22p^2$ 12.011	7 **N** 氮 $2s^22p^3$ 14.007	8 **O** 氧 $2s^22p^4$ 15.999	9 **F** 氟 $2s^22p^5$ 18.998403163(6)	10 **Ne** 氖 $2s^22p^6$ 20.1797(6)

周期 3

ⅠA	ⅡA
11 **Na** 钠 $3s^1$ 22.98976928(2)	12 **Mg** 镁 $3s^2$ 24.305

| 13 **Al** 铝 $3s^23p^1$ 26.9815385(7) | 14 **Si** 硅 $3s^23p^2$ 28.085 | 15 **P** 磷 $3s^23p^3$ 30.973761998(5) | 16 **S** 硫 $3s^23p^4$ 32.06 | 17 **Cl** 氯 $3s^23p^5$ 35.45 | 18 **Ar** 氩 $3s^23p^6$ 39.948(1) |

周期 4

19 **K** 钾 $4s^1$ 39.0983(1)	20 **Ca** 钙 $4s^2$ 40.078(4)

3 ⅢB	4 ⅣB	5 ⅤB	6 ⅥB	7 ⅦB	8	9 ⅧB(Ⅷ)	10	11 ⅠB	12 ⅡB
21 **Sc** 钪 $3d^14s^2$ 44.955908(5)	22 **Ti** 钛 $3d^24s^2$ 47.867(1)	23 **V** 钒 $3d^34s^2$ 50.9415(1)	24 **Cr** 铬 $3d^54s^1$ 51.9961(6)	25 **Mn** 锰 $3d^54s^2$ 54.938044(3)	26 **Fe** 铁 $3d^64s^2$ 55.845(2)	27 **Co** 钴 $3d^74s^2$ 58.933194(4)	28 **Ni** 镍 $3d^84s^2$ 58.6934(4)	29 **Cu** 铜 $3d^{10}4s^1$ 63.546(3)	30 **Zn** 锌 $3d^{10}4s^2$ 65.38(2)

| 31 **Ga** 镓 $4s^24p^1$ 69.723(1) | 32 **Ge** 锗 $4s^24p^2$ 72.630(8) | 33 **As** 砷 $4s^24p^3$ 74.921595(6) | 34 **Se** 硒 $4s^24p^4$ 78.971(8) | 35 **Br** 溴 $4s^24p^5$ 79.904 | 36 **Kr** 氪 $4s^24p^6$ 83.798(2) |

周期 5

37 **Rb** 铷 $5s^1$ 85.4678(3)	38 **Sr** 锶 $5s^2$ 87.62(1)

| 39 **Y** 钇 $4d^15s^2$ 88.90584(2) | 40 **Zr** 锆 $4d^25s^2$ 91.224(2) | 41 **Nb** 铌 $4d^45s^1$ 92.90637(2) | 42 **Mo** 钼 $4d^55s^1$ 95.95(1) | 43 **Tc** 锝 $4d^55s^2$ 97.90721(3)+ | 44 **Ru** 钌 $4d^75s^1$ 101.07(2) | 45 **Rh** 铑 $4d^85s^1$ 102.90550(2) | 46 **Pd** 钯 $4d^{10}$ 106.42(1) | 47 **Ag** 银 $4d^{10}5s^1$ 107.8682(2) | 48 **Cd** 镉 $4d^{10}5s^2$ 112.414(4) |

| 49 **In** 铟 $5s^25p^1$ 114.818(1) | 50 **Sn** 锡 $5s^25p^2$ 118.710(7) | 51 **Sb** 锑 $5s^25p^3$ 121.760(1) | 52 **Te** 碲 $5s^25p^4$ 127.60(3) | 53 **I** 碘 $5s^25p^5$ 126.90447(3) | 54 **Xe** 氙 $5s^25p^6$ 131.293(6) |

周期 6

55 **Cs** 铯 $6s^1$ 132.90545196(6)	56 **Ba** 钡 $6s^2$ 137.327(7)

57~71 La~Lu 镧系

| 72 **Hf** 铪 $5d^26s^2$ 178.49(2) | 73 **Ta** 钽 $5d^36s^2$ 180.94788(2) | 74 **W** 钨 $5d^46s^2$ 183.84(1) | 75 **Re** 铼 $5d^56s^2$ 186.207(1) | 76 **Os** 锇 $5d^66s^2$ 190.23(3) | 77 **Ir** 铱 $5d^76s^2$ 192.217(3) | 78 **Pt** 铂 $5d^96s^1$ 195.084(9) | 79 **Au** 金 $5d^{10}6s^1$ 196.966569(5) | 80 **Hg** 汞 $5d^{10}6s^2$ 200.592(3) |

| 81 **Tl** 铊 $6s^26p^1$ 204.38 | 82 **Pb** 铅 $6s^26p^2$ 207.2(1) | 83 **Bi** 铋 $6s^26p^3$ 208.98040(1) | 84 **Po** 钋 $6s^26p^4$ 208.98243(2)+ | 85 **At** 砹 $6s^26p^5$ 209.98715(5)+ | 86 **Rn** 氡 $6s^26p^6$ 222.01758(2)+ |

周期 7

87 **Fr** 钫 $7s^1$ 223.01974(2)+	88 **Ra** 镭 $7s^2$ 226.02541(2)+

89~103 Ac~Lr 锕系

| 104 **Rf** 𬬻^ $6d^27s^2$ 267.122(4)+ | 105 **Db** 𬭊^ $6d^37s^2$ 270.131(4)+ | 106 **Sg** 𬭳^ $6d^47s^2$ 269.129(3)+ | 107 **Bh** 𬭛^ $6d^57s^2$ 270.133(2)+ | 108 **Hs** 𬭶^ $6d^67s^2$ 270.134(2)+ | 109 **Mt** 鿏^ $6d^77s^2$ 278.156(5)+ | 110 **Ds** 𫟼^ $6d^87s^2$ 281.165(4)+ | 111 **Rg** 𬬭^ 281.166(6)+ | 112 **Cn** 鿔^ 285.177(4)+ |

| 113 **Nh** 鿭^ 286.182(5)+ | 114 **Fl** 𫓧^ 289.190(4)+ | 115 **Mc** 镆^ 289.194(6)+ | 116 **Lv** 𫟷^ 293.204(4)+ | 117 **Ts** 鿬^ 293.208(6)+ | 118 **Og** 鿫^ 294.214(5)+ |

★ 镧系

| 57 **La** 镧 $5d^16s^2$ 138.90547(7) | 58 **Ce** 铈 $4f^15d^16s^2$ 140.116(1) | 59 **Pr** 镨 $4f^36s^2$ 140.90766(2) | 60 **Nd** 钕 $4f^46s^2$ 144.242(3) | 61 **Pm** 钷^ $4f^56s^2$ 144.91276(2)+ | 62 **Sm** 钐 $4f^66s^2$ 150.36(2) | 63 **Eu** 铕 $4f^76s^2$ 151.964(1) | 64 **Gd** 钆 $4f^75d^16s^2$ 157.25(3) | 65 **Tb** 铽 $4f^96s^2$ 158.92535(2) | 66 **Dy** 镝 $4f^{10}6s^2$ 162.500(1) | 67 **Ho** 钬 $4f^{11}6s^2$ 164.93033(2) | 68 **Er** 铒 $4f^{12}6s^2$ 167.259(3) | 69 **Tm** 铥 $4f^{13}6s^2$ 168.93422(2) | 70 **Yb** 镱 $4f^{14}6s^2$ 173.045(10) | 71 **Lu** 镥 $4f^{14}5d^16s^2$ 174.9668(1) |

★ 锕系

| 89 **Ac**★ 锕 $6d^17s^2$ 227.02775(2)+ | 90 **Th** 钍 $6d^27s^2$ 232.0377(4) | 91 **Pa** 镤 $5f^26d^17s^2$ 231.03588(2) | 92 **U** 铀 $5f^36d^17s^2$ 238.02891(3) | 93 **Np** 镎^ $5f^46d^17s^2$ 237.04817(2)+ | 94 **Pu** 钚^ $5f^67s^2$ 244.06421(4)+ | 95 **Am** 镅^ $5f^77s^2$ 243.0613(2)+ | 96 **Cm** 锔^ $5f^76d^17s^2$ 247.07035(3)+ | 97 **Bk** 锫^ $5f^97s^2$ 247.07031(4)+ | 98 **Cf** 锎^ $5f^{10}7s^2$ 251.07959(3)+ | 99 **Es** 锿^ $5f^{11}7s^2$ 252.0830(3)+ | 100 **Fm** 镄^ $5f^{12}7s^2$ 257.09511(5)+ | 101 **Md** 钔^ $5f^{13}7s^2$ 258.09843(3)+ | 102 **No** 锘^ $5f^{14}7s^2$ 259.1010(7)+ | 103 **Lr** 铹^ $5f^{14}6d^17s^2$ 262.110(2)+ |

本书常用的玻璃仪器

品名	烧杯	量筒	量杯	吸量管	锥形瓶	抽滤瓶	布氏漏斗	洗耳球	普通漏斗
规格	100、50、25、15mL	100mL	10mL	10mL	15mL	10mL	20mm	30mL	40mm
品名	小试管	蒸发皿	表面皿	滴管	漏斗架	酒精灯	三脚架	石棉网	止水夹
规格	10mm×75mm	30mL	常规	常规	常规	常规	常规	常规	常规

阶梯式试剂架

30mL试剂瓶

采用本书的微型无机化学实验体系，并配以二人共用阶梯式试剂架，可实现微型无机化学实验常用试剂、材料一次性上架，既减少实验准备工作量，又显著提高了实验安排的灵活性和实验室利用率。